高等院校教材

TRIZ 创新理论与应用原理

王亮申　孙峰华 等 编著

科学出版社
北　京

内 容 简 介

本书作为TRIZ创新理论与方法教材，不同于一般的介绍TRIZ方法的科普性图书，它充分考虑了教学特点，力求内容编排系统、简洁。全书共分12章，分别介绍了TRIZ的起源与发展、突破惯性思维的创新方法、解决发明问题的多种方法、技术系统的进化及其应用、发明创新技术问题及解决方法、40个发明创新原理及应用、分离原理在物理矛盾中的应用、物-场模型分析、发明创新问题的标准解法、ARIZ算法、科学效应和现象等内容，结合大量实际应用案例来诠释和分析TRIZ的应用过程及其原理应用的巧妙。每章都附有实例、思考题供教学时参考。

本书知识结构编排合理，概念简洁、清楚，适合作为本科生、研究生教材，也可作为科技工作者和工程技术人员的参考书。

图书在版编目（CIP）数据

TRIZ创新理论与应用原理/王亮申等编著. —北京：科学出版社，2010.2

（高等院校教材）

ISBN 978-7-03-026568-5

Ⅰ.①T… Ⅱ.①王… Ⅲ.①创造学-高等学校-教材 Ⅳ.①G305

中国版本图书馆CIP数据核字（2010）第015186号

责任编辑：匡 敏 潘斯斯 邓 静/责任校对：宋玲玲

责任印制：徐晓晨/封面设计：耕者设计工作室

科学出版社出版

北京东黄城根北街16号

邮政编码：100717

http://www.sciencep.com

北京虎彩文化传播有限公司印刷

科学出版社发行 各地新华书店经销

*

2010年2月第 一 版 开本：B5（720×1000）

2018年1月第七次印刷 印张：16 1/2

字数：333 000

定价：49.80元

（如有印装质量问题，我社负责调换）

序

建设创新型国家，核心是要增强自主创新能力。要增强自主创新能力，方法必须先行。近年来，为了加快创新型国家建设，不断提高我国自主创新能力，全国正形成技术创新方法（TRIZ 理论）普及推广和应用的热潮。高等学校作为创新人才培养的主体，要建立有利于创新型人才培育的素质教育体系。用创新的方法教育人，并将创新作为素质教育传承给学生，让创新伴随并影响学生的一生，其意义远比用创新方法解决一两个技术难题更重要，其巨大作用和贡献在于带给学生前所未有的对科学思维的巨大触动，转变了思维，不断迸发出智慧和实践的突破。在高等院校中大力推进 TRIZ 等先进创新理论与方法的教学工作意义重大。

这本关于 TRIZ 的书，尤其适合目前我国的情况，既配合了建设创新型国家而开展的 TRIZ 推广活动，又为高等学校建立先进的创新人才培养体系提供了强有力的支持。

在我国，科学思维培育方法相对落后，学生创新意识、实践能力亟待提高，以 TRIZ 理论为基础的创新教育也刚刚起步。高等学校要开展 TRIZ 理论教学，急需一本针对性强、实用性高、适合本科生创新能力培养的权威教学用书。该书系统介绍了 TRIZ 的九大经典理论体系，主要内容包括传统创新方法简介、TRIZ 主要内容和研究进展、TRIZ 工具应用原理以及工程应用案例分析。通过该书的学习，可以开发学生的创新意识和发明潜能，并培养学生在较短的时间内快速、高质量解决实际问题的能力。该书与目前已出版的 TRIZ 相关书籍相比，其特点是结合大量实际应用案例来诠释和分析 TRIZ 的应用过程及其原理应用的巧妙，引导读者从理解 TRIZ 的一个层次迈向更高、更深的层次。而且，现有的 TRIZ 书籍主要是 TRIZ 的一些培训教材和科普读物，不适合高等学校为培养创新人才而开设的 TRIZ 课程的需要。该书的内容组织方式恰恰符合高等学校本科教育开展 TRIZ 教学的基本特点和要求，便于普及以 TRIZ 为核心的创新方法学的教育，满足高等学校对学生进行创新教育的需求，不仅仅适合理工科学生，而且具有一定的普适性，可以说是目前我国唯一的一本关于 TRIZ 理论的高等学校本科专业教学用书。

该书由鲁东大学交通学院组织编写，编写团队阵容强大，有 4 位教授，8 位博士，花费了大量时间全面介绍了 TRIZ 理论和方法，并做了很多有建设性的探索工作。相信该书对从事 TRIZ 研究、教学和应用的人士均有一定的启发作用。

“自主创新，方法先行”。创新方法是一项从源头推进自主创新的开创性、长期性和基础性工作。希望《TRIZ 创新理论与应用原理》一书的出版，能为全国高等院校本科生开展和普及创新教育提供一本适合的教学用书，也能为科技管理人员、企业家和技术研发人员的培训提供教学参考。借该书出版之际，我很乐意把它介绍给大家，以供大家参考、利用和讨论。

中国科学院院士

2009 年 12 月 26 日

前　言

胡锦涛同志在中共十七大上指出："要坚持走中国特色自主创新道路，把增强自主创新能力贯彻到现代化建设的各个方面。"创造、创新是一个国家、一个民族的灵魂，先进的创新方法是提升一个国家总体创新能力和创新水平的关键。我国正处于全面飞速发展的阶段，迫切需要更多具有高度创造、创新能力的人才。

人类的发明创造能力并非天生的，而是通过后天培养和挖掘出来的。创造的主体是人，是人有目的地控制和调节的活动。创新的实质是创新思维。人们或多或少会存在着惯性思维，这常会造成思考事情时存在某些盲点，缺少创新或改变的可能性。要想打破惯性思维，就必须采取非常手段，从生理学、心理学、哲学、生物学和方法论等不同层面着手，消除阻碍创造性思维的惯性思维。我们改造世界的活动很简单，就是发现问题、分析问题和解决问题。但因问题从来就不在生活的表象，所以不仅要仔细地观察，更要深入细致地思考。要善于探索和发现事物发展的规律，从中找出解决问题的方法。正像毛泽东主席曾说过的那样："人类总得不断地总结经验，有所发现，有所发明，有所创造，有所前进。"

发明创新问题解决理论——TRIZ（theory of the solution of inventive problems）是前苏联发明家根里奇·阿奇舒勒（Genrich S. Altshuller）等在分析了250万件高水平专利的基础上建立起的理论体系。其目的是研究人类进行发明创造、解决技术难题过程中所遵循的科学原理和法则。TRIZ曾经被称为前苏联的"国术"和"点金术"，被欧美等国的专家认为是"超级发明术"。一些创造学专家甚至认为：阿奇舒勒所创建的TRIZ理论，是发明了发明与创新的方法，是20世纪最伟大的发明。

TRIZ是建立在普遍性原理之上的，不是针对某个特定的创新问题，而是要建立解决问题的模型并指明问题解决的方向，TRIZ的原理和工具不局限于特定的应用领域。TRIZ理论的应用范围越来越广，由原来擅长的工程技术领域逐渐向自然科学、社会科学、管理科学、生物科学等领域发展。TRIZ理论与方法已在工业、建筑、微电子、化学、生物学、社会学、医疗、食品、商业、教育等领域有很多成功应用的案例，用于指导各领域如何解决遇到的问题。

本书分别在TRIZ的起源与发展、突破惯性思维的创新方法、解决发明问题的多种方法、技术系统的进化及其应用、发明创新技术问题及解决方法、40个发明创新原理及应用、分离原理在物理矛盾中的应用、物-场模型分析、发明创新问题的标准解法、ARIZ 算法、科学效应和现象等方面描述 TRIZ 理论与方法，结合大量实际应用案例来诠释和分析 TRIZ 的应用过程及其原理应用的巧妙。

参加本书编撰的有孙峰华、王亮申、宋进桂、顾九春、冯宝富、郑雷、李洪斌、孙军龙、张全忠、刘长霞、郑红霞、陈燕，他们各自分别编写了第一～十二章；此外，刘长霞还编排了附录。中国科学院院士陆大道先生、北京亿维讯科技有限公司史博嘉先生为本书的编写提出了很多宝贵建议和意见，在此表示感谢。

由于编者水平有限，书中难免出现疏漏或不足之处，恳请读者批评指正。

编　者

2009 年 12 月

目　录

第一章 绪　论

创新理论和创新实践都证明，创新能力是人的一种潜能，是人人都具有的一种能力，而且这种能力可以通过一定的学习和训练得到激发和提升。创新是有规律可循的，人类在解决工程技术问题时所采用的方法都是有规律的，并且这些规律可以通过总结和学习加以掌握和应用。相对于传统的创新方法，比如试错法，头脑风暴法等，TRIZ 理论具有鲜明的特点和优势。实践证明，运用 TRIZ 理论，可大大加快人们创造发明的进程，帮助我们系统地分析问题情境，突破思维障碍，快速发现问题本质或矛盾，确定问题探索方向。TRIZ 理论已经成为一套解决新产品开发实际问题的成熟的理论和方法体系。

本章介绍了 TRIZ 的起源与发展、TRIZ 的内容与思想，让读者对 TRIZ 形成初步了解；明确创造与创新内涵，为后续内容学习打下基础；通过介绍 QFD 等创新设计理论，使大家更多地了解创新理论与方法。这些理论当中，以 TRIZ 理论最为著名。

第一节　TRIZ 的起源与发展

一、TRIZ 的内涵

TRIZ 对于初学者来说很陌生，实际上 60 多年前它就已经诞生了。TRIZ 的内涵是什么？这里先从字面上阐释。TRIZ 的涵义最初来源于俄文 теории решения изобретательских задач，首字母的缩写为“ТРИЗ”，按照“ISO/R9-1968E”的规定，把俄文转换成拉丁字母以后，就成为今天所看到的“TRIZ”。“TRIZ”译成中文即“发明问题解决理论”，其俄文的英文音译为 Teoriya Resheniya Izobreatatelskikh Zadatch，其英文全称是 Theory of Inventive Problem Solving，缩写为“ TRIZ ”或“TIPS”，译成德文为 Theorie des erfinderischen Probleml。对于“ TRIZ ”，无论用何种文字表达，世界各国均已达成共识，即“ TRIZ ”就是“发明问题解决理论”。

“TRIZ”有两个基本的含义，表面上强调解决实际问题，特别是解决发明问题；本质上是由解决发明问题而最终实现（技术和管理）创新，因为解决问题就是要实现发明的实用化，这符合创新的基本内涵。

二、TRIZ 的起源

在前苏联正式解体之前，TRIZ 理论一直是前苏联的国家机密，在军事、工业、航空航天等领域均发挥了巨大作用，成为创新的“点金术”，让西方发达国家一直望尘莫及。随着苏联的解体，大批 TRIZ 专家移居欧美等发达地区，将 TRIZ 理论传播到美国、欧洲、日本、韩国等地，TRIZ 才被世人所知。TRIZ 理论是怎样诞生的？这要从 TRIZ 之父，苏联发明家根里奇·阿奇舒勒（Genrich S. Altshuller，1926.10.15～1998.9.24）说起。

图 1-1　根里奇·阿奇舒勒

根里奇·阿奇舒勒（图 1-1），1926 年 10 月 15 日出生于苏联的塔什罕干。他在阿塞拜疆的首都巴库居住了很多年，1990 年以后移居卡累利亚的彼得罗扎沃茨克。阿奇舒勒在 14 岁时就获得了首个专利证书，专利作品是水下呼吸器。15 岁时，他制作了一条船，船上装有使用碳化物作燃料的喷气发动机。1946 年，阿奇舒勒开始了发明问题解决理论的研究工作。通过研究成千上万的专利，他发现了发明背后存在的模式并形成了 TRIZ 理论的原始基础。为了验证这些理论，阿奇舒勒相继做出了多项发明，例如，获得前苏联发明竞赛一等奖的排雷装置、船上的火箭引擎、无法移动潜水艇的逃生方法等，多项发明被列为军事机密，阿奇舒勒也因此被安排到海军专利局工作。

在海军专利局处理世界各国著名的发明专利过程中，阿奇舒勒总是考虑这样一个问题：当人们进行发明创造、解决技术难题时，是否有可遵循的科学方法和法则，从而能迅速地实现新的发明创造或解决技术难题呢？答案是肯定的。他发现任何领域的产品改进、技术的变革、创新和生物系统一样，都存在产生、生长、成熟、衰老和灭亡的过程，是有规律可循的。人们如果掌握了这些规律，就能能动地进行产品设计并能预测产品的未来趋势。1948 年 12 月，阿奇舒勒写了一封信给斯大林，向国家领袖指出当时的苏联缺乏创新精神，发明创造处于无知和混乱的状态。结果这封信给他带来了灾难，他被判刑 25 年，并被押解到西伯利亚，投入集中营中，而集中营却成为 TRIZ 的第一所研究机构。在斯大林去世一年半后，阿奇舒勒获释。1956 年，阿奇舒勒在《心理学问题》杂志发表了《发明创造心理学》一文，一石激起千层浪，轰动了苏联的科技界，为发明创造开辟了新的天地。1961 年阿奇舒勒出版了第一本有关 TRIZ 理论的著作《怎样学会发明创造》。阿奇舒勒经过研究发现，有 15000 对技术矛盾可以通过运用基本原理从而相对容易地解决。他说：“你可以等待 100 年获得顿悟，也可以利用这些原理花 15 分钟解决问题。”在以后的时间中，阿奇舒勒将其毕生精力致力于

TRIZ 理论的研究和完善，他于 1970 年一手创办的一所进行 TRIZ 理论研究和推广的学校后来培养了很多 TRIZ 应用方面的专家。在阿奇舒勒的领导下，由前苏联的研究机构、大学、企业组成的 TRIZ 研究团体，分析了世界近 250 万份高水平的发明专利，总结出各种技术发展进化遵循的规律模式，以及解决各种技术矛盾和物理矛盾的创新原理和法则，建立了一个由解决技术，实现创新开发的各种方法、算法组成的综合理论体系，并综合多学科领域的原理和法则，建立起 TRIZ 理论体系。TRIZ 理论和方法加上计算机辅助创新（CAI）已经发展成为一套解决新产品开发实际问题的成熟理论和方法体系，如今已在全世界被广泛应用。TRIZ 可以轻易地解决那些“看似不可能解决的问题”并形成专利，提升企业的核心竞争力，使企业从“跟随者”快速成为行业技术的“领跑者”。

从 1985 年开始，早期的 TRIZ 专家中的一部分移居到欧美等地，从而促进了 TRIZ 在全世界范围内的传播。1989 年，阿奇舒勒集合了当时世界上数十位 TRIZ 专家，在彼得罗扎沃茨克（Petrozavodsk）建立了国际 TRIZ 协会，阿奇舒勒担任首届主席。国际 TRIZ 协会从建立至今一直是 TRIZ 理论最权威的学术研究机构，目前它在全球 10 多个国家和地区拥有 30 余个成员组织，共拥有数千名 TRIZ 专家。

随着我国将创新提为国家发展的首要政策，各个企业和机构对创新的强烈愿望急需理论和工具的支持。遍寻世界各种创新理论，唯 TRIZ 独秀于林。

三、TRIZ 的发展

自阿奇舒勒提出 TRIZ 理论以来，国外就一直比较注重 TRIZ 理论的研究、教育和实践工作。

前苏联把注重国民创新能力的开发载入宪法中，并在大学中开设“科学研究原理”、“技术创造原理”等相关创新课程，以提高学生的创新思维能力。

从 20 世纪 60 年代末开始，苏联建立了各种形式的发明创造学校，成立了全国性和地方性的发明家组织，在这些组织和学校里，可以试验解决发明课题的新技巧，并使它们更加有效。现在，在 80 座城市里，大约有 100 所这样的学院及学校在工作着。每年都有几千名科学工作者、工程师和大学生在学习 TRIZ 理论。其中，最著名的就是 1971 年在阿塞拜疆创办的世界上第一所发明创造大学。事实上，苏联及东欧国家的科学家大都采用 TRIZ 做发明创造的工作，不仅在大学理工科开设 TRIZ 课程，甚至在中、小学阶段也采用 TRIZ 的理论设计各科的教材教法。

在创新实践方面，苏联大力推广 TRIZ 理论，从而使苏联在 20 世纪 70 年代中期专利申请量和批准量跃居世界第二，在冷战时期保持了对美国的军事力量平衡。

苏联解体后，TRIZ理论系统地传入西方，在美、欧、日、韩等世界各地得到了广泛的研究与应用。目前，TRIZ已成为最有效的创新问题求解方法和计算机辅助创新技术的核心理论。在俄罗斯，TRIZ理论方法已广泛应用于众多高科技工程（特别是军工）领域中；欧洲以瑞典皇家工科大学（KTH）为中心，集中十几家企业开始了实施利用TRIZ进行创造性设计的研究计划；日本从1996年开始不断有杂志介绍TRIZ的理论方法及应用实例；在以色列也成立了相应的研发机构；在美国也有诸多大学相继进行了TRIZ技术研究……世界各地有关TRIZ的研究咨询机构相继成立，TRIZ理论和方法在众多跨国公司迅速得以推广。如今TRIZ已在全世界被广泛应用，创造出成千上万项重大发明。经过半个多世纪的发展，TRIZ理论和方法已经发展成为一套解决新产品开发实际问题的成熟的理论和方法体系，并经过实践的检验，为众多知名企业和研发机构创造了巨大的经济效益和社会效益。

目前TRIZ被认为是可以帮助人们挖掘和开发自己的创造潜能、最全面系统地论述发明创造和实现技术创新的新理论，被欧美等地的专家认为是“超级发明术”。一些创造学专家甚至认为阿奇舒勒所创建的TRIZ理论，是发明了发明与创新的方法，是20世纪最伟大的发明。

第二节　创造与创新

创造的概念出现得很早，在旧约全书中就已经被使用。《辞海》中对创造的解释是：“做出前所未有的事情。”从《词源》来看，创造和创新不仅在汉语词汇组合上不同，而且在英语中，创造（creation）和创新（innovation）的基本含义也由不同的词汇来表达。creation和innovation都来自拉丁文。creation最初的拉丁文本意是“种植”和“生长”，意味着从无到有。innovation的拉丁文词根nova表示“新的”意思，加上前缀in导致动词化，具有“更新”的含义，意味着对原来已有的东西加以更新和改造。由此可见，创造表示一个从无到有的发生过程，创新则体现在对现有事物的更新改造过程中。二者虽然都能给予认识主体一种“全新”的感觉，但是作为结果，前者意味着“从未见过”的结果，后者则给人一种“旧貌换新颜”和“推陈出新”的感觉。所以，创造与创新的根本区别在于“出新”的前提是“有”还是“无”。

一、创造

1. 创造的内涵

到目前为止，中外关于“创造”的内涵还没有统一的认识，主要有以下几种观点：①创造是指人们在综合观念、形象、解决问题并由此而产生新事物时，显示特异性的活动。这种说法强调了创造的“综合性”和“特异性”。②创造是不同质的素材的新组合。这种定义对科学、艺术、哲学、宗教等精神活动的全部领域都适用。重点在“新组合”上，而且是“不同质的素材”的新组合。③创造就是解决新问题、进行新组合、发现新思想、发展新理论。用了四个“新”强调创造的创新特性，显然，新异性是创造的一个本质特点。④创造就是依靠今日的条件对明日世界-未来梦想的实现。这种说法注重“今日”与“未来”时空的跨越。

我国学者认为，“创造”的内涵有狭义和广义之分。狭义创造专指科学、技术、理论、方法和产品（包括精神产品和物质产品）在世界范围内的首次产生。它是一种“从无到有”的过程，故有人将其简称为首创或原创。狭义创造将“对已有事物的改进”排除在创造概念之外。创造主体仅是少数的天才、精英们。广义创造则指创造主体首次做成功自已从未做成功过、也不知别人做成功过，或知道别人做成功过、但不知道别人是如何做的，并有益于社会发展的事情。做成功的事情是创造；做的过程、做的方法，如果满足新颖条件，也是创造。前者为物品（泛指物质物品和精神物品）创造，后者为方法创造。

2. 创造的特性

综合分析，创造具有5个特性：①创造的主体性。即创造主体必须是现实的人，即现实的个人、群体或全人类。②创造的控制性。即任何一种创造都是主体有目的地控制、调节客体的一种活动，是主体为实现自己的目标而使活动作用于自身客体、自然客体、社会客体，并在创造活动中有控制地进行信息、物质和能量的交换。③创造的新颖性。即凡是创造就意味着一种创造活动必须要能产生出一种前所未有的新成果。④创造的功利性。即创造的进步性。就是说，任何一种创造活动的成果必须是具有社会价值的、有利于社会进步的。⑤创造的综合性。即说任何一种创造都是主体辩证地综合来自各方面的信息，重新组织新信息的过程。从这个意义上说，综合就是创造。

上述特性的要点是：创造的主体是人；创造是人有目的地控制和调节的活动；这种活动的产物是新颖的、前所未有的；这些产物要有社会价值；创造活动离不开综合信息、重组信息的过程。

3. 创造的形式

创造是多种多样的，创造心理学家泰勒（Taylor）曾根据创造产品的性质与复杂性而将创造分为5种形式：①即兴式创造（expressive creativity）。这种创造往往是即兴而发，不计（产品的）高低与上下，不计作用与效果，是一种快乐自怡的表露式创造活动。在活动中，人的知、情、意达到高度和谐，真、善、美达到有机统一，充分显示了创造的自由境界。泰勒认为这是其他各种创造的基础。②技术性创造（technical creativity）。这种创造发展各种技术以产生完美的产品。这种创造是以技术性、实用性、乐观性、精密性、优美性为特点的。创造者可以模仿、应用已有原理原则以解决具体的实际问题，并不注重产品的创新程度。从事技术的创造时，创造者往往牺牲即兴式的表露而使其思路适应客观要求。③发明创造（inventive creativity）。这种创造不产生新的原理原则，但产品有较强的创新性，有较重要的社会应用。如爱迪生的电灯、贝尔的电话、瓦特的蒸汽机等。这些发明没有原理性的理论实践，但比技术性创造有更高层次的创新，产品产生了广泛的社会影响。④革新创造（innovative creativity）。革新的人物必须具有将事物高度抽象化、概念化的技巧，以及敏锐的观察力和领悟力，以洞察隐藏在原理原则以及各种概念背后的真理。除此之外，他们还必须具备各种必要的知识，尤其对于所需要改造的领域先有充分了解，方能发掘问题，产生革新的成果。⑤深奥的创造（imaginative creativity）。这种创造最为复杂，创造者必须有处理千头万绪、复杂资料的能力，并能以简御繁，一以贯之，将资料中抽象的概念整理成崭新的原理或有系统的新学说，其深度仅为少数在该领域的专家方可了解。例如量子论、相对论都属深奥的创造，没有专门、扎实的物理基础，就无法掌握这些理论。

以上 5 种形式的创造，除了第一种之外，其他各种创造都是解决问题的过程。即使是即兴式创造，也与解决问题的过程有密切联系。同时，即兴式创造又是其他创造的基础，所以其他形式创造也包含着抒情尽意，知、情、意高度和谐，真、善、美有机统一的追求。

4. 如何创造

对于一个国家、一个民族而言，创造创新是灵魂。对于一个人而言，前苏联文学家高尔基说得好：“生命的意义在于创造，而创造是独立存在的，无止境的。”就哲学而论，创造是通达精神本质的弯曲着的韧性意念光束；就文学而言，创造是在茫茫人海上腾云驾雾地视探谜为情爱的酣爽醉态；就玄学来讲，创造是使脑髓开出艳丽花朵的虔敬目光之散点式盯凝；就社会学来说，创造是发明以往没有的东西。总而言之，创造就是一种沉思着与狂想着的不定式行动，创造就是在集中着的放射状行动中沉思着与狂想着的东西之凝现，创造就是在对空间与时间视界的牢牢把持中对时间与空间的深层洞见。如何创造，伟大的实践者们给出了明确答案：①首先要充满自信，不怕权威，不从俗，善于怀疑。②要做第一个吃螃蟹的人，敢于献身自己所从事的事业。③善于发现、把握、坚持真理。④善抓灵感，灵感是指思维过程中的“顿悟”。⑤学会合作，co-operation 就是合作的意思，有人认为这是英国文字中最重要的一个单词。

二、创新

1. 创新的内涵

“创新”这一概念，最初由美籍奥地利经济学家约瑟夫·阿罗斯·熊彼特(Joseph Alois Schumpeter，1883～1950）提出。1912年他在其德文版《经济发展理论》一书中首次使用了创新一词。他将创新定义为“新的生产函数的建立”，即“企业家对生产要素的新的组合”，也就是把一种从来没有过的生产要素和生产条件的“新组合”引入生产体系。他认为创新包括5种情况：①引入一种新产品。②引入一种新的生产方法。③开辟一个新的市场。④获得原材料或半成品的一种新的供应来源。⑤实行一种新的企业组织形式。熊彼特的创新概念包含的范围很广，如涉及技术性变化的创新及非技术性变化的组织创新。

自熊彼特提出“创新”概念以来，中外诸多专家学者从不同的领域、不同的视野开展了“创新”概念的研究，提出五花八门的“创新”内涵。归纳总结，有代表性的定义有以下5种。①创新是开发一种新事物的过程。这一过程从发现潜在的需要开始，经历新事物的技术可行性阶段的检验，到新事物的广泛应用。创新之所以被描述为是一个创造性过程，是因为它产生了某种新的事物。②创新是运用知识或相关信息创造和引进某种有用的新事物的过程。③创新是对一个组织或相关环境的新变化的接受。④创新是指新事物本身，具体说来就是指被相关使用部门认定的任何一种新的思想、新的实践或新的制造物。⑤当代国际知识管理专家艾米顿对创新的定义是：新思想到行动（new idea to action)。

我国学者认为，创新的内涵有狭义和广义之分。狭义的创新即指熊彼特的创新概念。熊彼特创新经济论中所提出的技术创新恰恰不包含科学发现、技术发明本身。在熊彼特看来，技术创新和创新是同一概念，创新就是指技术创新。广义创新概念来源于人们对现实生活中创新活动的理解，其内涵要比狭义创新广泛得多、深刻得多。广义创新就是创造出比先前的东西有新形式、新内容的新东西。这些新东西自然包括先前所没有的东西，也包括在实践中首次运用新科学、新技术、新发明、新创造的一切活动。

由此可见，创新概念包含的范围很广，可以说各种能提高资源配置效率的新活动都是创新。其中，既有涉及技术性变化的创新，如技术创新、产品创新、过程创新；也有涉及非技术性变化的创新，如制度创新、政策创新、组织创新、管理创新、市场创新、观念创新等。

2. 创新的特性

综合分析，创新具有5个特性：①新颖性。世界新颖性或绝对新颖性（是指发明，比如爱迪声发明电灯、莱特兄弟发明飞机）；局部新颖性（主要是指实用颖性，是对某些方面的改进改良）；主观新颖性（指对创造者个人来说是前所未有，这属于认知上的问题，是个人进步的表现）。②具有价值。这个特性与新颖性高度相关。世界新颖性的价值层次最高，局部新颖性次之，主观新颖性再次之（有时可能只对创造者个人有价值，属于个人的价值，但也是有价值的）。③相对优越性。相对优越性是指人们认为某项创新比被其取代的原有创新优越的程度。相对优越程度常可用经济获利性表示，但也可用社会方面或其他方面的指标来说明。至于某项创新哪个方面的相对优势最重要，不仅取决于潜在采用者的特征，还取决于创新本身的性质。④一致性。一致性是指人们认为某项创新同现行的价值观念、以往的经验以及潜在采用者的需要相适应的程度。某项创新的适应程度越高，意味着它对潜在采用者的不确定性越小。⑤复杂性。复杂性是指人们认为某项创新理解和使用起来的相对困难程度。有些创新的实施需要复杂的知识和技术，有些则不然，根据复杂程度可以对创新进行归类。⑥可试验性。可试验性是指某项创新可以小规模地被试验的程度。采用者倾向于接受已经进行了小规模试验的创新，因为直接大规模地采用有很大的不确定性，因而有很大的风险。可试验性与可分性是密切相关的。⑦可观察性。在扩散研究中大多数创新都是技术创新。技术通常包括硬件和软件两个方面。一般而言，技术创新的软件成果不那么容易被观察，所以某项创新的软件成分越大，其可观察性就越差，采用率就会受到较大的影响。

创新的实质是创新思维。因此，要深入理解“创新思维”，必需把握好以下4个方面：①求同性思维与求异性思维的结合。②发散性思维与辐合性思维的结合。③反向思维与两面思维的结合。④系统性思维。

3. 创新的形式

创新与创造一样，其形式也是多种多样的，主要有以下7种：①思维创新。思维创新是一切创新的前提。任何人都不要封闭自己的思想，若思维形成定势，就会严重阻碍创新。②产品（服务）创新。对于工业企业来说，是产品创新；对于服务业来说，就是服务创新。③技术创新。主要是指生产工艺、方式、方法等方面的创新。④组织和机制创新。主要是指企业环境或个人环境方面的创新，其中包括内部环境和外部环境两个方面，是机体所处的氛围。⑤管理创新。是指管理对象、管理机构、管理信息系统、管理方法等方面的创新。⑥营销创新。是指营销策略、渠道、方法、促销等方面的创新，是一个非常值得探讨的领域。⑦企业文化创新。是指企业及其成员的言行方面的创新，是一个较广的论题。

此外，根据对外依存度的不同，自主创新可分为3种形式：①原始创新。以获取科学发现和技术发明为目的。②集成创新。将各种相关技术有机融合，形成新产品、新产业。③引进、消化、吸收后再创新。自主创新能力是国家竞争力的核心，一个国家在未来国际竞争和世界总格局中的地位越来越取决于其自主创新的能力。

总之，创新是一个内涵深刻、外延广阔的名词，是各行各业各个领域、是个人和组织都值得研究的课题，是成长意识的本能体现。

4. 如何创新

如何创新，按照盖烈夫的观点，可归纳为5个“要点”，20个“字”。①善于发现。改造世界的活动很简单，无非三个步骤：发现问题、分析问题和解决问题。但单是第一个步骤，从古至今就不知难倒了多少英雄好汉。而发现问题也的确是一个艰苦的过程，因为问题从来就不在生活的表象，所以不仅要仔细地观察，更要深入细致地思考。就像道教里所讲的“不仅要靠肉眼看世界，更需要用心眼看世界”。看不到问题的根源，就谈不上分析问题，更找不到解决的办法。发现问题不但需要敏锐的观察力、细密的思考力，还要有伟大的胆力。只有善于发现问题，才能解决为题，才能创新。②善于探索。事物的发展都是有规律的，要善于发现规律，不断创新，就要发展好奇心与求知欲，培养乐于科学探索的兴趣，坚持真理，勇于探索，才能不断创新。③善于模仿。模仿和造假是两个本质完全不同的概念，不是一回事。模仿是有深度、有新意、有特色的，我们自己发明不出来，制造不出来，设计不出来，完全有理由去模仿。看一下我们的高科技，自己发明的较少，而模仿的却很多。④ 善于假设。什么叫假设？假设就是换一种思维方式来解决问题，就是基于某种事物的假设。实际上就是通过打破惯性思维来进行发明创新。⑤善于联想。什么是联想？我们所说的文学联想和创新联想有着本质的区别。我们过去的联想是思维方式的联想，对生活的联想，对问题的联想。我们现在的联想是什么？是在商品经济条件下，对产品与市场如何才能融合在一块，产生的有效用的联想。这个联想很重要，大家都知道神舟五号和神舟六号都飞上天了，那么我们是否也知道在神舟五号和神舟六号上有多少个联想？杨利伟、费俊龙、聂海胜，他们坐在单人舱或是双人舱内，使用的那个“操纵杆”，就是通过一个下岗女工坐在椅子上用一根筷子延长手臂操作电梯联想出来的。这类例子，可谓不胜枚举。

第三节 著名创新设计理论

创新设计理论在产品创新中起着重要的作用，因此，各国的理论工作者一直从事该项研究，并提出了多种设计理论。这里仅介绍几个著名的创新设计理论。

一、Pahl 及 Beitz 的创新设计理论

世界公认的权威创新设计理论是德国的 Gerhard Pahl 和 Wolfgang Beitz 两位工程学教授的普适设计方法学（comprehensive design methedology）。该设计方法学建立了设计人员在每一设计阶段的工作步骤计划，这些计划包括策略、规则和原理，从而形成一个完整的设计过程模型。一个特定产品的设计可完全按该过程模型进行，也可选择其中的一部分使用。Pahl 和 Beitz 在其 1984 年出版的《Engineer Design》一书中，把传统的产品设计分为明确任务、概念设计、技术设计和施工设计 4 个阶段。明确任务是分析市场需求，确定新产品的定位；概念设计包括功能、原理、结构、布局和外形 5 个方面，它确定了产品的大部分消费者可认知特性，是产品设计中的关键阶段，也是可塑性最强的一环，是体现产品设计创新性的关键，尤其是外形设计最能发挥设计师的创造性；技术设计为概念设计的要求服务，是传统意义上的技术创新的发挥阶段。市场需求及与之对应的产品定位可以驱动概念设计的创新，并带动技术创新，反之也有促进作用。

二、公理性创新设计理论

美国公理性创新设计理论（axiomatic design）是美国以 Suh 为首的设计理论研究小组所提出的设计理论。公理性设计理论的核心为：转换过程中的功能和设计参数应满足独立性与最小信息两条公理。如果这两条公理能满足，则原理解是优化的解。公理性设计已有很多应用实例，美国一些企业及大学的学生采用该理论完成了一些产品的设计。这一理论中的“独立性”告诉我们，创新制作的困难在于找到一个或多个独立的矛盾；“最小信息”告诉我们，尽管不同的人对同样的问题有不同的解决方法，但最好的创新制作是性价比最优的制作。学生往往欠缺这方面的思想，习惯于认为创新制作就是运用所学所知做出来即可。

三、机制设计理论

里奥尼德·赫维茨（Leonid Hurwicz，1917～2008），2007 年诺贝尔经济学奖获得者，被称为“机制设计理论之父”。机制设计理论主要解决两个问题：一是信息成本问题，即所设计的机制需要较少的关于消费者、生产者以及其他经济活动参与者的信息和信息（运行）成本。任何一个经济机制的设计和执行都需要信息传递，而信息传递是需要花费成本的，因此，对于机制设计者来说，自然是信息空间的维数越小越好。二是激励兼容问题，即在所设计的机制下，使得各个参与者在追求个人利益的同时能够达到设计者所设定的目标。这已经成为现代经济学中的一个核心概念，许多现实和理论问题都可归结到这一点上来，比如委托-代理问题、契约理论、规章或法规制订、公共财政理论、最优税制设计、行

政管理、政治社会制度设计等。其实，解决任何一个问题，一般都可以通过三种基本制度安排的某一种来实现：①强制性的法制。②诱导性的激励机制。③形成"无欲无刚"的社会规范和文化，即通常所说的"动之以情，晓之以理（法理）及诱之以利"。

四、QFD 理论

QFD是英文quality function deployment的缩写，其内涵是质量功能展开，起源于20世纪70年代初日本的三菱重工。其创始人赤尾洋二是日本玉川大学教授、工学部长、日本品质管理学会会长、日本科学技术联盟机关杂志《质量管理》编集委员长。QFD是一种把顾客的需求转化为质量要求（特性或要求），由此决定产品的设计质量，并系统地展开到装置、零部件及过程（工序）要素中去，从而确保顾客需求得以落实的多层次演绎方法。它通过研究顾客真正的需求，得到最适合的精良设计。在日本，QFD首先成功地应用于船舶设计与制造，现在已扩展到汽车、家电、服装、集成电路、机械、医疗、教育等行业。QFD方法的运用，为日本企业改善产品质量和提高产品的附加值起到了很大的作用，使日本产品质量超过了欧美产品。QFD理论明确指出，创新制作是来源于需求、并满足需求的一个制作过程。所以，在教学中，首先要求学生抛开参考书，独立思考，从生活中发现点子，发现能够改善生活、带来便利的新产品，然后按照设计过程来进行设计、制作。

创新设计理论除上述几个理论外，还有通用设计理论、泛设计理论等，但以TRIZ理论最为著名。

第四节 TRIZ的内容、思想及应用

一、TRIZ的基本内容

TRIZ的理论体系庞大，包括了诸多内容，而且还在不断发展完善中。从目前来看，TRIZ的主要内容有两大部分：一是TRIZ的基本理论体系；二是TRIZ的解题工具体系。可以将其归纳为以下6个方面的内容：①创新思维方法与问题分析方法。TRIZ理论中提供了如何系统地分析问题的科学方法。而对于复杂问题的分析，则包含了科学的问题分析建模方法，物-场分析法，它可以帮助人们快速确认核心问题，发现根本矛盾所在。②技术系统进化法则。针对技术系统进化演变规律，在大量专利分析的基础上，TRIZ理论总结提炼出8个基本进化法则。利用这些进化法则，可以分析确认当前产品的技术状态，并预测未来发展趋势，从而开发富有竞争力的新产品。③技术矛盾解决原理。不同的发明创造往往遵循共同的规律。TRIZ理论将这些共同的规律归纳成40个创新原理，针对具

体的技术矛盾，可以基于这些创新原理、结合工程实际寻求具体的解决方案。④创新问题标准解法。针对具体问题的物-场模型的不同特征，分别对应有标准的模型处理方法，包括模型的修整、转换、物质与场的添加等。⑤发明问题解决算法。主要针对问题情境复杂，矛盾及其相关部件不明确的技术系统。它是一个对初始问题进行一系列变形及再定义等非计算性的逻辑过程，实现对问题的逐步深入分析，问题转化，直至问题解决。⑥基于物理、化学、几何学等工程学原理而构建的知识库。基于物理、化学、几何学等领域的数百万项发明专利的分析结果而构建的知识库可以为技术创新提供丰富的方案来源。TRIZ 的基本内容体系见图 1-2（摘自于赵敏等《TRIZ 入门及实践》）。

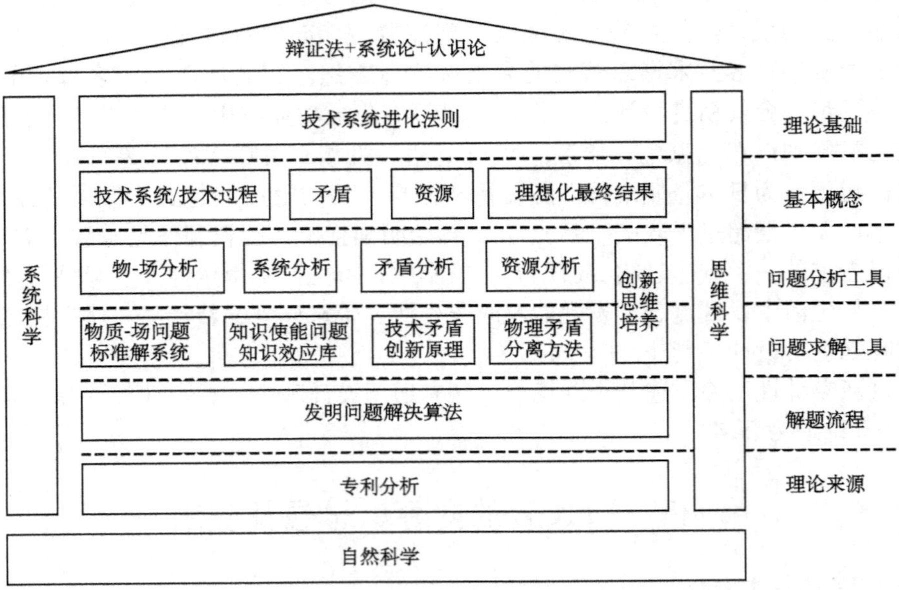

图 1-2　TRIZ 基本内容体系

二、TRIZ 的核心思想

阿奇舒勒研究发现，技术系统进化过程不是随机的，是有客观规律可遵循的，这种规律在不同领域中反复出现。基于这一观点，现代 TRIZ 理论的核心思想可归纳为 3 个要点：①无论是一个简单产品还是复杂的技术系统，其核心技术的发展都是遵循着客观的规律发展演变的，即具有客观的进化规律和模式。②各种技术难题、冲突和矛盾的不断解决是推动这种进化过程的动力。③技术系统发展的理想状态是用尽量少的资源实现尽量多的功能。

三、TRIZ 的应用

发明创新是一种特殊的解决问题的活动，是解决问题的最高表现，主要分为5个层次：最小型（1级）发明（约占32%）；小型（2级）发明（约占45%）；中型（3级）发明（约占18%）；大型（4级）发明（约占4%）；特大型（5级）发明（约占1%）。从这些数据不难看出，真正的发明只占5%，绝大多数发明属于前三个层次，而TRIZ理论主要应用在前三个层次上。

TRIZ是建立在普遍性原理之上的，不是针对某个特定的创新问题，而是要建立解决问题的模型并指明问题解决的方向，TRIZ的原理和工具不局限于特定的应用领域。TRIZ理论广泛应用于工程技术领域，并且应用范围越来越广。目前已逐步向其他领域渗透和扩展，由原来擅长的工程技术领域分别向自然科学、社会科学、管理科学、生物科学等领域发展。现在已总结出了40条发明创造原理在工业、建筑、微电子、化学、生物学、社会学、医疗、食品、商业、教育应用的案例，用于指导解决各领域中遇到的问题。

第五节 TRIZ 发展趋势

TRIZ经过60余年的发展，已被世界各国所接受。目前TRIZ的研究重点是加强TRIZ的基础研究，以及如何开发和集成各种有关TRIZ的软件工具。相关主要论题有7个：①如何进一步完善TRIZ理论，使其逐步从“婴儿期”向“成长期”、“成熟期”转变。②如何描述“物-场”模型新的、适应性更强的符号系统，以便实现多功能产品的创新设计。③如何进一步完善解决技术冲突的39个标准参数、40条解决原理和冲突矩阵，以实现更广范围内的复杂产品创新设计。④如何合理有效地推广应用TRIZ理论解决技术冲突和矛盾，使其受益面更广。⑤如何实现TRIZ理论的高深层次的软件化，并且开发出有针对性的、适合特殊领域的、满足特殊用途的系列化软件系统。⑥如何进一步拓展TRIZ理论的内涵，尤其是把信息技术、生命科学、社会科学等方面的原理和方法纳入TRIZ理论中。⑦如何将TRIZ理论与其他一些新技术有机集成，从而发挥更大的作用。从目前TRIZ的发展现状可以看出，今后TRIZ的发展主要有两大趋势，即TRIZ自身的完善及其与其他方法的集成。

一、TRIZ 自身的完善

从TRIZ的发展历史来看，TRIZ已经是一个欠发展的且应用了50多年的旧系统，虽然对西方国家而言比较新，但它已处在S曲线的“成熟期”位置，应该有一个新的突破性的方法来取代TRIZ方法的全部或部分内容。此外，TRIZ是在前苏联计划经济体制的社会环境下形成的，计划经济下科技、企业间很难存在竞争，但随着经济的全球化和新经济的崛起，今天的科技、企业不得不面临更为残酷激烈的竞争。传统 TRIZ 对于那些急于学习创新性方法并展开应用的企业工程师来说，显得过于庞杂。另外，传统 TRIZ 还存在一些没有完全解决的问题或缺陷，如目前 TRIZ 知识库中还没有当前十分热门的信息技术和生物技术的成果。因此，为了适应现代产品设计的需要，今后 TRIZ 不得不加强自身的现代化建设。

二、TRIZ 与其他方法的集成

TRIZ 主要是解决设计中如何做的问题，对设计中做什么的问题未能给出合适的工具。大量的实例表明，TRIZ 的出发点是借助于经验发现设计中的冲突，冲突发现的过程也是通过对问题的定性描述来实现的。因此，如何将 TRIZ 与其他设计方法相结合，以弥补 TRIZ 的不足，将成为 TRIZ 的另一个发展趋势。

第六节　TRIZ 在中国

20 世纪 80 年代中期，我国的个别科研人员在研究专利时已经了解到了 TRIZ 理论。在 1997 年前后，我国少数学者在参加国际会议的时候再次接触了 TRIZ，并自发予以研究，在某些专业开设了小范围的 TRIZ 选修课。自 2001 年亿维讯公司将 TRIZ 理论培训引入了中国后，TRIZ 理论在中国的应用和推广开始步入快行道。2002 年，亿维讯建立中国公司和研发基地；2003 年，亿维讯在国内推出了 TRIZ 理论培训软件 CBT/NOVA 以及成套的培训体系，同时推出了基于 TRIZ 理论，用于辅助企业技术创新的 Pro/Innovator 软件，并开始在近百所高校开展 TRIZ 讲座。2004 年，亿维讯与国际 TRIZ 协会合作，将 TRIZ 国际认证引入中国，并资助出版了 TRIZ 科普书籍《发明家诞生了》。2005 年，亿维讯引进并组织翻译了最新版的 TRIZ 教材《怎样成为发明家——50 小时学创造》。2006 年，亿维讯建立了专业的培训中心和符合国际标准的培训体系。在 2007 年，亿维讯进一步推出了适合中国国情的 TRIZ 培训教材和培训软件。2007 年，中国科技部启动了创新方法的研究推广计划，于 8 月 13 日正式批准黑龙江省和四川省为“科技部技术创新方法试点省”。2009 年科技部正式开展了国家层面上的 TRIZ 理论培训。

目前，许多企业及大学开始重视和应用 TRIZ 理论，走在前列的有中国船舶、中国兵器、中国航天等大型军工集团；铁道系统的科研院所及单位；清华大学、浙江大学、西南交通大学、东北林业大学、黑龙江科技学院、河北工业大学、山东建筑大学、鲁东大学等高校。

思　考　题

1. TRIZ 理论的内涵及其起源是什么？
2. 创造与创新的内涵有何不同？各有怎样的特性与形式？
3. 著名的创新设计理论有哪些？其内涵分别是什么？
4. TRIZ 的主要内容及核心思想是什么？
5. TRIZ 的发展趋势是怎样的？

参考文献

陈光. 2009. 中国大陆 TRIZ 研究与推广：现状与问题 [J]. 管理观察，(2)：79～80
龚益鸣，丁明芳. 2004. TRIZ——解决创造性问题的理论 [J]. 研究与发展管理，16 (1)：40～44
黑龙江省科学技术厅. 2008. TRIZ 理论应用与实践 [M]. 哈尔滨：黑龙江科学技术出版社
黑龙江省科学技术厅. 2009. TRIZ 理论在国内的发展现状 [EB/OL]. http：//www. triz. gov. cn/trizjs/200806/t20080613 _ 82073. htm
芮延年. 2007. 创新学原理及其应用 [M]. 北京：高等教育出版社
檀润华. 2002. 创新设计——TRIZ 发明问题解决理论 [M]. 北京：机械工业出版社
檀润华. 2004. 发明问题解决理论 [M]. 北京：科学出版社
徐克庄. 2008. TRIZ 理论的研究应用概况 [J]. 杭州化工，38 (2)：1～12
杨清亮. 2006. 发明是这样诞生的 [M]. 北京：机械工业出版社
亿维讯. 2009. TRIZ 理论 [EB/OL]. http：//www. iwint. com. cn/ch/triz/triz-intro-20090309-175905. html
余海亮，赵勇. 2008. 基于公理设计与 TRIZ 的概念设计知识管理研究 [J]. 机械，35 (12)：51～55
张志远，何川，张珣. 2004. TRIZ 理论研究综述 [J]. 重庆工商大学学报（自然科学版），21 (01)：100～104
赵敏，史晓凌，段海波. 2009. TRIZ 入门及实践 [M]. 北京：科学出版社
赵新军. 2004. 技术创新理论（TRIZ）及应用 [M]. 北京：化学工业出版社
郑称德. 2002. 现代 TRIZ 研究的发展——TRIZ：创造性问题解决理论 [J]. 科技进步与对策，(02)：88～90
Altshuller G S. 1991. To Find an Idea：Introduction to the Theory of Inventive Problem Solving [M]. 2nd ed. Novosibirsk：Nauka

第二章　突破惯性思维的创新方法

思维是人们认识世界的一种复杂精神活动，是人们基于客观事物和主观经验对事物的认知过程。人们通过分析与综合、比较与分类、抽象与概括、具体化与系统化等过程来对客观世界进行认识。运用常规思维，由于受经验或习惯的束缚，使得思想观念长期地停留在原有的基础上，很难有进步和发展，同时有些问题还往往难以解决，甚至不能解决，形成惯性思维。惯性思维常会造成在思考事情时存在某些盲点，且缺少创新或改变的可能性。创新就要突破，不突破就不能创新。

本章首先介绍了思维的过程、思维的形式、创新思维的分类、创新思维的基本特性等基本概念，然后介绍了惯性思维及其突破的方法，最后介绍了基于TRIZ理论的创新方法，如多屏幕方法、STC算子方法、RTC算子方法、小矮人模型法、金鱼法、最终理想解等。

第一节　创新思维概述

思维与思想、观点、理论、艺术、技术、经验等不同。思维属于认识的过程，而后者属于认识的结果。思维比感觉、知觉和表象等具有更高的层次，感觉、知觉和表象等感性认识只能认识事物的表面现象，不能认识事物的内在本质，属于认识的低级阶段。而思维是在对客观事物概括的基础上，认识事物的内在本质和规律，属于认识的高级阶段，是人区别于动物的关键所在。

创新就意味着对旧观念、旧事物的扬弃，是抛开旧的、创造新的。而创新本身是思维过程和实践过程的有机结合。创新思维是指在创造具有独创性成果的过程中对事物的认识过程，是建立新的理论，产生新的发明、发现，或塑造新的艺术形象的思维活动。它意味着人们在解决问题过程中，从不同的角度去思考，提出经得起检验的新观点、新思路、新方案。

一、思维的过程

思维是人类认识客观世界的高级形式，是人脑对客观事物的本质和事物内在规律性关系的概括与间接的反映。人类所创造的一切物质和精神财富，都是在实践活动中通过思维才得以形成和积累的。它已经成为人类认识世界和改造世界过程中最重要的主观能动力。它是通过分析、综合、比较、分类、抽象、概括、具体化、系统化等一系列心理活动过程来实现的。

1. 分析和综合

分析与综合是思维过程的基本环节。一切思维活动，从简单到复杂，从概念形成到创造性思维，都离不开头脑的分析与综合。分析与综合在认识过程中总是相互联系的。分析的实质是认识事物本质的过程，通过对整体的解剖、分离、分割各组成部分，阐明各部分所处的地位和作用与其他部门相互联系的规律。综合是把事物的各个方面在思维中结合成一个统一整体进行考察与研究。分析是在头脑中把事物或现象的整体分解为部分、方面或个别属性、特征的思维过程。如把植物分解为根、茎、叶、花、果实、种子；把动物分解为头、尾、足、躯体；把花的色、香、味分出来等，均属于分析。通过分析能使人了解事物的组成部分、属性等。综合是在头脑中把事物或现象的各个部分、方面、各种属性、特征结合起来进行考虑的思维过程。如把若干节体操动作结合为一整套广播操来研究其价值；把机器的各种零配件结合成一个整体来考虑其性能；把一个学生的思想品德、智力水平、学业成绩、健康状况等方面联系起来，加以评价，做出结论等。通过综合，这使人们了解事物的整体和构成事物的各个部分、个别属性和个别方面之间的关系。

分析与综合是同一思维过程中彼此相反而又紧密联系的过程，是相互依赖、互为条件的。分析是以事物综合体为前提的，没有事物综合体，就无从分析。综合是以对事物的分析为基础的，分析越细致，综合越全面；分析越准确，综合越完善。例如，学生读一篇课文，既要分析，也要综合。通过分析，理解了词义和段落大意；通过综合，掌握了文章的中心思想，获得了对文章的整体认识。若对事物只有分析而没有综合，则只能形成片面的、支离破碎的认识；若对事物只有综合没有分析，则只能形成表面的认识。分析与综合是辩证统一的，只有把分析与综合有机地结合在一起，才能发现事物的联系和关系，才能更好地认识事物。

分析与综合有不同的水平，较简单的是动作思维中的分析综合，这是结合具体的操作，在分析具体物体时，把物体的零部件取下来，或者再把它们安装成整体，以考察其功能的思维过程。其次是形象思维中的分析综合。这种分析综合是在头脑中对事物的表象进行分析或联合的思维过程。较复杂的是抽象思维中的分析综合。它是对词语所标识的事物的分析综合。是利用公式定理和原则，在头脑中把某种抽象的知识划分出来或加以联合的思维过程。

为了全面地认识事物或现象，必须进行多阶段、多层次的分析与综合。一般的思维过程都包括一个分析-综合-再分析-再综合的循环往复、逐次提高的过程。

2. 比较与分类

比较是将不同的事物加以对比，而后确定异同的思维过程。客观事物存在着差异点和共同点是比较的客观基础。比较以分析综合为前提，通过分析，人们在思维上把事物的某些特征或方面区分出来，从而对它们进行比较，确定它们的异同。同时，在比较时，又把这些特征或方面综合起来加以考虑。所以分析与综合是比较不可缺少的组成部分。另外，比较必须在某个或某些方面上进行。确定比较的方向或标准，才能进行比较，否则比较无法进行。比较是人认识事物不可缺少的思维活动。比较可以在同一类事物和现象之间进行，也可以在不同类但具有某种关系或联系的事物和现象之间进行。

分类是在头脑中根据事物或现象的共同点和差异点，把它们区分为不同种类的思维过程。分类是在比较的基础上，将具有共同点的事物划分为一类，再根据更小的差异将它们划分为同一类中不同的属，以揭示事物的一定从属关系和等级系统。在教学中运用分类有助于学生明确某些概念的含义，掌握事物和现象的本质特征及事物和现象之间的从属关系。如学生掌握数的概念时，把数分为实数和虚数，又把实数分为有理数和无理数，再把有理数分为整数、小数和分数。

3. 抽象与概括

抽象是在头脑中把同类事物或现象的共同的、本质的特征抽取出来，并舍弃其个别的、非本质特征的思维过程。如我们从手表、怀表、电子钟、石英钟、闹钟、座钟、挂钟等对象中，在头脑中抽出它们“能计时”的共同本质特征，舍弃它们不同大小、形状、构造、颜色等方面的非本质特征，就是思维的抽象过程。

概括是在头脑中把抽象出来的事物的共同的、本质的特征综合起来并推广到同类事物中去，从而使之普遍化的思维过程。例如，我们把“能书写”、“是工具”这些有关笔的共同的、本质的属性综合起来，从而认识到“笔是书写的工具”，并把这个特征推广到各式各样的笔等一类事物中去的思维过程就是概括。通过这种概括，我们可以认识一切笔的本质特征。

抽象是把事物的本质属性、特征抽取出来，并把这些本质属性、特征与其他属性、特征分离开来的思维过程。概括是把抽象出来的本质属性、特征推广到同类事物中去的思维过程。抽象和概括是紧密联系着的。如果没有从事物中抽取出本质属性与共同特征，也就不能进行思维的概括。而在抽取本质属性与共同特征时，这些属性与特征是以概括的形式加以思考的，抽象和概括是在比较的基础上进行的更高级的分析与综合。

4. 具体化与系统化

具体化是指在头脑里把抽象、概括出来的一般概念、原理与理论同具体事物联系起来的思维过程，也就是用一般原理去解决实际问题，用理论指导实际活动的过程。具体化是把理论与实践结合起来，把一般与个别结合起来，把抽象与具体结合起来，可以使人更好地理解知识、检验知识、使认识不断深化。

系统化是指在头脑中根据事物的一般特征和本质特征，按一定的顺序和层次把事物组成一定系统的思维过程。如生物学家按界、门、刚、目、科、属、种的顺序，把世界上千千万万的生物分了类，同时揭示了各类生物之间的关系，这就是人在头脑中对生物系统化的过程。

系统化是在比较和分类的基础上实现的，也是思维过程中不可缺少的环节。经过系统化的知识便于在大脑皮层上形成广泛的神经联系，从而使知识易于记忆。也只有掌握了系统的知识结构，才能真正理解知识，才能在不同条件下灵活运用知识。

综上，分析、综合、比较、分类、抽象、概括、具体化和系统化等思维过程，相互区别又相互联系，辨证统一地贯穿于思维活动之中。这些思维活动过程的有效进行，使我们对客观事物的认识由简单到复杂，由感性到理性，实现了认识活动的飞跃与升华。

二、思维的形式

思维形式，即思维借以实现的形式。概念、判定、推理是不同的思维形式。在具体的思维中，思维形式和思维内容总是结合在一起的，既不存在没有思维形式的思维内容，也不存在没有思维内容的思维形式。但是思维形式对于思维内容具有相对的独立性，因此逻辑学可以把思维形式抽出来作为自己的研究对象。

1. 概念

概念是人脑对客观事物共同的本质特性的反映。在抽象与概括的基础上，人脑中便形成各种不同的科学概念。概念组成判断，用判断进行推理，形成科学原理法则，因而人能正确地认识和改造现实。概念是思维最基本的单位，是一般的思维形式。

概念包括内涵和外延两部分。内涵指概念所反映事物全部的共同本质属性；外延指具有这些共同本质属性的全体对象。概念的内涵和外延是反比关系：内涵越大，外延越小；内涵越小，外延越大。例如，“钟表”这个概念的内涵是“计时工具”，其外延则是闹钟、挂钟、台钟、手表、怀表、秒表等一切的钟表。

概念是通过思维活动而形成，并用词来标识的。一切概念都是思维的结果，而一切的思维结果又都是用词来记载、确定和巩固下来的。概念和词又是不可分的。没有某一概念，就不会有标识这一概念的词；没有某一个词，就没有被这一个词所代表的概念。没有词，概念就不存在；没有概念，词就成了毫无意义的声音和符号。总之，词给概念以外衣，概念则赋予词意义和内容。随着词义的不断充实，概念也在不断地加深和扩大。对人们来说，掌握的概念越多，词汇就越丰富，对客观事物的认识也就越深刻、越全面。

概念是人脑反映事物或现象的一般特征和本质属性的思维形式。概念是在分析、综合、比较、分类、抽象、概括的基础上形成的。它反映一类事物共同的、一般的、本质的特征，而不包括那些非本质属性。譬如，“人”这个概念，反映着人所特有的本质属性（即会制造工具，并能使用工具进行劳动的高等动物）而不包括其他表面的、非本质特征（不同肤色、不同性别、不同年龄、不同民族、不同国籍、不同信仰等）。

个体概念的获得一般通过两条基本途径：一是通过日常生活，在与别人进行交际、交往等积累个体经验的过程中掌握概念。这种通过日常生活掌握的概念，叫做日常概念。二是在专门的教学过程中，在教师的引导下掌握概念。这种通过有计划的教学活动、在熟悉有关概念内涵的条件下掌握的概念，叫做科学概念。一般情况下，日常概念受个体狭隘的生活范围和有限知识经验的局限，常常带有片面性，甚至有错误和歪曲的现象，其内涵有时遗漏了本质特征，而包括了非本质特征。在一次对 3 岁半至 8 岁儿童的调查中发现：有半数以上的儿童认为树不是活的，没有生命；有 70%以上的儿童认为月亮是活的，有生命。还有的小学生认为“鸟是会飞的动物”，因此把蜜蜂、苍蝇、飞蛾等都看成是鸟，却不认为鸡、鸭、鹅是鸟。只有随着儿童经验的增多，主要是在教学的影响下，日常概念才逐渐提高到科学概念的水平。例如，有些成人经常使用情感、意志、需要、动机等这些概念，但远不是每一个使用这些概念的人，都确切地理解和把握了这些概念的真正含义。

概念的辩证法是指概念的形成、变化和发展以及概念间的联系和转化的辩证关系。对概念的辩证本性的研究，是辩证逻辑的主要内容。从生动的直观到抽象的思维，形成一系列概念，而这些概念的真理性又要返回到实践中接受检验。如此循环往复，是人的认识日益接近客观现实的一般途径。科学认识的主要成果就是形成和发展概念，使概念越深刻、越正确、越完全地反映客观现实。概念的最基本特征是它的抽象性和概括性。

人类对真理的认识，是在一系列概念的形成中，在概念的不断更替和运动中，在一个概念向另一个概念的无数转化中实现的。概念的形成、变化和发展以及概念间的相互依赖、对立和转化，是永恒运动的客观现实在人脑中的近似反映，因而存在着具有客观意义的概念辩证法。

2. 判断

判断是概念和概念之间的联系，它是事物之间的联系和关系在人头脑中的反映，是思维的基本形式之一。例如，“人是能制造工具的动物”，就是判断的思维形式。一切判断都是借助语言、词汇并用句子的形式来实现的。它包括主词、宾词和关系词 3 部分。判断的种类根据划分标准不同可分为：①肯定判断与否定判断。如当我们说“闪电后有雷鸣”时，便肯定了这两种自然现象之间在时间上的一定联系。“土豆不是果实”（否定判断）。②直接判断与间接判断。直接判断多以感知的形式出现，可用言语，也可用动作表达。如当我们说“蝙蝠不是飞鸟”这句话时，便否定了蝙蝠的本质特征与飞鸟所具有的本质特征之间的联系。直接判断是感知形式的判断，是通过对具体事物的表面特征的直接感知，且不需要复杂的思维活动参与而做出的判断。间接判断是抽象形式的判断，是通过复杂的思维过程，在理清事物之间的关系和联系的基础上而做出的判断。例如，判断强弱两种不同的音响，可让被试者说出，也可用动作按电键表达。直接判断往往要以比较为基础，间接判断往往是通过推理来实现的。

根据比较标准不同，又有相对判断与绝对判断之分。如果是对当前同时出现的两个刺激（一个为标准刺激，一个为比较刺激）进行比较，判断其强弱，就是相对判断。如果将当前的某个刺激与记忆（经验）中的标准进行比较，做出的判断，称为绝对判断。间接判断是借助推理来实现的思维判断形式，是事物之间的条件、空间、时间、因果等关系的反映。

3. 推理

推理是一种间接判断，是从一个或数个已知判断推出新的未知判断的思维形式，也是事物之间的联系和关系在人脑中的反映。它反映判断和判断之间的联系。推理主要分为归纳推理、演绎推理和类比推理 3 种形式。归纳推理是从特殊事例到一般的推理过程。例如，“水加热变成气体”、“煤油加适度热变成气体”、“酒加热变成气体”…… 故推理“液体加热变成气体”。演绎推理是从一般到特殊具体的推理过程。例如，大前提为“所有金属能传热”（一般）；小前提为“铁是金属”（特殊具体），结论为“铁能传热”。类比推理则是从某个特殊事例到另一个特殊事例的思维形式。当人们发现两个或两类事物具有某些共同属性后，就能推出它们在其他属性上也可能有共同性。例如，发现甲乙两个人在性格的意志特征上很相似，由此便可以推出他们在性格的情绪特征上可能也相似的结论。

推理是形式逻辑。它是研究人们思维形式及其规律和一些简单的逻辑方法的科学。其作用是从已知的知识得到未知的知识，特别是可以得到不可能通过感觉经验掌握的未知知识。

归纳推理和演绎推理是相辅相成的过程。凭借归纳推理，可以从特殊的、具体的事例得到一般原理。凭借演绎推理，可以把一般原理运用到具体特殊的事实上，以验证一般原理。类比推理的结论是或然性的，要提高其可靠性，就要增强材料的准确性，抓住本质属性进行推理。否则，无论是类比推理，还是归纳、演绎推理，都可能发生“误推”现象。为此，教学中，学生回答问题、演算习题时都要进行判断与推理。教师对学生的回答或演算不仅要看其结论，而且还要进一步了解其内部的思维过程，这对于指导学生正确地进行判断、推理，培养学生思维的逻辑性与严密的推理习惯都是大有裨益的。

4. 创新思维

创新思维是指人们克服惯性思维，重新组织已有的知识经验，提出新的方案或程序，并创造出新的思维成果的思维方式，即建立新理论，提出新设想和新方法。可见创造性思维体现在一个“新”字上。

创新思维的运用目的，就是让我们具有“新的眼光”，克服思维定势，打破技术系统旧有的阻碍模式。一些看似很困难的问题，如果我们投以“新的眼光”，站到更高的位置，采用不同的角度来看待，就会得出新奇的答案。

创新思维最重要的特征是独特性，反映思维内容的与众不同，它是具有创造才能的人的最主要的思维品质，是鉴别创造力的重要标志。创新思维是人类思维的高级形式，是横跨各种思维形式的综合体。

三、创新思维的分类

创造学目前正处于发展阶段，有关创新思维的分类方法至今尚没有定论。通常将创新思维按思维过程和思维方法两个不同的角度进行分类。

1. 按思维过程的分类

人们的思维总是在利用已有的知识，对记忆的信息进行分析和综合、比较和概括、抽象和具体、判断和推理、迁移和想像等过程后，方能获得对客观事物更全面、更本质的认识，它是获取知识和运用知识解决问题的根本途径。按思维过程分类，创新思维方法可分为横向思维和纵向思维，还可以分为显性思维和隐性思维。

2. 按思维方法的分类

按思维方法分类，创新思维方法可分为逻辑思维和非逻辑思维两大类，如图 2-1 所示。应根据创新活动阶段、对象的特点以及环境、条件等变化的需要不断

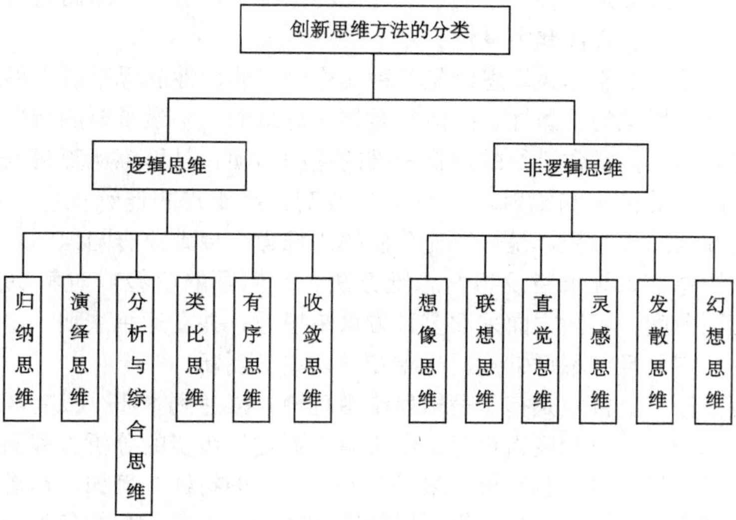

图 2-1　创新思维方法的分类

调整和选择不同的思维方法。

1）逻辑思维

逻辑思维亦称抽象思维，是人们在认识过程中运用已掌握的各种知识、原理、规律的基础上形成的概念，并以此判断、推理、反映现实的一种思维形式，它能使我们更深刻、准确和完整地反映客观面貌。

世界上任何事物的发生都存在客观规律性，采用逻辑思维的方法逐步深入，就可取得发明创造。

2）非逻辑思维

非逻辑思维是与逻辑思维相对而言的。非逻辑思维是指不按固定的逻辑程序进行，不受特定的逻辑规则约束，指在没有充足理由的基础上，对思考对象的属性与关系直接做出判断的思维方式。在做出一个非逻辑思维的结论时，往往只是考察了一类事物的部分对象或一个事物的某些方面，就对一类事物的所有对象或一个事物的全部作断定。极端的情况是，只知道对象的一点点信息就做出大胆的假定性的结论。这是非逻辑思维活动的典型形式。

在传统教育中，对知识的积累和逻辑思维的训练比较重视，却往往忽略了非逻辑思维的训练。非逻辑思维能力是人类的一种非常复杂和高级的能力，这种能力的获得主要取决于人们后天的学习和培养。着力强化非逻辑思维训练，以非逻辑思维能力的提高带动知识和逻辑思维的共同发展，实现三者的最佳结合，必然能取得事半功倍的效果。

由于非逻辑思维是一种无序的、非理性的思维表现形式，因而它的根本特征是思维的扩散性、直接性和突发性。

（1）扩散性。由于非逻辑思维是一种无序的、非理性的思维表现形式，因而它的根本特征是思维的扩散性。扩散性是创新思维的一个最重要的特征。扩散性又称发散性，是人们日常进行的逻辑思维的逆向运动，是思维从凝聚点反射过来的外围世界所做的扩张和辐射，是思维的裂变、聚变式的连锁反应，是不依常规、寻求变异的思维过程，是一种充分发挥想像力，突破原有知识圈，从多方推测、假设和构想中，寻求新设想的思维方法。对问题的解答或对解决问题的方法，要从不同角度、不同方向采取多种方法来思考，并在运用法则、定理、规律的同时举一反三，且能不循常规，寻求变异，勇于创新。

（2）直接性。直接性是指非逻辑思维由现象直接达到本质，没有经过严密的逻辑推理。未经过严密的逻辑程序，即主体不通过一步步的分析过程而直接获得对事物的整体认识，这是直觉思维最基本和最显著的特征。例如，运动中的时间压力导致思维必然要快速，快速性可以使个体对场上不断变化的各种情况做出及时的决策与反应。结果的不确定性导致或然性（可能有错误），但在可以允许的范围内。

例如，对于艺术家而言，直接性就是指对事物的一种直观知觉能力，一种洞察生活的思维能力。直接性表现为艺术家走向生活，追求生活，表现生活，而且是执著和虔诚的。就像果戈理在《死魂灵》中描写的一种作家：他面对生活的坎坷，世道的艰难。他的画笔只描写他所见到的生活图景，不管它是多么陋俗、无望，而决不变更自己的声调，改变自己的志趣，在无情的揭露中，倾注着对祖国、对人民深沉的爱。那些思想观念进步、理论思维发达的作家可以具有这种能力，这时进步的思想可以推动这种直觉能力的发展。

（3）突发性。非逻辑思维不像逻辑思维那样可以受人们自己的控制任意出现，而是在人们对某一对象的认识积累了一定材料的基础上产生的。但是前提材料积累到什么程度才能产生非逻辑思维，这是不能确定的，只能因人而异、因时而异。有的人“只从经验世界的一两点暗示就能找到问题的症结及其答案”（舒炜光著《爱因斯坦问答》第 163 页），有的人在真理碰到鼻尖时仍丈二和尚摸不着头脑。第谷积累了那么多的天文观测材料，但是始终未能找行星运动的规律，而开普勒则通过对第谷的观测材料进行思考和研究，最终洞察到了行星运动的三大定律。非逻辑思维产生的突发性主要表现在：有时它是人们深思熟虑之后突然产生的一种思维现象，有时它又是人们在不经意中突然产生的一种思维现象。

非逻辑思维包含想像思维、联想思维、直觉思维、灵感思维、发散思维、幻想思维等具体思维方式。

（1）想像思维。想像思维是指人类在知觉材料的基础上，经过新的整合而创造出来新形象的思维过程。想像思维是一种重要的创造性思维，是形象思维的具体化，是人脑借助表象进行加工操作的最主要形式。

想像思维可以分为无意想像和有意想像。无意想像是不受意识主体支配的想像。思维主体没有特定的目的性，可以让思维的翅膀任意飞翔，达到一种非常自由的状态。而有意想像是受主题意识支配的思维活动。在这种状态下，思维总是在创新者的目的需要系统的支配下进行。有意想像又可分为再造型想像、创造型想像和幻想型想像。①再造型想像。再造型想像是根据他人的描述而在自己的头脑中产生形象的心理过程。②创造型想像。创造型想像是创造主体有目的地对自己已有的记忆表象进行加工、改造和重组而产生新形象的思维操作过程。③幻想型想像。幻想型想像是创造型想像的一种极端形式。特点是以现实世界为出发点，但其范围不受拘束，其结果又往往超出现实太远，有的一时难以实现。

爱因斯坦说过："一切创造都是从创造性的想像中开始的。想像力比知识更重要，因为知识是有限的，而想像力概括着世界上的一切，推动着知识的进步，并且是知识的源泉。"

（2）联想思维。联想思维是指由某一事物联想到另一种事物而产生认识的心理过程，即由所感知或所思考的事物、概念或现象的刺激而想到其他的与之有关的事物、概念或现象的思维过程。简单地说，联想思维就是通过思路的连接把看似"毫不相干"的事件（或事项）联系起来，从而产生新的成果的思维过程。联想思维是发散思维的重要表现形式，是想像思维的初级阶段。联想有多种形式：①相似联想。例如，看到鸟想到飞机；看到下雨想到潮湿。②对比联想。例如，在黑暗中想到光明。③接近联想。例如看到蝌蚪会联想到青蛙，因为它们在空间上接近；看到猫就会想到老虎，因为两者形态相似。④关系联想。部分与整体的关系，例如，文具和铅笔；因果关系，例如，冰和凉、雷电和暴雨等。

联想思维具有客观性。联想思维虽是一种心理活动，是能动的，但却是非纯主观的；它是自由的，但却又不是随意的。联想思维一般是以直接感知的、客观存在的事物为前提的，也就是说一定要有客观存在的事物和亲身的感受（直觉过的、体验过的），它总是受到客观事物的制约。联想思维具有扩展性。联想是一种扩展性的思维方式，从一个事物、一个问题可联想扩展为多个、无数个事物，多个、无数个问题。由此看，除人脑及其机能是联想的生理基础和物质条件外，事物与事物之间的关联性也是联想产生的客观因素。联想的广度、深度、速度和价值以及想像的丰富程度与其生活经验、工作经验、生产经验、社会经验等实践经验和感知的丰富程度、深化程度密切相关；也与其阅历、经历、修养、知识的广博渊博的程度密切相关。

（3）直觉思维。直觉思维作为一种思维方式，是指不依靠明确的分析活动，不按事先规定好的步骤前进，而从整体出发，用猜想、跳跃、压缩思维过程的方式，直接而迅速地做出判断的思维形式。直觉源于人们的“第一感觉和第六感觉”，它属于非逻辑思维。直觉是人脑基于有限的资料和事实，对新事物、新问题、新现象进行的一种直接的、迅速的、跃进的、敏锐的判断。其功能只是从宏观上把握事物，不需要进行系统的逐步分析，而能对问题的答案做出科学的猜测、设想，是一种跳跃式思维形式。直觉思维是建立在过去经验的基础上，立足对未知问题的一种判断，由多种因素影响着它的准确率。

直觉思维在创新思维中占据重要位置，在具体研究活动中，一般都是从粗略的思索中寻找明智的思路，从模糊的印象出发导出清晰的思维，进而从含蓄趋于明朗，从紊乱归诸条理，这主要是靠直觉思维。

（4）灵感思维。灵感思维是创造性思维的一种基本形式。它是人们在创造过程中达到高潮阶段以后出现的一种最富有创造性的思维突破。灵感思维常常以“一闪念”的形式出现，并往往使人们的创造活动进入到一个质的转折点，是人们在艰苦创造过程中发散思维和收敛思维多次叠加，逻辑思维和非逻辑思维反复作用后，突然间使隐藏在人们潜意识中的有关信息进入激发状态。

灵感是人类创造活动中出现的一种神奇美妙的高级精神现象，是由人的一种普遍而新颖的心理机能呈现出来的最佳思维状态。具体地说，灵感是指在文学、艺术、科学、技术等活动中，由于刻苦学习和长期工作积累了经验、知识而突然产生的富有创造性的思维。

灵感思维具有突发性，它往往是由外界事物触发的，也可由大脑内部思想闪光激发，是一种突发现象。灵感思维具有奇异性，往往来无踪去无影，不能预期，难以寻觅。灵感思维具有综合性，它与一个人的知识、智慧、思维形式、理论修养、生活积累等都是有关的。灵感思维还具有长期性、不重复性、机遇性、跳跃性、模糊性、强烈性、创造性等特征。

（5）发散思维。发散思维是指对同一问题从各个不同方面、不同角度去探求解决方法的一种思维方式和思维过程。因此，发散思维也称为扩散思维、多向思维或求异思维。发散思维具有流畅性，能针对问题从不同角度，在短时间内反应迅速而进行多向思维；发散思维具有灵活性，也称变通性，能针对问题，从不同角度，用多种方法去思考问题，做到举一反三，触类旁通；发散思维具有独特性，能针对问题，从新角度、用新观点去分析，对问题提出独特的、新颖的见解。

发散思维包括三种思维方式，一是侧向思维，要求突破正向思维定式，用不同领域的信息与思路，来撞击人们所熟悉的领域，从而产生新的火花，形成新的思维。二是多向思维，指从不同的侧面、不同的层次、不同的领域进行思考，以产生、形成多种方案。三是逆向思维，指凡事反过来想一想，多问几个为什么，有时还需要换位思考。

发散思维是一种不依常规、寻求变异、多方面寻求答案的思维方式。

（6）幻想思维。幻想思维是一种以经验知识为基础，突破传统逻辑规则，建构表象与表象之间超现实的因果联系的思维形式。这种思维形式，是人类在经验知识的积累尚未达到充分丰厚的情况下，对事物的内在联系所做的幻想式建构。虽然，这种思维形式缺乏严密的逻辑性，但它对人和人类社会的发展却起到了巨大的推动作用。也就是这种思维形式，孕育出了逻辑思维无法给予合理解释的虚概念。

幻想是根据主体主观愿望进行的超前设想，往往是科学发明的先导。阿里多夫先生用好几年时间把分散在成千上万本书中的幻想进行搜集和分类，结果表明：离奇幻想的发展过程也有着可循的客观规律，可用它来催生新的发明创造。应在正确理念指导下，使幻想成为创造发明的理想，而不致成为脱离客观规律的空想。

一切创新都始于思维的创新。影响思维创新的因素，最主要的是知识、逻辑思维和非逻辑思维。知识是思维创新的材料和基础，逻辑思维是验证和完善创新成果的工具，非逻辑思维犹如思维的雷达，它是打破原有框架束缚、实现创新的核心。只有这三个要素协调一致才能实现思维创新。但就作用和地位而言，非逻辑思维是关键。牛顿认为："没有大胆的猜测就没有伟大的发现。"

四、创新思维的基本特性

创新思维具有以下九个基本特性。

1. 突破性

运用常规思维时，由于受经验或习惯的束缚，使得思想观念长期地停留在原有的基础上，很难有进步和发展，同时还会使得有些问题难以解决，甚至不能解决。创新就要突破，不突破就不能创新。"突破"是创新的第一要素，突破不一定是创新，但创新一定有突破。创新首先意味着对旧习惯、旧模式、旧布局、旧程序的改变和完善，这就是突破。创新是以对现实的否定性评价为前提的，这种否定性评价产生了创新的动力。突破性是指思维不再拘泥于原有的框架而建立了崭新的信息通道，对事物形成了全新的认识。

创新思维是突破性思维，要创新首先必须对已掌握的知识信息进行加工处理，从中发现新的关系，形成新的组合，并产生突破性的成果。人类的科技进步是在批判和否定旧事物的基础上取得和完善的，创造创新者敢于怀疑、敢于批判、敢于提出问题。要用好奇的眼光，积极主动地转换视角，从尽可能多的角度去观察事物，运用自己的潜能，突破各种偏见和思维定式，推动人们沿着创造和创新之路一步一步地前进。

2. 新颖性

所谓新颖性，就是思维成果的新颖独特，是创新思维的主要特点，思维超越了原有的思维框架，具有“前无古人”的独到之处。更新知识和理念，发现新的原理、新的规律，这对改变人类的生活方式和推动社会进步起到促进作用。新颖性包括三个层次：①世界新颖性或绝对新颖性。②局部新颖性。③主观新颖性，即只是对创造者个人来说是前所未有的。依照常规思维和按传统方式解决问题确实不需要花费很大的力气，有时轻而易举就达到了目的，但这种思维方式很容易使思路僵化、刻板，不摆脱习惯的束缚，得到的往往是一些不能令人满意的司空见惯的答案。

3. 多向性

思维的多向性要求从多种角度考虑问题，思维的触角向各方伸展，从尽可能多的方法中择优选用，发现别人没有采用过的新角度。

多向性依赖于发散机制，对同一问题可提出多种设想答案；多向性也依赖于换元机制，灵活地变换影响事物的众多因素中的某一个，从而产生新的思路；多向性还依赖于转向机制，思维在一个方向受阻后马上转向另一个方向。爱因斯坦说过：“提出一个问题往往比解决一个问题更重要，因为解决问题，也许仅仅是一个数字或实验上的技能而已，而提出新的问题，需要创造性想像力。”

多向思维是创新者应具有的思维方法，必须在创造实践中逐步地认识和锻炼。从思维方向观察，创新思维分为发散思维、正向思维、逆向思维、侧向思维和收敛思维等。

1）发散思维

它是一种多向的、立体的、开放的思维，从已知的有限信息中迅速扩散到四面八方。多向发散思维体现在以下三个方面：

（1）流畅性，即思维畅通无阻，在很短时间内就能提出众多解题方案。

（2）灵活性，在创造创新过程中，体现在能随机应变地快速转换并提出实用的构思和方案，从中获得有价值的发明。

（3）独特性，提出的方案与众不同、新颖独特。

发散思维的三个特征是相互关联的，思路流畅是产生灵活性和独特性的前提；灵活转换能力则又有助于独特创意的产生。

2）正向思维

正向思维是一种按常规思维进行创新的方法，一般是从分析入手，通过逻辑推理而得出结论。例如，发现天王星的实测轨道同理论数据存在偏差，法国天文学家勒威耶用数学方法推算出在天王星外边还有一颗未发现的新星——海王星，并计算出这颗新星的位置。这是典型的正向思维方法。

3）逆向思维

逆向思维是指与主流方向相反进行思维的方法。在创新过程中敢于标新立异，敢与事物的常理相悖，以此可能获得突破性的创新成果。逆向思维的形式可以从原理、性能、方向、状态、形状、方法等方面入手。

例如，在作文教学中，教师要利用给文章立意的方式培养学生逆向思维、发散思维和求异思维的能力，从而增强学生的创新意识。比方说可以从人们普遍认同的观点，如对成语“班门弄斧”的理解本是贬义的，引导学生得出“弄斧”还需到“班门”的结论。培养学生逆向思维和求异思维的能力，可以用对同一事例从不同角度立意的方式进行训练。

4）侧向思维

当正向思维受阻时，应进行思维的及时转向，再沿着正向思维方向上的某一关节点，通过侧向渗透的方法去获得问题的答案。

侧向思维往往利用“局外”信息，从侧面迂回突破，从而可能发现解决问题的途径。因此，侧向思维在创新过程中得到较多的应用。如在机械制造中，过去利用机械传动获得刀具和零件的旋转、位移、速度、定位等，但随着制造精度和自动化程度的提高，完全采用机械方式获得这些数据已十分困难，取而代之的是应用计算机数控系统和光电测控器件，如旋转编码器、直线或圆形光栅传感器、全数字化高速高精度交流伺服控制系统等获得这些数据，既简化了机械结构，又提高了精度和自动化程度。

4. 深刻性

思维的深刻性表现在人们对事物或现象的洞察力，表现在能透过现象去认识事物的本质，而不会被表面现象所迷惑，从而消除许多似是而非的认识。思维的深刻性要求思维要深入，要有足够的深度，即思维要做到由浅入深。它体现在善于思考问题，抓住事物的本质和规律这几个方面。简单地说，就是理解所读内容的要点，在理解“是什么”和“怎么样”的基础上，弄清“为什么”，善于概括归类。思维的深刻性表现在对问题能全方位、多角度地考察，全面而客观地认识事物的本质。思维深刻的人，不会满足于对问题的表面认识，而善于分辨事物的现象和本质，善于从多方面和多种联系中去理解事物，因而能正确认识事物，揭示事物内部的规律，预测事物的发展趋势与未来状态。心理学研究表明：人的认识总是由浅入深、由表及里、由具体到抽象、由简单到复杂的，必须遵循人的认识规律，采取低起点、小步子、多训练、快反馈的方法，这使人们的认识活动划分为由易到难、由简到繁的若干递进层次。

5. 独立性

独立性是指主体具有自主性，在思考和行动时能够自由地做出决定，而不受他人的干扰和支配。创新与个性和独立性密切相关，因为创新需要个人的独立思考和创新思维，没有相对的独立性和自由，就只能按照常规的思维方式和行为方式思考和行动，就不可能有创新。思维的独立性表现在凡事都要多问为什么，善于探索思考，对现有的答案大胆质疑，提出自己独到的见解，不盲目轻信传统的观点，敢于向权威挑战。

邓小平同志敢于解放思想，善于独立思考，进行创新思维，敢向陈腐观念挑战，冲破传统思想的束缚，从而增强了思维的独立性和自主性。这种思维方式使邓小平在“什么是社会主义，怎样建设社会主义”的理论探索中，有所发现，有所发明，有所创造，有所进步，从而为我党做出了一系列的科学决策。

6. 意外性

创新思维的产生一般表现出一种意外性、突发性。意外性是指事件发生的具体时间、实际规模、具体态势和影响深度是始料未及的。一般情况下，有意识地创新设想往往不能如愿，而某种偶然因素的触发却可能产生解决问题的新方法、新思路、新观念，这是科学发现常见的模式，已被许多历史事实所证明。

7. 敏捷性

思维的敏捷性是指在短时间内迅速调动思维的能力，能够当机立断、迅速、正确地解决问题。思维的敏捷性是良好心理品质的前提。首先是，思维的敏捷性是以思维的灵活性为基础，具备积极思维、周密考虑、准确判断的能力；其次，思维的敏捷性还必须依赖于观察力，以及良好的注意力等优秀品质。

思维的敏捷性与思维的迟钝性相对立。后者是小生产者思维方式的结果和表现。它在对新事物的反应上迟缓，当人们靠这种思维方式意识到某个事情时，机会和时间早已飞驰而去。这种思维方式往往造成工作上被动挨打的局面，是与现代化思维的敏捷性要求格格不入的。现在经常讲要抓住机遇，没有思维的敏捷性，连机遇的尾巴都不可能抓住。

现代思维方式还表现在处理信息的及时和高速度，这是信息化社会的客观要求。在一个信息如洪水般涌来的高度发达的社会中，尤其需要人们加速信息的筛选、加工和周转，提高思维的敏捷性。只有这样，才能使创新活动获得机遇和时间，从而有助于提高创新的效率。

8. 风险性

客观事物的不确定性决定了创新思维物化过程的风险性。作为创新思维对象的客观事物是不断发展变化的，很多事情都不像人们所想像的那样，有很多时候，创新都要付出代价，这种代价本身就标志着创新思维在物化的过程中具有程度不同的风险性。显然，创新思维的风险性来源于创新思维对象的不确定性。创新是一种高收益与高风险并存的经济活动。创新世界充满了不确定的因素，只有强化风险投资意识，认识和把握创新思维对象的规律性，减少风险因素，才能获得高回报率。

创新的风险性主要分为技术风险和市场风险两种，二者是相辅相成的。技术风险主要指一项创新在技术上存在着成功与否的不确定性；市场风险主要指一项创新活动在技术上成功后，还存在其成果是否受市场欢迎的不确定性。

9. 非逻辑性

人类的进步和发展就是一个不断超越既成现实，追求和实现理想的过程，这是一个创新的过程，也是一个超常的过程。它注重事物的非逻辑联系，甚至有时是反逻辑的，因此，有时表现出偏离社会或现存事物运行的常规，具有大胆探索客观世界的精神和行为，有时会成为触犯传统和权威的“越轨者”，但是却能取得出奇制胜的效果。

非逻辑性思维是未经一步步分析、没有清晰的步骤而对事物领悟、理解或给出答案的思维。通常把预感、猜想、灵感、直觉与顿悟等都看做是非逻辑思维。非逻辑性思维的主要特点是其直接性、突发性和创造性。

爱因斯坦认为：“现代自然科学理论离经验事实越来越远，用逻辑方法已不太容易从经验事实中推导出基本概念和规律。而‘直觉’‘想像’等非逻辑思维形式，才是人们敏锐认识事物本质的一种重要方法。”

五、创新思维阶段

心理学家对创新思维过程的研究表明：任何创新思维必须经过四个阶段，即准备阶段、酝酿阶段、顿悟阶段和验证阶段，具有必然的客观规律性。

1. 准备阶段

创新思维首先必须针对一定的问题而展开。如果人们的认识中没有出现问题，或者说，如果人们的认识中没有出现矛盾和障碍，那么，就不需要运用什么创新思维。因此，问题是创新思维的起点。著名科学哲学家波普尔就曾经强调，科学发现不是始于观察，而是始于问题。因为如果观察者头脑中没有需要解决的问题，那么他是不知道对什么以及怎么样进行观察的。可见，创新思维是从发现问题和提出问题开始的。人们要进行创新思维，头脑中必须先有按照常规的思路和办法解决不了的问题。正是这样的问题，推动着人们去寻找新的思路和办法，由此展开思维创新活动。在开始创新活动前，积累有关知识经验，搜集有关资料信息，为创造做准备。

2．酝酿阶段

酝酿是孕育新思想的必要环节。创新思维对于原有思维方式的突破不是一件轻而易举的事情，它需要思维者进行多方面的艰苦探索。因此，当人们明确了所要解决的问题后，创新思维就进入第二个阶段——酝酿阶段。在这一阶段，思维者在明确问题的基础上，借助于已经收集整理的材料，开始对问题做各种试探性解决，不断地提出新的假设、新的方案。由于创新思维所面对的问题超出了以往经验的范围，是一些非常规的问题，依据以往的思路和办法，往往不能解决问题，因此，各种假设和方案不断地被提出，又不断地被搁置或抛弃。思维者在“左冲右突”中处于“山穷水尽”的境地。这一阶段是思维者不断尝试的阶段，也是思维者苦思冥想的阶段。这一阶段是新思想孕育的阶段，因此它是痛苦的，但又是必要的。没有这一阶段的孕育，就不会有后面新思想的产生和问题的解决。

3．顿悟阶段

所谓豁朗，就是豁然开朗，也叫顿悟。在经过前一阶段充分地酝酿孕育之后，思维过程终于出现了飞跃。超越以往知识和经验的新构想、新方案在头脑中涌现，使人突然感到茅塞顿开、豁然开朗。原先的“山穷水尽”一下子变得“柳暗花明”。这一阶段是创新思维过程中最神秘，也是最具决定意义的阶段。它意味着人的思维对原有的认识实现了超越，意味着人的思维发生了质变。这一阶段人的思维不仅需要有逻辑方法的参与，而且更多地需要借助于联想、想像、直觉、灵感等非逻辑方法，才能实现思维过程逻辑中断后的跨越和跃迁。

4．验证阶段

验证是新思想确立的重要步骤。创新思维的最后一个阶段是验证阶段。在顿悟阶段人们头脑中闪现的只是新思想的火花，它还是不成熟、不完善的，因此，仅仅依靠这种思想火花并不能构成解决问题的完整方案。因此，接下来的工作就是对产生的假设和构想进行逻辑上的论证、修改、加工、完善，使之成为成熟的完整的解决问题的方案。验证，可以在解决问题之前进行，也可以在解决问题的过程中进行。前者主要是一种逻辑上的论证，后者主要是实践上的检验。人们在创造性地解决问题过程中，不一定要等到把思路、设想完全论证清楚、修改得十分完善了才动手解决问题。实际情况经常是，有了一个初步的设想，就开始着手解决问题，然后在实践的过程中，再根据解决问题的需要，对这些设想进行不断地检验、修改、完善，直到问题获得成功的解决。

第二节　惯性思维及其突破的方法

一、惯性思维

惯性思维指人习惯性地因循以前的思路来思考问题，正如物体运动的惯性。惯性思维常会造成思考事情时出现盲点，而缺少创新或改变的可能性。

人们在长期的生活环境中已经习惯了某种思维定势。

［例 2-1］　惯性思维

马戏团的老板从偷猎者手中买下了一头受伤的小象，经过几个月的精心治疗，小象恢复了健康。这个活蹦乱跳的小家伙在给大家紧张单调的日常生活带来一丝乐趣的同时，它的调皮淘气也给马戏团带来了不少麻烦。为防止它再惹事，老板顺手将它拴在了后台的木桩上。由于力气小，它数次费力挣扎未果后，只得乖乖就范。渐渐地，只要把它系在木桩上，小象知道自己无法挣脱，也就慢慢地顺从了。后来，小象长成了大象，能够不费吹灰之力地背起数吨重的木头，然而每当表演结束后，它依旧非常安分地等待着被绳子拴在木桩上。

能拴住大象的既不是小小的木桩，也不是绳索，而恰恰是在它头脑中形成的惯性思维。它已经习惯了围着小木桩转的生活了，认为自己挣脱不了木桩和绳索的羁绊。

有些东西一直用于某项功能，大家就习惯于使用它的这一项功能而忽略其他功能，就会产生功能惯性思维和功能趋向惯性思维。表 2-1 列举了常见惯性思维的形式与特点。

表 2-1　惯性思维的多种形式

惯性思维	特点
术语	依据已有经验或知识产生的思维形式
物体外表、形状	依据物体外表、形状产生的思维形式
物体特性、状态、参数	解决问题时，可验证每个参数，也可以改变每个物体主要的或显而易见的特性、参数及潜在的（隐性的）特性
领域知识	领域知识可以将问题引到一个新的领域，也可能领入死胡同
物质不可变	往往忽略了物质的动态性和协调性

续表

惯性思维	特点
物质组件	系统中一定要具备某个组件，或者技术系统的组件不可更改，这都带来了很大的惯性思维
维数惯性	人们总是习惯于由点到线、再由面到体
非实质性禁止	外在禁止，“所有人都知道，这样做是不行的”；客户禁止，“人所共知，这不可能”“人人皆知，不能这样做”；内在禁止，“我确信，这样不行”
作用	习惯的作用（操作）次序，记忆马达等
唯一解决方案	总是认为只有这一种方法能够实现
物质价值	认为与物质相关的某个元素或特性是最主要的、最重要的
传统应用条件	生命周期阶段惯性思维。设计、制造、调试、生产、包装、运输、储存、应用、废品回收。生产链条中的一个环节停滞，就会严重地影响到其他环节
类似方案	已解决问题和需要解决问题的类比，陷入已解决问题的方案中不能自拔
权威	习惯于遵从权威人士、机构、部门的观点
从众	习惯于遵从大多数人的观点

注：本表摘自于陈广胜《发明问题解决理论（TRIZ）基础教程》。

二、突破惯性思维的方法

人都有惯性思维，爱用常用的方式思考，善用常用的行为方式处事，久而久之就养成了根深蒂固的惯性思维。

［例 2-2］ 广告

大家都知道，广告的形式多种多样，所起到的效果也不相同。平面广告得有内容、广播广告得有声音、电视广告都有画面。这是所有人的惯性思维。但是纽约一家银行新开业，想迅速打开知名度，在电台做广告。一般做法是宣传一下，搞个大促销，或者请个名人推广。但他们没有采用其他银行开张宣传使用的方法。要想快速获得知名度，就得采用特别手段，明显的差异化才会赢得关注。

经过精心策划，他们买断纽约各电台的黄金时段 10 秒钟，向人们提供沉默时间。广告词是这样的：“听众朋友，从现在开始播放由本市国际银行向您提供的沉默时间。”然后整个纽约所有电台都沉默，听众被这莫名其妙的 10 秒钟激起了兴趣，开始纷纷讨论。

各大媒体也争相报道，成了热门话题。这家银行彻底打破了惯性思维，告诉了世人，谁说广播广告非得在那大费口舌。这个沉默时间以自己的不说话唤起所有人说话。

由此可见，要想打破惯性思维，就必须采取非常手段，从生理学、心理学、哲学、生物学、方法论等不同层面着手，消除阻碍创造性思维的惯性思维。然而，克服惯性思维需要一定的方法和经过必要的训练。常见的克服惯性思维的方法有多屏幕方法、STC 算子方法、RTC 算子方法、小矮人模型法、金鱼法及最终理想解。

第三节　多屏幕方法

多屏幕方法是一种综合考虑问题的方法，是指在分析和解决问题时，不仅要考虑当前的系统，还要考虑它的超系统和子系统；不仅要考虑当前系统的过去和将来，还要考虑超系统和子系统的过去和将来。

多屏幕方法具有可操作性、实用性强的特点，可以更好地帮助使用者质疑和超越常规，克服惯性思维，为解决生活和工程中的疑难问题，提供了清晰的思维路径。

完成某个特定功能或职能的各个事物的集合称为技术系统，简称为系统。根据系统论的观点，系统由多个子系统组成，并通过子系统间的相互作用实现一定的功能。系统之外的高层次系统称之为超系统。系统之内的低层次系统称之为子系统。正在当前发生并加以研究的系统称为当前系统，当前系统一般称为系统。最简单的技术系统由两个元素以及两个元素间传递的能量组成。

下面以汽车为例来说明当前系统、子系统和超系统的组成以及彼此之间的关系。如果把汽车作为一个当前系统，那么轮胎、发动机、车身、变速箱等都是汽车的子系统，而停车场、车辆设计与制造、交通系统都是汽车的超系统。图 2-2 所示为当前系统、子系统和超系统。

(a) 当前系统-汽车　(b) 超系统-交通系统

(c) 子系统-轮胎　(d) 子系统-方向盘

图 2-2　当前系统、子系统和超系统

从上面所举的例子可以看出：①当前系统、子系统、超系统是一个相对的概念。如果以转向系统而不是汽车作为“当前系统”来研究的话，那么转向系统中的方向盘、助力系统、方向盘锁都是转向系统的子系统，而汽车、驾驶员、车库、交通系统、大气等都是转向系统的超系统。②当前系统、子系统、超系统之间的关联程度是相对的。还是以转向系统作为“当前系统”来研究，虽然方向盘、方向盘锁都是转向系统的子系统，但在驾驶过程中，方向盘是转向系统中的关键组件，不可缺少，方向盘锁则对转向系统的操控性能影响不大。而在停车后需要防盗，此时方向盘锁就会起到关键性作用，从这方面来说，方向盘发挥的作用就非常小。再如汽车、驾驶员、车库、交通系统、大气等都是转向系统的超系统，在单纯研究汽车本身的操控性、结构性时，汽车与转向系统的关联性要远远大于车库、交通系统与转向系统的关联性。当研究进出车库以及转弯的方便性时，车库、交通系统与转向系统的关联性就变得更加紧密。

多屏幕方法如图 2-3 所示。

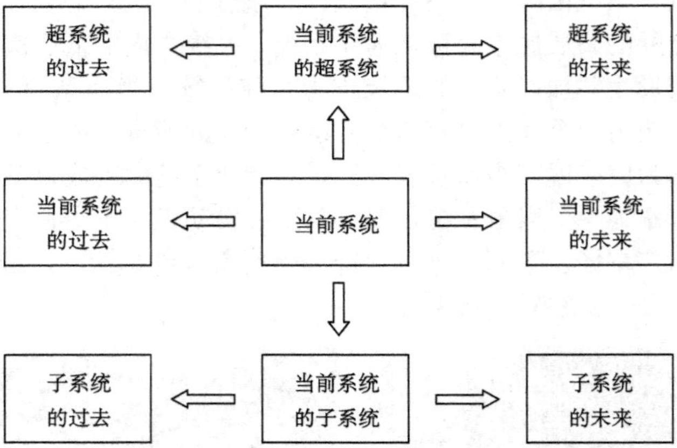

图 2-3　系统的多屏幕方法

利用多屏幕方法，可以从不同角度分析待解决问题，其步骤如下：

（1）先从技术系统本身出发，考虑可利用资源。

（2）考虑技术系统的子系统、超系统中的资源。

（3）考虑系统的过去和未来，从中寻找可利用的资源。

（4）考虑超系统和子系统的过去和未来，从中寻找可利用的资源。

图 2-4 所示为分析空调系统的多屏幕方法。下面用多屏幕方法来分析该系统的结构。

①当前系统：空气源热空调系统；系统的过去：电风扇；系统未来：地源热空调系统。②子系统：壁挂式空调机；子系统过去：折扇；子系统未来：地源热泵

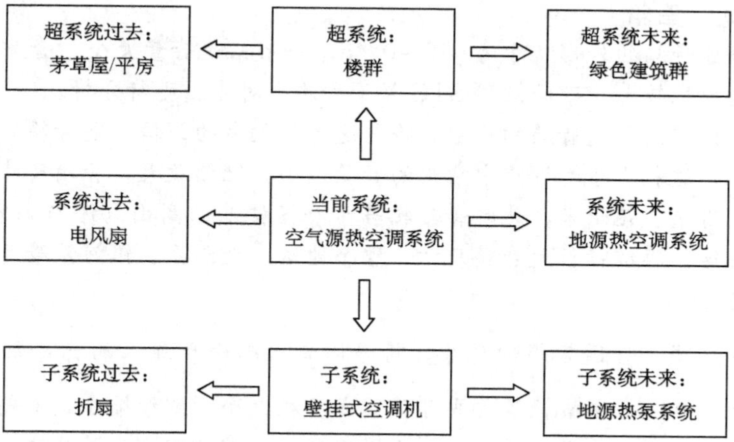

图 2-4　空调系统的多屏幕方法

系统。③超系统：楼群；超系统过去：茅草屋/平房；超系统未来：绿色建筑群。

在解决空调系统问题时，遵循上面介绍的 4 个步骤，先从技术系统本身出发，考虑可利用资源，如果安装空调机是否可以解决问题？如果不能则考虑利用技术系统的子系统、超系统中的资源，以及系统、超系统、子系统的过去和未来的资源，从中找出最佳答案。

多屏幕思维方式其实是一种分析问题的手段，而并非是一种解决问题的手段。它体现了如何更好地理解问题的一种思维方式，也确定了解决问题的某个新途径。利用多屏幕方法，可以帮助我们从不同的角度看待问题，突破原有思维局限，从多个方面和层次寻找可利用的资源，更好地解决问题。

第四节　STC 算子方法

从物体的尺寸（size）、时间（time）、成本（cost）三个不同方面进行考虑，打破固有的对物体尺寸、时间和成本的认识，以进行创新思维的方法，是一种多维度思维的发散方法。

图 2-5 是 STC 算子方法示意图。可以从尺寸、时间和成本这三个不同角度来考虑解决问题。STC 算子方法实际上是为我们提供了一种思维的坐标系，使问题变得容易解决。注意：该坐标系是一种广义的坐标系统，尺寸、时间和成本的取值是以开拓思路，寻找解决问题方案来确定的。

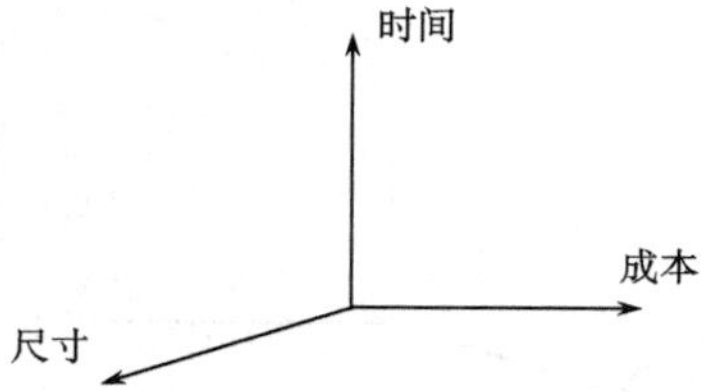

图 2-5　尺寸-时间-成本坐标

［例 2-3］ 音箱

目前普通音箱的外形尺寸为 0.2～0.4m。一般来说音量大小、音质好坏与音箱大小的关联性较大。下面采用 STC 算子方法来对音箱进行分析。

（1）假设增大普通音箱的尺寸。将普通音箱放大约 5 倍，则音箱的外形尺寸变为 1～2m，这相当于影剧院中常用的音箱大小。继续放大，音箱尺寸可能达到几十米、几百米、几千米，此时音箱相当于一幢楼房、高山（像敲山震虎）、整个广播系统等。再继续放大音箱尺寸，整个地球、太阳系、银河系等都可以被看成巨大的音箱。

（2）假设减小普通音箱的尺寸。将普通音箱缩小至原来的$\frac{1}{10}$，则音箱的外形尺寸变为 0.02～0.04m，这相当于便携式耳机大小。继续缩小，音箱尺寸可能达到几毫米、几百微米甚至更小，如小蜂鸣器。再继续缩小音箱尺寸，达到分子级、原子级。通过控制分子、原子的振动也能实现音箱的各种功能。

（3）假设提高音箱的频率。6000～20000Hz 就是所谓的“高频”。通过调整高频来保证声音传播效果，模拟出自然声音。

（4）假设降低音箱的频率。200Hz 以下是低频段。通过调整低频来调整声音的丰满度、浑厚度、力度。

（5）假设增加音箱的造价。一台音质好的音箱造价约为几千元甚至几万元。如增大至上百万元、上千万元、上亿元，则音箱可扩展至局域广播网、省市广播网、全球广播网。

（6）假设降低音箱的造价。如果对音箱音质好坏要求不高，或者是从便携角度出发，音箱可以做得尽量简单，尺寸小，其制造成本低。降低造价，直至趋于零，可能就是未来需要研究的分子、原子音箱。

STC 算子不是为了获取问题的答案，而是为了拓宽思路，克服惯性思维，从多维度看问题，为寻找解决问题方案做准备。

第五节 RTC 算子方法

从物体的资源（resource）、时间（time）和成本（cost）三个不同方面进行考虑，打破固有的对物体的资源、时间和成本的认识，以进行创新思维的方法，也是一种多维度思维的发散方法。与 STC 算子方法相比，这里的“资源”含义比“尺寸”更广阔。

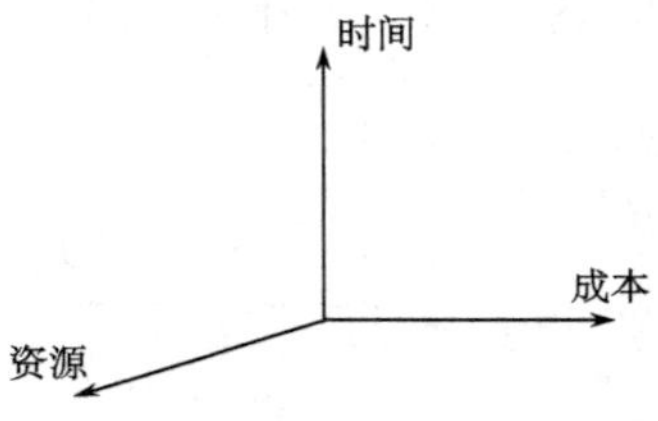

图 2-6 资源-时间-成本坐标

图 2-6 是 RTC 算子方法示意图。可以从资源、时间和成本这三个不同角度来考虑解决问

题。同样，RTC算子方法为我们提供了另外一种思维坐标系。在该系统中，除了考虑时间、成本因素外，还需从资源方面考虑解决问题的途径。

利用RTC算子方法分析问题方式同利用STC算子方法分析问题方式。

第六节　小矮人模型法

当系统内的某些组件不能完成必要的功能和任务，并表现出相互矛盾的作用时，就用多个小矮人分别代表这些组件，通过对执行不同功能的小矮人进行重新组合，对结构进行重新设计，以实现预期的功能和任务。

将对象中的各个部分想像成一群能动的小矮人。根据情况，对小矮人进行分组、组合，使小矮人能够发挥各自的作用，完成必要的功能，从而构成小矮人模型。然后，再将小矮人固化成具有某种功能的组件，从而解决实际问题。

［例2-4］　减振车轮

老式马车上的车轮没有轮胎，几乎没有减振效果。现在借助小矮人模型法来模拟这个矛盾，如图2-7所示。

（1）系统的组成部分：轮缘、轮辐、轮毂等。

（2）现状：没有减振功能。无减振功能的车轮（如图2-7（a）所示）。

（3）解题思路：用多个小矮人表示执行不同的功能的组件（如图2-7（b）所示），然后重新组合这些小矮人，使小矮人发挥作用。反过来再将小矮人固化成具有某种功能的组件，解决实际问题。

(a)

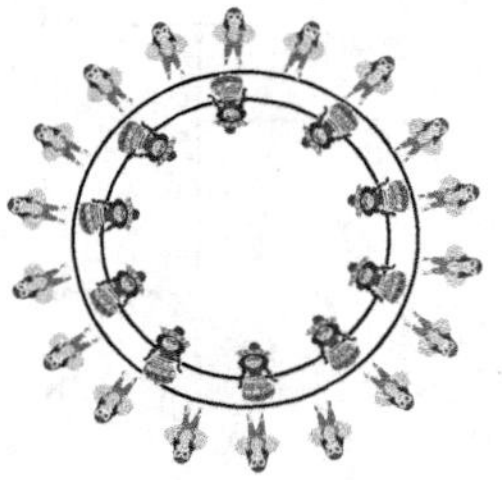

(b)

(c)

图2-7　用小矮人模型法解决车轮减振问题

假设轮缘是小女人，车轮滚动过程中，代表轮缘的小女人与路面直接接触，凸凹不平的路面会对小女人产生影响，使小女人不能平稳地走过路面，小女人的跳动反映出车轮震动。假设有多个小男人分布在小女人的周围（如图 2-7（b）所示），希望小男人具有在凸凹不平路面上平稳行走的能力，能够对小女人起到保护作用，而能够对小女人起到保护作用的小男人有很多类型。将这些能够起保护作用的小男人固化成新的组件，比如特殊结构的橡胶轮胎，就可以解决车轮减振问题。

利用小矮人模型能够更加生动地描述系统中出现的问题，打破原有的思维定式，更容易地解决问题，获得理想的解决方案。

第七节　金　鱼　法

金鱼法又叫情境幻想分析法，是从幻想式解决构想中区分出现实和幻想的部分，再从剩余的幻想部分中区分新现实和幻想的部分。以此类推，直到找不出现实分布为止。金鱼法是一个反复迭代的分解过程，其本质是将幻想的、不现实的问题求解构想，集中精力解决幻想部分，找出可行的解决方案。它的解决流程如图 2-8 所示。

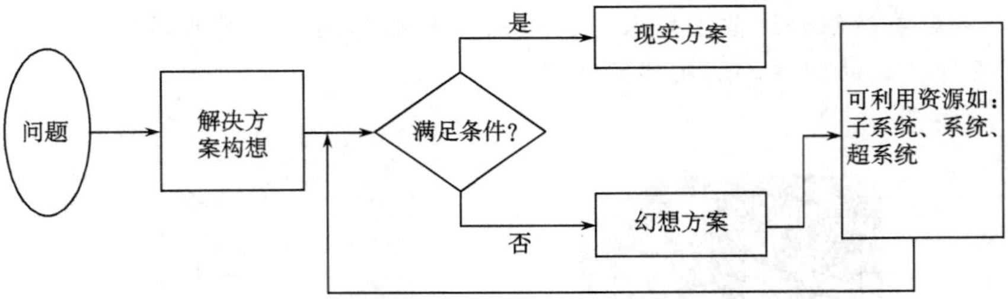

图 2-8　金鱼法解决流程图

［例 2-5］　跑步机

由于受到室内跑道长度限制，这使得运动员或健身人员不能充分舒展自己，达到锻炼目的。问题是运动员或健身人员希望在办公室甚至住宅内也能以跑步的方式锻炼身体。运用金鱼法解决问题的过程如下。

（1）根据条件区分现实部分和不现实部分。

现实部分：跑步、锻炼身体的想法。

不现实部分：长距离跑或快速跑。

（2）为什么长距离跑或快速跑练习是不现实的？因为跑步往往需要场地，只有在宽敞的场地上才可能尽情地奔跑（如练习百米冲刺），而室内面积有限，不能布置长跑道。

（3）什么条件下，幻想部分能够变位现实？①运动人员体型极小。②运动人员运动极慢。③运动人员跑步时停留在同一位置上。④跑道很长（只有专用体育馆才可能有 50 米或 100 米跑道）。

（4）确定系统、超系统和子系统的可用资源。

超系统：房间、楼房、楼群。

系统：跑道。

子系统：跑道组成部分如地面、塑胶等。

（5）利用已有资源，得到可能的解决方案构想：①运动人员在奔跑过程中，跑道能够自动延伸。②运动人员原地奔跑。③对运动人员施加阻力。

采用循环运动跑道，让运动人员定点在运动的跑道上奔跑，能够达到室内跑步锻炼目的。可以考虑实际需要，增加更多的功能如调整循环跑道速度以适应不同人群锻炼需要，危急时刻能够自动停车等功能，这就是跑步机的雏形。若实现商业化，还有很多地方需要细化、分解，直至得出确实可行的方案。

利用金鱼法，可以克服惯性思维，不断产生新的构想，有助于将幻想式解决方案转变成切实可行的构想。

第八节　最终理想解

在解决问题之初，首先抛开各种客观限制条件，克服惯性思维，通过理想化来定义问题的最终理想解（ideal final result，IFR），明确理想解所在的方向和位置，保证在问题解决过程中沿着此目标前进并获得最终理想解，从而避免了传统创新设计方法中缺乏目标的弊端，提高了创新设计的效率。尽管在产品进化的某个阶段，不同产品进化的方向各异，但如果将所有产品作为一个整体，则低成本、高功能、高可靠性、无污染等是产品的理想状态。产品处于理想的状态的解称为最终理想解。

最终理想解具有以下几个特点：①保持了原系统的优点。②消除了原系统的不足。③没有使系统变得更复杂。④没有引入新的缺陷等。当确定了待设计产品或系统的最终理想解之后，可用这几个特点检查其有无不符合之处，并进行系统优化，以确认达到或者接近 IFR 为止。

在解决发明问题的过程中，虽然无法确知如何消除矛盾，但总有可能归纳出理想化的解决方案，得到一个理想化的最终结果。

所有的系统都是朝着提高理想化程度的方向发展。理想化是科学研究中创造性思维的基本方法之一。它主要是在大脑之中设立理想的模型，通过理想实验的方法来研究客观客体运动的规律。理想化模型包含所需要解决的问题中所涉及的所有要素，可以是理想系统、理想过程、理想资源、理想方法、理想机器、理想物质等。

理想化是系统的进化方向，不管是有意改变还是系统本身的进化发展，系统都是在向着更理想的方向发展。系统的理想化用理想度来进行衡量。

理想度衡量公式

$$I=\frac{\sum F_{\mathrm{U}}}{\sum C+\sum F_{\mathrm{H}}} \tag{2-1}$$

式中，I 为理想度；$\sum F_{\mathrm{U}}$ 为有用功能之和；$\sum C$ 为成本之和（如材料成本、时间、空间、资源、复杂度、能量、重量等）；$\sum F_{\mathrm{H}}$ 为有害功能之和。

可见增加理想度 I 有以下 6 个方式：①通过增加新的功能，或从超系统获得功能，增加有用功能的数量。②传输尽可能多的功能到工作元件上，提高有用功能的等级。③利用内部或外部已存在的可利用资源，尤其是超系统中的免费资源，以降低成本。④通过剔除无效或低效率的功能，减少有害功能的数量。⑤预防有害功能，将有害功能转化为中性的功能，减轻有害功能的等级。⑥将有害功能转移到超系统中去，不再为系统的有害功能。

运用最终理想解的一个原则是不要事先猜想理想结果是否能够实现。在阐述最终理想解时，不应有任何心理障碍。

得到最终理想解的途径有很多，如将部分功能转移到新系统，从而提高系统主要有用功能；依靠子系统的持续发展及由子系统完成其部分功能。

最终理想解的确定是问题解决的关键所在，很多问题的 IFR 被正确地理解并描述出来，问题就直接得到了解决。应用最终理想解的步骤如下。

（1）现有问题的描述。

（2）确定理想解。

（3）障碍的消除条件。

（4）分析现有的可用资源。

（5）得到 IFR 解决方案。

［例 2-6］ 自返式运输车

传统四轮运输车运送货物时，由人力推动或电力驱动，现欲改善其驱动状况，使其既不需人力也不需电力（或其他形式的能源），而是利用车的自身结构特点驱动其载重前进，并能使其在卸货后自动返回，操作人员仅停留在运输的起点和终点，将货物搬上车和卸下即可。自返式运输车的发明实际上就是追求最终理想解的过程。

自返式运输车的结构如图 2-9 所示。当车运送货物前进时，平卷簧卷紧储存机械能，当到达目的地卸掉货物后，平卷簧恢复形变带动运输车自动返回。应用

TRIZ 理论进行自返式运输车的创新设计，改进了传统四轮车的结构，使其在功能原理上发生了根本的变化，不需消耗外加能源和驱动力，而只是利用所运货物自身的重力进行驱动，并且车在前进的过程中又将其转化为机械能储存起来，在车卸掉重物返回时机械能又被释放出来，驱动车自动返回，彻底改变了运输货物需由人往返推拉或用电动绞车驱动的传统工作方式，提出了运输车的创新型设计理念。由于自返式运输车只适用于斜坡地，当四个车轮直径相同时，车体将产生倾斜，不利于放置货物，为使所运送货物的承重面处于水平（达到理想状态），故确定前后车轮大小不一样。

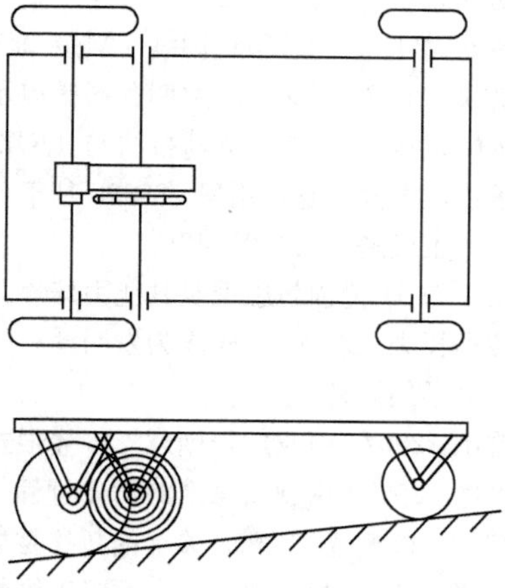

图 2-9　自返式运输车结构简图

思　考　题

1. 如何突破惯性思维？
2. 以自行车为例说明多屏幕方法。
3. 说明 STC 算子方法与 RTC 算法之间的区别？
4. 什么是金鱼法？
5. 什么是小矮人模型法？

参考文献

陈广胜 . 2008. 发明问题解决理论（TRIZ）基础教程［M］. 哈尔滨：黑龙江科学技术出版社

程冷杰，秦秋 . 2004. 关于创新思维能力的培养［J］. 南京社会科学，12：95～97

戴汝为. 2009. 自主创新与创造思维［EB/OL］. http：//www. triz. gov. cn/zjsd/200904/t20090401_101708. htm

韩凤春 . 2003. 在数学教学中积极培养学生的创新思维［J］. 辽宁教育研究，7：93，94

何爱明，孙海山 . 1999. 灵感思维探析［J］. 人才开发，4：32，33

何义圣 . 2007. 突破传统定势　创新思维方式［J］. 党政论坛，1：29，30

黑龙江省科学技术厅. 2009. 大象的悲剧——惰性思维［EB/OL］. http：//www. triz. gov. cn/xgwz/200806/t20080613_82344. htm

李善山 . 2002. 创新方法应用［M］. 上海：上海交通大学出版社

李维安 . 2004. 突破惯性思维［M］. 北京：中国人民大学出版社

李祖扬，柳洲 . 2007. 创新原理与方略［M］. 天津：天津人民出版社

刘卫平 . 2007. 论灵感直觉思维创新的机制与规律［J］. 晋阳学刊，6：60～63

刘彦生 . 2004. 直觉思维的内涵要素及其创新性质分析［J］. 天津社会科学，4：48～51

卢明森．2005. 创新思维学引论［M］. 北京：高等教育出版社
罗玲玲．2008. 创意思维训练［M］. 北京：首都经济贸易大学出版社
米文权．2008. 圆珠笔的发明和畅销启示［J］. 发明与创新（综合版），5：24
聂惠娟，袁峰．2007. 创新技法与 TRIZ 的应用研究［J］. 机械设计与制造，10：218，219
潘承怡，王健，赵近川等．2009. 基于 TRIZ 理论的自返式运输车创新设计［J］. 林业机械与木工设备，7：40～42
秦秋．2006. 论创新思维及其能力培养［J］. 学术界，6：137～141
萨拉马托夫．2006. 怎样成为发明家——50 小时学创造［M］. 王子羲等译．北京：北京理工大学出版社
宋维山．2007. 商业广告创意——痛恨规则［J］. 商场现代化，17：40，41
孙洪敏．2007. 论创新思维的物化过程［J］. 探索，1：127～132
孙雷红，薛辛光．2005. 关于创新的哲学思考［J］. 理论探讨，10：49～51
唐晓华．2006. 数学课堂上非逻辑思维能力的培养［J］. 发明与创新，02：25
田学岭. 2009. 第六章思维与问题的解决［EB/OL］. http：//jykxx. zknu. edu. cn/jingpinkecheng/jiaocai/6. doc
吴承钧．2007. 创造性思维与艺术设计创新［J］. 郑州大学学报（哲学社会科学版），2：174～176
武文芳．2008. 提高领导者的创新能力［J］. 大庆社会科学，2：122～124
姚博．2006. 智慧灵光：发明与发现［M］. 北京：西苑出版社
亿维讯. 2009. 创新需要开放性思维［EB/OL］. http：//www. iwint. com. cn/ch/triz/trizpaper-20090323-173345. html
袁林忠．2005. 产品设计过程中的创新能力探讨［J］. 机械设计与制造，9：169～171
张波，纪殿厚．2001. 浅谈大学生创新能力的培养［J］. 吉林教育科学（高教研究版），3：77
张武城．2009. 技术创新方法概论［M］. 北京：科学出版社
张晓芒．2006. 创新思维的逻辑学基础［J］. 南开学报（哲学社会科学版），6：88～96
张旭东，李宝虹．2007. 三位一体的会计学教学流程探微——基于情景模拟、概念形成与逻辑展开模式分析［J］. 黑龙江高教研究，12：172～174
张义生．2003. 论创新思维的内在机制［J］. 中共南京市委党校南京市行政学院学报，6：3～7
赵碧枚．2009. 第四章思维［EB/OL］. http：//www. lpssz. edu. cn/jpkc/xlx/jiaoan/04. htm
赵兰松．2008. 中专作文教学创新初探［J］. 科教文汇，6：69
赵敏，胡钰．2008. 创新的方法［M］. 北京：当代中国出版社
赵敏，史晓凌，段海波．2009. TRIZ 入门及实践［M］. 北京：科学出版社
周伯军．2007. 创新性思维与设计方法的探讨［J］. 包装工程，1：143～146
周耀烈．2008. 思维创新与创造力开发［M］. 杭州：浙江大学出版社
朱雪梅，王国光．2004. 开发思维 发展能力——谈创新人才的培养［J］. 黑龙江高教研究，6：122～124

第三章　解决发明问题的多种方法

以前，人们习惯使用试错法、头脑风暴法和形态分析法等解决发明问题的方法。这些传统的创新方法，大约共有几百种之多，其中常用的就有几十种。在某些时代，单独使用这些传统的创新方法曾收到过较好的发明创新效果。这些传统的创新方法往往要求使用者具有较高的技巧、比较丰富的经验和较大的知识积累量，因此使用这些方法进行创新的效率普遍不高。特别是当遇到一些较难且复杂的问题时，仅仅依赖“灵机一动”就很难解决问题了。尤其是在人们对某些问题已经历了长期的思考之后，仍未找到理想的方案时，想只凭经验找到解决方案就显得极为困难。

传统的创新方法尽管存在对使用者要求高的问题，但是，当将这些方法与TRIZ结合在一起的时候，常常能收到更好的效果。所以我们在倡导推广应用TRIZ创新理论的同时，还必须了解传统的创新理论，掌握常用的创新方法。因此，我们有必要了解传统创新理论的相关知识，力求做到TRIZ创新理论与传统创新理论的有机结合，以获取最佳的创新效果。为此，在本章中首先介绍常用的试错法、头脑风暴法、形态分析法等传统的创新方法，然后再将它们与TRIZ方法进行分析与比较，以便读者掌握各种传统创新方法的特点与适用场合，为各种创新方法的正确运用奠定基础。

第一节　试　错　法

试错法（trial and error method）是指人们通过反复尝试运用各式各样的方法或理论，使错误（或不可行的方案）逐渐减少，最终获得能够正确解决问题的方法的一种创新方法。这是一种随机寻找解决方案的方法。

千百年来，人们常用试错法来求解发明问题。当一个人尝试利用一种方法、物质、装置或工艺来求解某一问题时，如果找不到问题的解决方案，就进行第二次尝试，如果还没找到问题解决的方法，则进行第三次尝试，以此类推。这就是试错法解决问题的思路和过程。

当一个人用尽了所有常规方法后，就会尝试去猜想正确的解决方案。这样要经过一个漫长的寻找过程，也可能碰巧走对路子并解决问题，但取得这种结果的概率是很小的。多数情况下，对所想到的可能方案均进行了尝试之后仍不能解决问题，需要考虑其他可能的解决方案。甚至因条件限制，尝试无法继续进行，只能精疲力竭地宣告终止。

阿奇舒勒的学生与合作者尤里·萨拉马托夫对试错法做出这样的评价："人类在试错法中损失的时间和精力，远比在自然灾害中遭受的损失要惨重得多"。在 20 世纪，"在发达资本主义国家中，50％的研究刚刚开展，就因为没有发展前途而被迫终止了；在前苏联，有 2/3 的研究根本无法进入生产领域"。由此可见，用试错法解决问题具有一定的盲目性，所付出的代价（人力与财力）是巨大的。

［例 3-1］　欧立希发明"病毒克星"

19 世纪，人们陆续发现了导致传染疾病的细菌。但是如何防治、消灭这些导致传染疾病的可恶的细菌却困扰着科学家们。

德国医生欧立希历尽艰辛，一次又一次地进行着试验，但一次又一次地失败了。他没有灰心丧气，继续他的试验。果然，1909 年的春天，欧立希研制的第 606 号药剂取得了惊人的成功。欧立希把这种神奇的药剂称作"606"，它成为医学上治疗梅毒等病菌感染的有效药物，被人们誉为"梅毒的克星"。

1912 年，他又成功地制成一种比"606"更安全有效的治梅毒新药"914"。

［例 3-2］　爱迪生为人类带来光明

很多人都读过爱迪生的发明故事。爱迪生（Edison）是位举世闻名的美国电学家和发明家，他除了在留声机、电灯、电话、电报、电影等方面有许多的发明和贡献以外，在矿业、建筑业、化工等领域也有不少著名的创造和真知灼见。相信每个人都知道爱迪生的那句名言："天才就是百分之二的灵感加上百分之九十八的汗水。"爱迪生不仅有聪慧过人的头脑，更有不懈努力的精神，因此，他得到了巨大的成功。据记载，他在发明电灯时，他和他的助手们历经 13 个月，用过的灯丝材料有 1600 多种金属材料和 6000 多种非金属材料，试验了 7000 多次，终于找到了有实用价值的灯丝材料，为人类带来了光明。

爱迪生的发明，为人类的文明和进步做出了巨大的贡献。爱迪生勇于试验、不畏失败的探索精神和执着的研究态度，确实令人敬佩，值得我们学习。爱迪生发明电灯所采用的方法就是试错法。

今天，在我们敬佩和学习爱迪生那种勇于实践和探索的精神的同时，也不得不对他采用的那套古老的试错法加以重新审视。这种方法确实效率低，资源浪费大，费时费力。因此，在我们获得了新的创新方法之后，应该尽量少用或不用传统的试错法。

总之，对解决简单的发明问题（第 1、2 级），试错法效果明显，此时可能的解决方案的数目不超过 10 个或 20 个，找到正确的解决方案并不困难。而对于较复杂的发明问题（第 3 级），由于可能存在成百上千个可能的解决方案，试错法的效率就非常低，解决发明问题的周期较长，所付出的代价很高。从这个角度上说，试错法不应该成为我们提倡的优先采用的创新方法。

第二节　头脑风暴法

头脑风暴法（brain storming）通常指一群人开动脑筋，进行自由地创造性地思考与联想，并各抒己见，在短暂的时间内提出解决问题的大量构想的一种方法。这种方法是当今最负盛名，同时也可以说是最具实用性的一种集体创造性地解决问题的方法。

“头脑风暴”的原意是“突发性的精神错乱”，用来表示精神病患者处于大脑失常的状态。精神病患者最大的特征是在发病时无视他人的存在，言语与肢体行为随心所欲。这虽然不合乎社会行为礼节的规范，然而从创造思考的启导与引发的目标来看，摆脱世俗礼教与旧观念的束缚，期望构想能无拘无束的涌现，还是有必要的，这正是头脑风暴法的精义所在。

“头脑风暴法”（简称为“BS 法”）也称为智力激励法、自由思考法或诸葛亮会议法。从形式上来看，是将少数人召集在一起，以会议的形式，对于某一问题进行自由的思考和联想，同时提出各自的设想和提案。头脑风暴法是一种发挥集体创造精神的有效方法，与会者可以在没有任何约束的情况下发表个人的想法，提出自己的创意。参与的人甚至可以提出看起来异想天开的想法。

头脑风暴法的发明者美国的奥斯本（Osborn）是 BBDO 广告公司的创始人。奥斯本最早于 1939 年首次提出头脑风暴法，并于 1953 年在《应用想像》一书中正式发表了这种激发创造性思维的方法。

实施头脑风暴法要组织由 5～10 个人参加的小型会议。这种会议之所以会导致大量新创意的诞生，主要有以下原因：一是在轻松、融洽的气氛中，每个人都能敞开想像，自由联想，各抒己见。二是能够产生互相激励，互相启发的效果。每个人的创意都会引起他人的联想，引起连锁反应，形成有利于解决问题的多种创意。三是在会议讨论时更能激发人的热情，激活思维，开阔思路，益于突破思维定势和旧观念的束缚。四是竞争意识的使然。争强好胜的天性，会使与会者积极开动脑筋，发表独到见解和新奇观念。

一、头脑风暴法的基本规则

在使用头脑风暴法解决问题时，为了减少群体内的社交抑制因素，激励新想法的产生，提高群体的创造力，必须遵守以下四项基本规则。

1. 暂缓评价

对现有观点的批评不仅会占用宝贵的时间和脑力资源而且容易使得与会者人人自危，发言更加谨慎保守，从而遏制新观点的诞生。因为所有的想法都有潜力成为好观点、好方法，或者能够启发他人产生新的想法。所以，在实施头脑风暴法时，应将评论“束之高阁”，这是必须经常强调的一点。在头脑风暴会议上，会议主持人和会议参与者对各种意见、方案的正确与否，不得当场做出评价，更不能当场提出批评或指责。参与者着重于对想法进行丰富和拓展。这种将评论放在后面的“评价阶段”进行的“延迟评判”策略，可以产生一种有利的气氛，有助于参与者提出更多的想法。

2. 鼓励提出独特的想法

与会者在轻松的氛围下，就像与家人聊天一样，各抒己见，避免人云亦云、随波逐流、思维僵化，有利于提出独特的见解，甚至是异想天开的、荒唐的想法。这样便可能开辟新的思维方式，提供比常规想法更好的解决方案。若要产生独特的想法，可以反过来看问题，也可以换一个角度考虑问题，甚至可以撇开假设等。

3. 追求数量

如果追求方案的质量，容易将时间和精力集中在对该方案的完善和补充上，从而影响其他方案的提出和思路的开拓，也不利于调动所有成员的积极性。如果头脑风暴会议结束时有大量的方案，那就极可能发现一个非常好的方案。因此，头脑风暴法强调所有的活动应该以在给定的时间内获得尽可能多的方案为原则。

为此，与会者应该尽可能地解放思想，无拘无束地、独立地思考问题，并希望每个与会者都畅所欲言，而不必顾虑自己的想法或说法是否离经叛道或荒唐可笑。

4. 重视对想法的组合和改进

可以对他人好的想法进行组合、取长补短，进行改进，以形成一个更好的想法，从而达到“1＋1＝3”的效果。与单纯提出新想法相比，对想法进行组合和改进可以产生出更好、更完整的想法。所以，头脑风暴法能更好地体现集体智慧。

现代发明创新课题涉及技术领域广泛，因而靠个别发明家单枪匹马式的冥思苦想来求得问题解决的方法将变得软弱无力，收效甚微。相比之下，类似头脑风暴法这种群体式的发明战术则会显得效果更好。

二、头脑风暴小组的成员

下面介绍在头脑风暴法的实施过程中，对小组成员和主持人的要求。

1. 头脑风暴小组人数的确定

奥斯本认为，参加人数以 5～10 人为宜，包含主持人和记录员在内以 6～7 人为最佳。头脑风暴法小组人数的多少取决于主持人风格、小组成员个体的情况等因素。小组人数太多或太少，效果都不太理想。人数过多时，则会使某些人没有畅所欲言的机会；过少时，则会场面冷清，影响参与者的热情。参与者最好职位相当，对所要解决的问题都感兴趣，但是不必皆属同行。

2. 小组中不宜有过多的专家

在进行“头脑风暴”的过程中，如果专家太多，就很难做到“暂缓评价”。权威在场必定会对与会者产生“威慑”作用，给与会者的心理造成压力，因此难以形成自由的发言氛围。

然而，在实际操作“头脑风暴”的时候，会议参加者往往都是从企业的各个部门汇集而来的各专业领域的专家里手。在这种场合，无论主持人还是参加者，都应注意不要从专业角度发表评论，否则会引起争议，打破暂缓评价的和谐局面，产生不良效果。

还有一点很重要，这就是专家的人选应严格限制，以便参加者把注意力集中于所涉及的问题上，具体选取原则如下。

（1）如果参加者相互认识，要从同一职位（职称或级别）的人员中选取，领导人员不应参加，否则可能会对某些参加者造成某种压力。

（2）如果参加者互不认识，可从不同职位（职称或级别）的人员中选取。在这种情况下，不应宣布参加人员的职称或职务。与会者不论职称或职务级别的高低，都应同等对待。

（3）参加者的专业应力求与所论及的决策问题相一致。这并不是专家组成员的必要条件，但是，专家中最好包括一些学识渊博，对所论及问题有较深理解的其他领域的专家。

3. 小组成员最好具有不同学科背景

如果小组成员具有相同的学科背景，他们都是同一方面的专家，那么，很可能会沿着固有专业方向的常规思路来开发思想、产生观念。这样，同学科或相近学科的成员所产生的构想范围就会有限，而不能发挥头脑风暴的优势。

相反，如果小组成员背景不同，他们就有可能从不同的层面，不同的方向，不同的角度提出千差万别的观点，从而更有利于获得“头脑风暴”效应。

4. 参与者应具备较强的联想思维能力

参与者具有较强的联想能力是头脑风暴法获得良好效果的重要保证。在进行“头脑风暴”时，组织者应尽可能提供一个有助于把注意力高度集中于讨论问题的环境。在头脑风暴会议上，有的人提出的设想可能是其他准备发言的人已经思考过的设想。其中一些最有价值的设想，往往是在已提出设想的基础上，经过“头脑风暴”，迅速发展起来的设想，或对两个或多个设想进行综合所得到的设想。因此，头脑风暴法产生的结果是成员集体创造的成果，是头脑风暴小组成员互相感染激励，互相补充完善的总体效果。

5. 头脑风暴小组主持人的确定

只有主持人对整个头脑风暴过程进行适度控制和协调，才能减少头脑风暴的抑制因素，激励新想法，发挥小组群体的创造力，获得预期的效果。由此可见，头脑风暴小组中的主持人非常重要。

主持人必须能够做好以下三点：

（1）能掌控会议，并使头脑风暴会议的成员严格遵循前述的头脑风暴法基本规则。

（2）要使会议保持热烈而轻松的气氛。

（3）要保证让全体参与者都能畅所欲言，献计献策。

头脑风暴小组会议的主持人必须具有丰富的经验，能够充分把握讨论问题的本质。“头脑风暴”会议的主持人应乐于接受头脑风暴法所造成的奔放而接近狂热的会议气氛，努力使参加者忘却自我，从而能变得更加自由。主持人应及时地发现参加者朝哪个方向提出设想，并巧妙地将脱离正确方向的参加者引回到既定的目标方向上来。在某种程度上讲，主持人应该是演技相当细腻的演员，并在某些方面具备电视节目主持人的素质。

为了更好地掌控头脑风暴会议，主持人可以运用以下技巧，使头脑风暴达到既定目标：

（1）在参加者发言气氛显得相当热烈时，可能会出现许多违背头脑风暴法基本原则的现象，如交头接耳，哄堂大笑，甚至公开评论他人意见等，此时主持人应当立即制止，并号召大家给予发言者鼓励。

（2）当许多灵感已被陆续激发出来，而参与者也开始表现为疲惫状态，灵感激发速度明显下降时，主持人可以用“每人再提两个点子就结束”之类的话语再次激发创意灵感。

（3）主持人应控制好时间，一般建议控制在30分钟左右，以免参加者太疲倦而产生反感甚至厌恶情绪。

（4）在会议结束时，主持人应对会议的成果表示肯定，对与会者表示感谢。

三、头脑风暴法的实施

头脑风暴法可分为会前准备、会议过程和创意评价三个阶段，具体过程见表3-1。

表 3-1　头脑风暴法实施过程

阶段	步骤与要求	说明
准备工作	（1）确定讨论主题。讨论主题应尽可能具体，最好是实际工作中遇到的亟待解决的问题，目的是为了进行有效地联想和激发创意 （2）如果可能，应提前对提出初始问题的个人、集体或部门进行访谈调研，了解解决该问题的限制条件、制约因素、阻力与障碍以及任务最终目标分别是什么 （3）确定参加会议人选，并将这些问题写成问题分析材料，在召开头脑风暴会议之前的几天内，连同会议程序及注意事项一起，发给各位与会人员 （4）举行热身会。在正式进行头脑风暴会议前，召开一个预备会议。这是因为在多数情况下，小组成员缺乏参加头脑风暴会议的经验，同时，要他们做到遵守“延迟评价”原则也比较困难	所确定的讨论主题的涉及面不宜太宽。主持人将讨论主题告诉会议参加者，并附加必要的说明，使参加者能够收集确切的资料，并且按正确的方向思考问题。 在热身会上，要向与会人员说明“头脑风暴法”的基本规则，解释创意激发方法的基本技术，并对成员所做的任何有助于发挥创造力的尝试都予以肯定和鼓励，从而让参与者形成一种思维习惯来适应头脑风暴法，并尽快适应头脑风暴法的气氛
头脑风暴会议	（1）由会议的主持人重新叙述议题，要求小组人员讲出与该问题有关的创意或思路 （2）与会者想发言的先举手，由主持人指名开始发表设想，发言力求简单扼要，一句话的设想也可以，注意不要做任何评价。发言者一开始要首先提出由自己事先准备好的设想，然后再提出受别人的启发而得出的思路。从这一阶段开始，就存在着“头脑风暴”的创造性思维方法 （3）若是头脑风暴法进行到人人已到了山穷水尽的地步，主持人必须使讨论发言再继续一段时间，务必使每人尽力想出妙计，因为奇思妙计往往在挖空心思的压力下产生。主持人在遇到会议陷于停滞时可采取其他创意激发方法 （4）创意收集阶段实质上是与创意激发和生成阶段同时进行的。执行记录任务的是组员，也可以是其他组织成员。可以根据提出设想的速度，考虑应配备记录员的数目。每一个设想必须以数字注明顺序，以便查找。必要时可以用录音机辅助记录，但不可以取代笔录。记录下来的创意是进行综合和改善所需要的素材，所以应该放在全体参加者都能看到的地方	在小组人员提出设想的时候，主持人必须善于运用激发创意的方法。语言要妙趣横生，使气氛轻松融洽。同时主持人还要保证使参与者坚守头脑风暴法的基本规则，即任何发言者都不能否定和批评别人的意见，只能对别人的设想进行补充、完善和发挥。一次会议创意发表不完的，可以再次召开会议，直至将各种创意充分发表出来为止。 主持人必须充分掌握时间，时间过短，设想太少，时间过长，容易疲劳。最好的设想往往是会议快要结束时提出的。可以从已确定的会议结束时间再延长5分钟，因为在这段时间里人们容易提出最好的设想
创意评价	先确定创意的评价和选取的标准，比较通用的标准有可行性、效用性、经济性、大众性等。在风暴会议之后，要对创意进行评价和选择，以便对要解决的问题，找到最佳解决办法	对设想的评价不要在进行头脑风暴法的同一天进行，最好过几天再进行

四、头脑风暴法使用技巧

经过多年的研究和实践，人们总结了大量简便有效的经验，下面简单介绍一些小技巧，以便在实际操作中产生更好的实施效果。

（1）讨论问题的确定非常重要，问题设置不当，头脑风暴会议便难以获得成功。

在讨论内容的问题设置方面，应做到以下几点：

①在设置问题时必须注意头脑风暴法的适用范围。②讨论的问题要具体、明确，不要过大。③讨论问题也不宜过小或限制性太强，例如不要出现讨论“A与B方案哪个更好”之类的问题。④不要将两个或两个以上的议题同时拿出讨论。

主持人要对那些首次参加头脑风暴会议的人给予关注，让新参加者熟悉该类会议的特点，并能遵守基本规则。

（2）“停停走走”（stop and go）是头脑风暴法一个常用的技巧，即3分钟提出设想，然后5分钟进行考虑，接着用3分钟的时间提出设想……这样3分钟与5分钟过程反复交替，形成有行有停的节奏。

（3）“一个接一个”（round-robin）是头脑风暴法又一个常用的技巧，与会者根据座位的顺序一个接一个提出观点，如果轮到的人没有新构想就跳到下一个人。如此循环，直至会议结束。

（4）参加会议的成员应当定期更换，应在不同部门、不同领域挑选不同的人参加，这样才能防止群体形成固定的思维方式。

（5）参加会议成员的构成应当考虑男女搭配比例，适当的比例会极大地提高产生构想的数目。

五、头脑风暴法的优点及其局限性

1. 头脑风暴法的优点

头脑风暴法还具有以下的优点：

（1）消除了妨碍自由想像的清规戒律，使小组成员人人平等，在轻松愉悦的氛围中自由联想，有助于新创意的出现。

（2）集体讨论能够满足人们进行社会交往的需要，能大大地提高工作效率。在相同的时间内，集体活动总比个体活动容易产生更多的创意，因而也就更有可能产生高质量的问题解决方案。

（3）在集体中更容易创造出适合创造性思维的环境，成员间相互启发，能产生更多的高质量的创意。

（4）充分体现集体的智慧。在头脑风暴环境下，有利于将他人的创意加以综合与发展，从而形成更有价值的问题解决方案。

2. 头脑风暴法的局限性

头脑风暴法也有自身的一些局限性：

（1）小组成员之间若有矛盾或冲突，就会形成不愉快的气氛，从而抑制了思维的自由性，抑制了新创意的产生。

（2）有时因为头脑风暴会议的失控，使头脑风暴会议违背了“暂缓评价”的规则，出现消极的评价，甚至相互批评或谴责，这些必将使人们的创意热情受到“激冷”，从而减少了产生的创意数量，降低创意质量。

（3）小组成员中的一些具有支配欲的人控制讨论进程的试图，会引起会议讨论方向偏离目标方向，并会减少其他人参与讨论的机会。

（4）一些地位较高的人或权威，可能会对其他成员施加有形或者无形的压力，使他们很难产生突破性的创意。

（5）集体讨论会花费更多时间，因此当要解决的事情很紧急时，集体创意方法可能并不适用。

虽然头脑风暴法在实施中存在一些问题，但是这些问题可通过一些措施加以解决。比如，通过选择一个有经验的会议组织者及会议主持人，就能够有效减少讨论中可能出现的不利情况，控制讨论进程和方向；通过恰当地选择与会人员，可以避免个别人或权威带来的不利影响，营造轻松自由的氛围。同时还可以运用一些技巧来减少或避免这些不利的情况。

头脑风暴法作为一种令人愉悦的活动，通常被参与者欣然接受。另外，人们还对头脑风暴法进行了改进，从而出现了头脑风暴法的变型，如戈登法、问题元素整合法、菲利浦斯“66”法和“635”法等。

总体上说，头脑风暴法适合于解决那些相对比较简单，并被严格确定的问题，如研究产品名称、广告口号、销售方法、产品的多样化研究等。因此，头脑风暴法对于解决第1和第2级发明问题是有效的。但在更加复杂的发明问题中，使用这种方法不可能立即猜想出解决方案，不是一种能快速“收敛”到发明结果的方法。

第三节　形态分析法

试错法、头脑风暴法等方法无法有效地解决十分复杂的发明问题。因此，20世纪50年代末，出现了一种基于系统式查找可能解决方案的方法，即形态分析法。

形态分析法（morphological analysis，MA）是一种从系统论的观点看待事物的创新思维方法。这种方法是由美国加州理工学院教授兹维基（Zwicky）与矿物学家里哥尼合作创建的，它对搜索问题的解决方案所设置的限制很有用处，利用它可以对解决方案的可能前景进行系统地分析。

1943 年第二次世界大战期间，兹维基参加了美国火箭研制小组，他把数学中常用的排列组合原理应用于新颖技术方案的设计中，他将火箭的各个主要部件可能具有的各种形态进行了不同的组合，得到了令人惊奇的结果：他在一周之内交出了 576 种不同的火箭设计方案，这些方案几乎包括了当时所有的制造火箭的可能设计方案。后来才知道，就连美国情报局挖空心思都没能弄到手的德国正在研制的带脉冲发动机的 F-1 型和 F-2 型巡航导弹的设计方案也包括在其中。于是，兹维基的天才受到人们的关注。1948 年，兹维基发表了他的构思技巧——形态分析法。

一、形态分析法的特点

形态分析法的特点是从系统论的角度看待事物。首先把研究的对象或问题分为一些基本组成部分。然后，对每一个基本组成部分单独地进行处理，分别提出解决问题的办法或方案。最后通过不同的组合，形成若干个解决整个问题的总体方案。为了确定各个总体方案是否都可行，必须采用形态学方法进行分析。

因素和形态是运用形态分析法时要用到的两个非常重要的基本概念。所谓因素，就是指构成某种事物各种功能的特性因子；所谓形态，是指实现事物各种功能的技术手段。例如，对于一种工业产品，可将反映该产品特定用途或特定功能的性能指标作为基本因素，而将实现该产品特定用途或特定功能的技术手段作为基本形态。

再如，对于机械上使用的离合器，可将其“传递动力”这个功能作为基本因素，那么“摩擦力”、“电磁结合力”等技术手段，是该基本因素所对应的基本形态。

二、形态分析法的实施

形态分析法的操作程序如下：

（1）确定研究课题。确定研究课题并不是提出一个准确的、具体的设想方案。

（2）因素提取。就是确定发明对象的主要组成即基本因素，把问题分解成若干个基本组成部分。确定的基本因素在功能上应是相对独立的。因素的数目不宜太多，也不宜太少，一般 3～7 个为宜。

（3）形态分析。即按照发明对象对诸因素所要求的功能，列出各因素全部可能的形态。完成这一步需要有很好的知识基础和丰富的工作经验，对本行业及其他行业的各种技术手段了解得越多越好。

（4）编制形态表，进行形态组合。按照对发明对象的总体功能要求，分别将各因素的不同形态方式进行组合而获得尽可能多的合理方案。

（5）优选。即从组合方案中选优，并具体化。

［例 3-3］　确定汽车前照灯的设计方案

汽车前照灯是汽车的重要部件之一。首先，前照灯是汽车的眼睛，是汽车漂亮时髦的外表的重要特征。其次，有了可靠且性能良好的照明方能提高汽车的夜间行驶速度，同时对确保汽车的安全行驶非常重要。最后，汽车前照灯的结构型式直接影响到汽车前端的外形，对构建低空气阻力的流线型车身外廓极为重要。考虑到这些功能，要求对前照灯的外形、光源类型、散光玻璃类型、控制方式等因素的各种形态进行分析，编制形态表（见表 3-2）。

表 3-2　汽车前照灯形态表

因素 形态	前照灯外形	前照灯光源	散光玻璃材质	控制方式
1	方形	卤素灯泡	玻璃	手控开关
2	圆形	气体放电灯	树脂	光感应
3	椭圆形	LED		
4	柳叶形			

根据表 3-2，进行各种可能性组合，得到 $4\times3\times2\times2=48$ 种设计方案。然后，考虑生产成本、重量、可靠性与耐久性、消费者的认可度等，对这些方案分别进行分析对比，从中可选出最优的方案。

三、形态分析法的优、缺点

形态分析法最大的优点是对每个总体方案都要进行可行性分析，有利于寻找到最佳的解决方案。

形态分析法的主要缺点是使用不便，工作量大。如果一个系统由 10 个部件组成（因素），而每个部件又有 10 种不同的制造方法（形态），那么，组合的数目就会达到 100。如果使用手工的方法来进行形态分析，则费时费力，极不方便。计算机可以完成这样数量级的组合，而人则无法分析数量如此巨大的信息。对大量的方案进行可行性分析往往会使发明的目标变模糊。如果采用选择性形态分析，就可忽略不适当的组合。例如，在前述确定汽车前照灯的设计方案的例子中，可以根据车型和消费定位，去掉某些不合适的组合。若为微型家庭轿车设计的前照灯，应尽量降低成本，所以氙气灯（气体放电灯）和光感应的自动开关控制这些高档配置是不需要考虑的。

形态分析法特别适用于下列几个方面的观念创新：

（1）新产品或新型服务模式。

（2）新材料应用。

（3）新的市场分割及市场用途。

（4）开发具有竞争优势的新方法。

（5）产品或服务的新颖推销技巧。

（6）新的发展机遇的定向确认。

但是，在仅存在唯一一种问题描述方法、开发项目规模很小、涉及问题的概念特性只有一个方面等情况下，不宜采用形态分析法。

第四节　其他几种传统创新方法

一、检核表法

检核表法（checklist method），或称为检验表法，是由形态分析法演变而来的。检核表法就是用一张一览表对需要解决的问题逐项进行核对，从各个角度诱发多种创造性设想，以实现创造、发明、革新，或解决工作的某一问题的开发创意的方法。使用检核表法时，为了获得解决问题所需的数据，需要构造问题列表。表中所提出的问题，可以是最意想不到的，这样有利于削弱思维定势。通过检核表法，可以获得对问题的详述和查找规定问题解决方案的附加数据。

早期最有影响的检核表是奥斯本于 1964 年设计的。奥斯本的检核表提纲达 75 条之多，后来经过简化归纳为 9 个方面（用途、类比、增加、减少、改变、代替、变换、颠倒、组合）。这种检核表在后来的创意实践中又得到修正与发展。

利用检核表法进行构思创意，应从以下几个方面（角度）进行思考：

（1）现有发明的用途是什么？是否可以扩充？

（2）现有发明能否吸收其他技术，引入其他创造构思？

（3）现有发明的造型、颜色、制造方法等能否改变？

（4）现有发明的体积、尺寸和重量能否改变？改变后的结果怎样？

（5）现有发明的使用范围能否扩大？寿命能否延长？

（6）现有发明的功能是否可以重新组合？

（7）现有发明能否改变型号或改变顺序？

（8）现有的发明可否颠倒过来？

为了开发职工的创新能力，美国通用汽车公司给每个职工发检核表（见表 3-3）。企业开发新产品可使用表 3-4 所示的检核表（摘自于杨德林《创意开发方法》）。

表 3-3　通用汽车公司检核表

序号	内容
1	可否利用其他适当的机械来提高工作效率
2	现有设备有无改进余地
3	改变流水线、传送带、搬运设备的位置或顺序，能否提高工作效率
4	为使各种操作同时进行，能否采用某些专用工具及设备
5	改变工序能提高零部件的质量吗
6	能否用低成本的材料来替代目前使用的材料
7	改变现有的材料切削方法，能否节省材料
8	能不能使员工的操作更安全
9	怎样能去掉无用的程序
10	现在的操作能否再简化

表 3-4　企业开发新产品的检核表

序号	内容	序号	内容
1	开发什么产品	7	该产品的成本是多少
2	为什么开发此产品	8	该产品的市场规模有多大
3	该产品用在什么地方	9	该产品的竞争力如何
4	该产品何时使用	10	该产品的生命周期多长
5	该产品被谁使用	11	生产能力如何
6	该产品起什么作用	12	盈利程度如何

[例 3-4]　从农村青年变为电话大王

1992 年 8 月 18 日，吴瑞林的私人企业——侨兴电话机厂在广东惠州开工兴建。7 年后，侨兴电话机的市场占有率跃为全国第一位。一个农村青年开办的电话机厂怎么会有如此强大的市场竞争力呢?

吴瑞林学历不高，但勤奋好学。他能结合实际，灵活运用“奥斯本法则”，从不同的方向和角度，对电话机的改进与发展的备选方案进行考虑，见表 3-5。

表 3-5　电话机改进的备选方案

序号	改进方向	改进方案
1	改变	改变功能、形状、颜色、气味或其他
2	增加	增加尺寸、强度或新的特征
3	减少	减轻、减薄、减短及减去过多的，或一时用不了的功能

续表

序号	改进方向	改进方案
4	替代	用其他材料、零部件、能源、色彩取而代之
5	颠倒	对现有的来一个上下、左右、正反、里外、前后颠倒，甚至把目标和手段颠倒
6	重组	零部件、材料、方案等重新组合，包括：叠加、重合、组合、混合、综合等

吴瑞林带领着100多名侨兴员工研制出了中国第一部液晶显示电话，填补了国内入网机的空白，而其价格只有进口机的1/4。经过数年奋战，吴瑞林不仅使“侨兴”打入了广东高科技企业“50强”，而且使“侨兴”股票在美国纳斯达克成功上市。

二、多角度思考法

多角度思考法（lateral thinking，LT）是由心理学与教育学家爱杜德·邦诺（Eduard de Bono）提出的。现实生活当中，会经常碰到一些答案不唯一的问题，这时就要从不同角度对同一内容进行考虑，把各种可能的答案都找出来。这种搜索创意的方法可以促进直觉思维，并使人们具备从整体上了解解决方案的能力。因为这种方法与头脑风暴法存在着某些相同的特征，故它与头脑风暴法存在着某些相同的缺陷。

［例3-5］ 特征映射

特征造型是CAD系统中的主要技术之一。特征具有多面性，考虑角度不同，造型特征也可能不同。如图3-11所示，从力学的角度考虑可认为图中(2)、(3)是筋（图3-1(a)），从机械加工的角度考虑则可认为图中(4)是槽（图3-1(b)）。

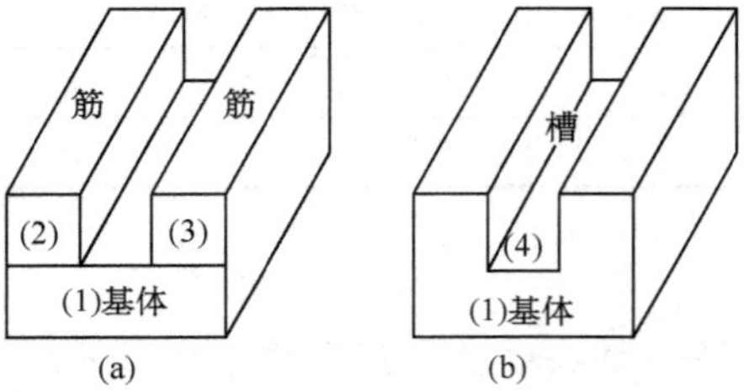

图3-1 特征映射

第五节 传统创新方法与TRIZ的比较

本章前面介绍了一些人们经常使用的解决发明问题的传统创新方法。这些传统的创新方法基本上都是以心理机制为基础的，它们的程序、步骤、措施大都是为人们克服发明创新的心理障碍而设计的。传统的创新方法撇开了各领域的基本知识，方法上高度概括与抽象，因此具有形式化的倾向。这些倾向于形式化的传统创新方法，在运用中受到使用者经验、技巧和知识积累水平的制约，因此，有人认为对传统的创新方法的运用是一种艺术，而不是一种技术。传统的创新方法过于依赖非逻辑思维，其效果波动很大，培训起来难度也比较大，因此不适于大范围推广。这些传统方法解决发明问题的效率较低，一些较难的问题，特别是那些发明级别较高的问题通常无法用传统创新方法来解决。

相比之下，TRIZ 创新理论已经历经几十年的时间，它是在对世界上 250 万件高水平发明专利进行分析研究之后，基于辩证唯物主义和系统论思想，提出的关于解决发明问题的理论体系。TRIZ 的原理、法则、程序、步骤、措施等，均以科学和技术的方法为基础。因此，整个方法学自成系统，具有严密的逻辑，对学习、培训和应用比较便利，它的应用有效性比较高。

传统的创新方法与 TRIZ 方法的比较如表 3-6 所示。

表 3-6　传统的创新方法与 TRIZ 方法的比较

序号	传统创新方法	TRIZ 方法
1	趋向于做容易做的事，简化任务要求	趋向于更高水平、更复杂的任务要求
2	趋向于避免不可能的路径	强调遵循解决“不可能性”的路径
3	趋向于原型目标不精确的视觉图像	趋向于最终理想结果目标的精确图像
4	对象/目标的“平面图像”	对象/目标的整体的图像，考虑对象的子系统与超系统及其整体目标
5	作为“单一图像”的对象/目标图像	如果存在连续发展路径的话，将目标理解为“过去-现在-将来”的历史轨迹
6	对象/目标是更多难以改变的图像	柔性的、可调整的目标图像，易于做时间与空间上的变化与调整
7	回忆提供了相似而弱模拟的图像	回忆提供了其他的东西，因此是强模拟的，要求利用新原理与新程序来经常更新信息
8	“专业势垒”随时间增强	“专业势垒”随时间逐渐减弱直至消失
9	不增加思考的可控制性	更好地控制思考，发明人综合评述构思的路径，可容易地控制构思过程与实际的差距
10	解决发明问题的过程不易快速收敛	解决发明问题的过程易于快速收敛

注：本表摘自于赵敏等《TRIZ 入门及实践》。

TRIZ 的主要优点是可从成千上万解法中找出解决复杂发明问题的方案。TRIZ 反对在可能的候选方案中进行搜索的想法。因此，TRIZ 使人们有了更科学地解决问题的方法。TRIZ 解决发明创新问题是直接依靠技术系统进化的规律，来确定解决问题的方向，然后根据这些规律，开发出解决发明问题的专用工具。TRIZ 创新理论吸收了不少克服思维定势和心理障碍的传统创新方法的精髓，并将它们纳入逻辑程序，从而在发明问题分析和解决方案综合的各个不同阶段发挥作用。

TRIZ 解决问题的模式和程序一般普遍采用反馈、迭代的形式，能够取得逐步地、快速地逼近目标的效果，并且比较容易地实现计算机程序化，借助于计算机辅助创新软件来求解发明问题。

总之，基于 TRIZ 的各种创新的思维、方法和工具的支持，TRIZ 解决发明问题的过程可以快速收敛，发明的级别和效率也比较高。

当然，我们在学习研究 TRIZ 理论的同时，也不要忽略了传统创新方法的作用。虽然单独使用传统的创新方法往往不容易获得高水平的发明，但在很多场合，常需要将 TRIZ 创新方法与传统创新方法结合应用。这样可以互相取长补短，就会取得更好的效果。如在由具体问题抽象成 TRIZ 的问题模型时，以及将 TRIZ 的解决方案模型演绎成具体解决方案时，都或多或少地需要应用头脑风暴法、形态分析法等传统创新法。

思 考 题

1. 常用的几种传统创新方法的优、缺点各是什么？
2. 使用头脑风暴法解决发明问题时，必须遵守哪些基本规则？
3. 对头脑风暴小组的成员有哪些要求？
4. 头脑风暴法的主要操作步骤有哪些？
5. TRIZ 与传统的创新方法相对比，其优点表现在哪里？

参 考 文 献

陈广胜 . 2008. 发明问题解决理论（TRIZ）基础教程［M］. 哈尔滨：黑龙江科学技术出版社. 5～8

黑龙江省科学技术厅 . 2009. 头脑风暴（brainstorming）［EB/OL］. http：//www. triz. gov. cn/xgwz/200806/t20080613 _ 82388. htm

马海峰，黄妙华 . 2008. 汽车创新设计技法［J］. 天津汽车 .（9）：68，69

芮延年 . 2007. 创新学原理及其应用［M］. 北京：高等教育出版社 . 68，69

萨拉马托夫 . 2006. 怎样成为发明家——50 小时学创造［M］. 王子羲等译 . 北京：北京理工大学出版社 . 30

薛亮 . 2005. 妙用头脑风暴法［J］. 企业研究，（5）：60～62

杨德林 . 2006. 创意开发方法［M］. 北京：清华大学出版社 . 225～238

赵敏，史晓波，段海波 . 2009. TRIZ 入门及实践［M］. 北京：科学出版社 . 256～267

周耀烈 . 2008. 思维创新与创造力开发［M］. 杭州：浙江大学出版社 . 101～106，145～159

第四章　技术系统的进化及其应用

技术系统进化理论是构成 TRIZ 理论的核心内容之一。所谓技术系统的进化，就是不断地用新技术替代老技术，用新产品替代旧产品，即实现技术系统功能的各项内容从低级到高级变化的过程。

TRIZ 强调技术系统一直处于进化之中，也就是在不断更新，不断发展。不管人们是认识了技术系统，还是未认识技术系统，技术系统的进化都是客观进行着的。认识和掌握系统的进化规律，有利于设计者开发出更先进的产品，从而提升产品的竞争力。同样地，对于一个具体的技术系统来说，人们对其子系统或元件不断地进行改进，以提高整个系统的性能，这个不断改进的过程，也属于技术系统的进化过程。

本章首先介绍三大进化论的内容，然后详细介绍八大技术系统进化法则，并就相关法则进行案例介绍。最后介绍技术系统进化法则的应用，以便读者更好地掌握技术系统进化法则。

第一节　三大进化论

达尔文的生物进化论是人们所熟知的生物科学核心理论。除此之外，还存在着社会进化论和技术系统进化论，它们一起被称为“三大进化论”。

一、生物进化论

生物进化是指生物在变异、遗传与自然选择作用下的演变发展，物种淘汰和物种产生的过程。地球上原来无生命，大约在 30 多亿年前，在一定的条件下，形成了原始生命，之后，生物不断地进化，直至今天世界上存在着 170 多万个物种。生物进化论是作为神创论的对立面出现的，最早由达尔文提出。与其对立的神创论认为，地球及万物是上帝在大约 6000 年以前创造出来的，自从被上帝创造出来以后，地球上的生命没有发生过任何变化。

第一个提出完整进化论思想的学者是法国生物学家拉马克（Lemarck，1744～1829）。拉马克认为，生物界是一个从最简单、最原始的微生物按次序上升到最复杂、最高等的人类的阶梯。拉马克的进化理论主要有两点：第一，生物体本身有着越变越复杂、向更高级形态进化的内在欲望；第二，生活环境能够改变生物体的形态结构，而后天获得的性状能够遗传。他在《动物哲学》中提出了著名的“获得性遗传”原则。比如对鹭、鹤等涉禽长腿的解释，即这些鸟类长期生活在水边，但不喜欢游水，为了不使身体陷进淤泥，就尽力伸长腿部；为了吃到水里的鱼虾，又不至于濡湿身体，就尽力伸长颈部。这样获得的性状，逐代遗传下去，这些鸟类就成了长颈长腿的涉禽了。人们公认，拉马克为达尔文的科学进化论的诞生奠定了基础，他的《动物哲学》和达尔文的《物种起源》被称为现代进化论思想的两大源泉。

《物种起源》是达尔文进化论的代表作，使“起源于共同祖先的演化”成为对自然界多样性的一项重要科学解释，标志着进化论的正式确立。在这部书里，达尔文提出了进化论的思想，说明物种是处在不断的变化之中，这种变化是由低级到高级、由简单到复杂的演变过程。《物种起源》的问世，第一次把生物学建立在完全科学的基础上，以全新的生物进化思想，推翻了神创论和物种不变的理论。达尔文进化论主要包括 4 个子学说：

（1）一般进化论。物种是可变的，现有的物种是从别的物种变来的，一个物种可以变成新的物种。

（2）共同祖先学说。所有的生物都来自共同的祖先。分子生物学发现了所有的生物都使用同一套遗传密码，生物化学揭示了所有生物在分子水平上有高度的一致性，它们最终证实了达尔文的这一远见卓识。

（3）自然选择学说。自然选择是进化的主要机制。自然选择决定生物进化的方向，自然选择的存在，是已被无数观察和实验所证实的，所以这也是一个科学事实。但是现在学术界一般认为，自然选择的使用范围并不像达尔文设想的那么广泛。自然选择是适应性进化（生物体对环境的适应）的机制，对于非适应性的进化，有基因漂移等其他机制，所以不能用自然选择来解释所有的进化现象。考虑到适应性进化是生物进化的核心现象，说自然选择是进化的主要机制，也是成立的。

（4）渐变论。生物进化的步调是渐变式的，而不是跃变式的。这是达尔文进化论中较有争议的部分。在达尔文在世时以及死后相当长一段时间内，大部分生物学家，特别是古生物学家都相信生物进化是能够出现跃变的，认为新的形态和器官是源自大的跃变，而不是微小的变异在自然选择的作用下缓慢地逐渐地累积下来的。

二、社会进化论

社会进化论是用合乎规律的，是由“由简单到复杂、由低级向高级发展的前进运动”解释社会变迁的一种社会学理论。它将变异、自然选择和遗传等生物学概念用于社会学研究。认为人类社会和生物有机体是相似的，人类社会是自然界的延续，进化是自然界的普遍规律，因而也是人类社会历史变迁的自然规律。

19 世纪下半叶，《物种起源》问世后，以自然选择为中心的生物进化观念在欧洲产生了广泛而深刻的影响。一些思想家进一步把生物进化理论引入社会历史和文化研究领域，导致了社会进化论的产生。社会进化论的早期代表人物主要有孔德、斯宾塞、摩尔根、泰勒等。早期社会进化论者认为，社会的进化和生物进化一样，是一个缓慢的、渐进的过程，是从低级到高级，由简单到复杂的直线式的发展。在阐明社会历史发展的动因时，他们往往诉诸自然界的规律性，大多具有决定论的色彩。早期社会进化论可分为生物进化论和自然主义进化论两种。生物进化论者认为，同生物有机体一样，社会制度的发展也存在着某种有机规律，它决定着这些制度变化的渐进性和持续性。如斯宾塞的社会达尔文主义认为社会发展的决定因素是生存竞争和自然淘汰，认为社会进化是一种自然过程，应遵循其自身的规律，而不应人为地干涉，反对社会福利和国家计划，也反对社会改良和社会革命。

由于早期社会进化论在理论上的粗浅、庸俗和对社会发展作出的渐进的、狭窄的、直线性的解释，而遭到各方面的批判。19 世纪末至 20 世纪初，随着反实证主义思潮在社会意识中影响的增大，传统的进化观念受到怀疑，社会进化论在社会学中的影响逐渐减弱。20 世纪六、七十年代，发展中国家的经济和社会发展问题受到社会学界普遍关注，引发许多社会学家重新看待传统进化论，并完善某些概念，出现了新进化论或称现代社会进化论。

现代社会进化论不再对社会发展阶段进行猜测，而把重点放在研究不同社会发展的变化模式上。认为社会的发展不是直线式的、渐进的过程，它可借助文化传播跨越某个或某些发展阶段。从发生学上看，人类作为一个整体必须经过一系列的进化阶段，但每一个社会不一定必须经过所有的进化阶段。

社会进化论的产生给形而上学及神创世界的物种不变论以沉重的打击，对探索社会发展的自然规律性和对社会发展进行客观的、科学的研究起了积极的作用。但早期社会进化论把社会发展仅仅理解为渐变、改良，反对质变、飞跃，未能跳出形而上学的窠臼。马克思对此进行了科学的批评，并阐明人类社会的发展是一个自然历史过程，社会的发展总趋势是由低级向高级发展，进化是一个迂回的、曲折的、辩证的、永无止境的过程。社会进化是人们由盲目地改造社会走向自觉地改造社会的结果，它只是社会发展的一种形式，而不是唯一的形式。

三、技术系统进化论

技术系统进化论是 TRIZ 的重要理论之一，由前苏联发明家阿奇舒勒提出。阿奇舒勒在分析大量专利的过程中发现技术系统总是遵循一定的客观规律在不断发展变化的，而且同一规律往往在不同的技术领域被反复应用。即任何领域产品的改进、技术的变革过程，都是有规律可循的。阿奇舒勒指出：“技术系统的进化不是随机的，而是遵循一定客观规律的，同生物系统的进化类似，技术系统也面临着自然选择、优胜劣汰。”阿奇舒勒和他的合作伙伴经过长期的研究，对技术系统的发展规律进行了总结和抽象，提出了技术系统进化理论。

阿奇舒勒技术系统进化论的主要观点是技术系统的进化并非随机的，而是遵循着一定的客观的进化模式，所有的系统都是向“最终理想化”进化的。系统进化的模式可以在过去的专利发明中发现，并可以应用于新系统的开发，从而避免盲目的尝试和浪费时间。

阿奇舒勒的技术系统进化理论以进化法则的形式进行表述，主要有著名的八大进化法则，这些法则可以用来解决难题、预测技术系统、产生并加强创造性问题的解决工具。这八大法则如下：

（1）技术系统的 S 曲线进化法则。

（2）技术系统的提高理想度法则。

（3）子系统的不均衡进化法则。

（4）动态性和可控性进化法则。

（5）增加集成度再进行简化的法则。

（6）子系统协调性进化法则。

（7）向自动化方向进化法则。

（8）向微观级和场应用的进化法则。

与 TRIZ 中的其他理论内容相比，技术系统进化理论还不算是非常成熟的理论，还有许多值得进一步研究和发展的地方。也正是因为如此，对于技术系统的进化法则，在阿奇舒勒提出的进化模式的基础上，不同的 TRIZ 研究者提出了不同的体系和版本，造成了对技术系统进化法则表述上的差异。例如，有学者提出了九大进化法则，也有学者提出了十大进化法则等。本书将介绍经典的八大技术系统进化法则。

第二节　八大技术系统进化法则

一、技术系统的 S 曲线进化法则

阿奇舒勒通过对大量的发明专利进行分析，发现所有产品向最先进功能进化时，都有一条“小路”引领着它前进。这条“小路”就是进化过程中的规律，即所谓的 S 曲线。任何一种产品、工艺或技术都在随着时间向着更高级的方向发展和进化，并且它们的进化过程都会经历相同的几个阶段，其规律满足一条 S 形的曲线，S 曲线完整地描述了一个产品从孕育、成长、成熟到衰退的变化规律。

S 曲线也可认为是一条产品技术成熟度的预测曲线。图 4-1 是一条典型的 S 曲线。S 曲线描述了一个技术系统的完整生命周期，图中的横坐标为时间，纵坐

标为技术系统的某个重要的性能参数（39个工程参数）。S曲线描述的是一个技术系统中的诸项性能参数的发展变化规律。

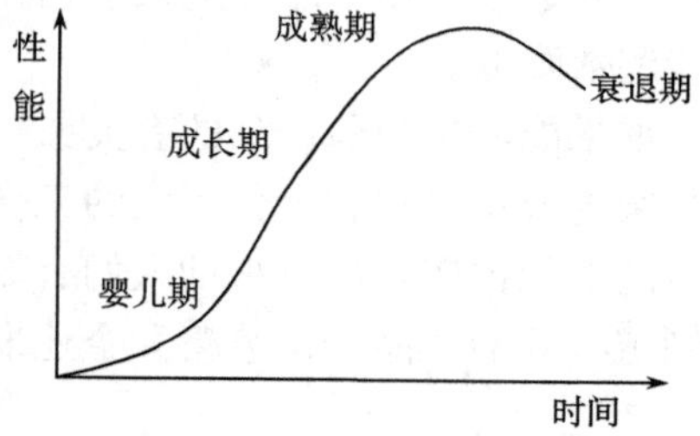

图 4-1　技术系统的 S 曲线

每个技术系统的进化都按照生物进化的模式进行的，一般都要经历以下 4 个阶段：婴儿期、成长期、成熟期、衰退期。每个阶段都会呈现出不同的特点。阿奇舒勒从性能参数、专利等级、专利数量、经济收益 4 个方面来描述技术系统在各阶段所表现出来的特点，如图 4-2 所示。时间-专利级别曲线说明，一代产品的第一个专利往往是一个高级别的专利，后续的专利级别逐步降低。但当产品从婴儿期向成长期过渡时，会有一些高级别的专利出现。时间-性能曲线表明，随时间的延续，产品性能不断增加，但到了衰退期后，其性能很难再有所增加。时间-利润曲线表明，企业开始投入产品时，只有投入没有盈利。到成长期，产品虽然还需进一步完善，但产品已出现利润。之后利润逐年增加，到成熟期的某一时间达到最大利润，之后又开始下降。时间-专利数曲线表明，婴儿期专利数较少，在成熟期曲线拐点处达到最大值。在此之前，很多企业都为此产品的不断改进而投

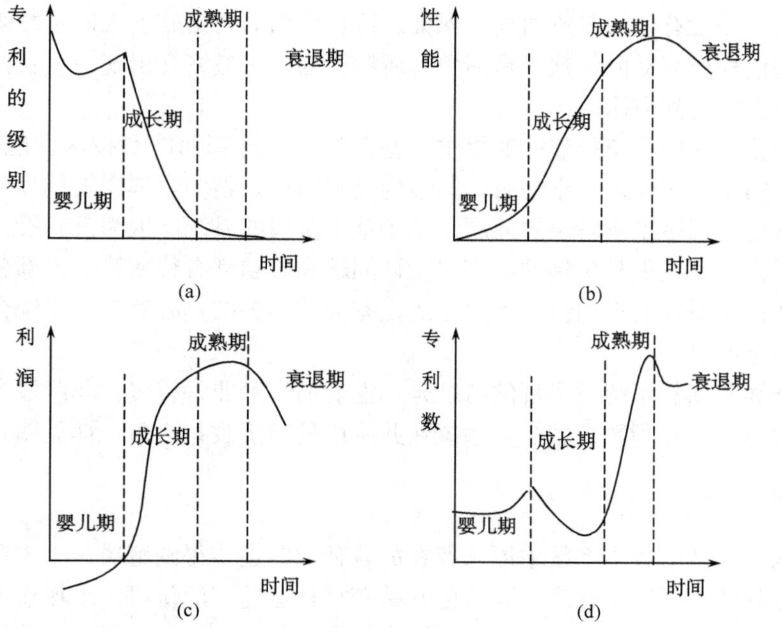

图 4-2　技术系统各个阶段特点

入，在此之后，该产品已进入衰退期，企业进一步增加投入已没有什么回报，所以专利数降低。

如果能收集当前产品的有关数据就能建立这 4 条曲线，当然这要经过一个比较复杂的分析过程和十分巨大的工作量来实现，通过所建立曲线的形状与这 4 条曲线的形状比较，可以帮助人们有效了解和判断一个产品或行业所处的阶段，从而制定有效的产品营销策略和企业发展战略。

1. 婴儿期

当外界具备对系统功能的需求和存在实现系统功能的相关技术时，一个新的技术系统就会诞生。新的技术系统一定会以一个更高水平的发明结果来呈现。比如，几个世纪以来，人们一直致力于设计一个重于空气的飞行器。然而，和人类飞行密切相关的空气动力学和机械结构学直到 18 世纪后期才逐渐发展起来。直到 Otto Ulientha 在 1848 年发明了滑翔机，和 Etienne Lenoir 在 1859 年发明了汽油发动机以后，才有了可利用的有关飞行器的相关技术。仅仅因为当滑翔机的“升力”突然消失（即风速下降）时，滑翔机就不能很好地解决安全问题，所以，莱特兄弟在 1903 年想出一种新的办法：把一个独立的动力系统带到飞行器上，这样一项新的技术就诞生了。

对一种系统功能的需求不管是现在还是仅仅对将来的一种预测，起初的设计只是付出，而没有任何投资回报的保证。这种无偿的付出是被人们对发明问题解决方案的信念所驱动的，这正是消费者所期望的，它最终会出现一项新技术或者一项创新发明得到应用。

处于婴儿期的系统虽然能够提供一些前所未有的新功能和技术性能的改进，但该阶段的系统明显地处于初级，其结构比较简单，整体效率比较低，可靠性不高，而且还有很多没有解决的问题。处于这个阶段的系统，因为没有投入足够的人力和财力，其发展是缓慢的，许多设计问题和难题都有待回答。大部分人一开始并未认识到系统的有用性。不过，还是有为数不多的热心者坚信系统会朝着最佳状态不断改进。

处于婴儿期的系统所呈现的特征是：性能的完善非常缓慢，此阶段产生的专利级别很高，但专利数量较少，系统在此阶段的经济收益为负，详见图 4-2。

2. 成长期

进入成长期的技术系统中原来存在的各种问题逐步得到解决，效率和产品的可靠性得到较大程度的提升，其价值开始获得社会的广泛认可，市场潜力也开始显现，从而吸引了大量的人力、财力，大量资金的投入使技术系统高速发展。如之前所提到的飞机，在 1914 年，发生了两件刺激飞机快速发展的重大事件。第一件事就是第一次世界大战，由于战争的需要，飞机被认为具有潜在的用途。第二件事就是逐渐增长的经济资源和人力资源，使飞机设计越来越成为可能。因此，从 1914 年到 1918 年短短 4 年时间，飞机的速度得到了很大的提高。

处于成长期技术的拥有者和开发者在竞争上处于绝对的优势，未来能获得巨大的财富。例如，当二代苹果计算机还处于婴儿期时，安装有工作软件的一代苹果计算机已成为畅销产品。所以，其技术处于该阶段的产品，应对其结构不断创新、参数不断进行优化，使其尽快成熟，为企业带来利润。从图 4-2 可以看到处于第 2 阶段的系统，性能得到急速提升，此阶段产生的专利级别开始下降，但专利数量出现上升。系统在此阶段的经济收益快速上升并凸显出来，投资人数迅速增加，促进技术系统的快速完善。

3. 成熟期

由于系统发展获得了大量的人力、财力和资金，系统快速地从成长期进入成熟期，这时技术系统已经趋于完善，性能水平达到最高，此时大量投入所进行的大部分工作只是系统的局部改进和完善。技术处于成熟期的行业，其产品应是获利的。企业应在保证质量、降低成本的同时，制造与销售该类产品，为企业赚取利润。

从图 4-2 可以看到处于成熟期的系统，性能水平达到最佳。这时仍会产生大量的专利，但专利级别会更低，此时需要警惕垃圾专利的大量产生，以有效使用专利费用。处于此阶段的产品已进入大批量生产，并获得巨额的财务收益，此时，企业需要知道系统将很快进入下一个阶段衰退期，经营者需要着手布局开发新的替代技术，制定相应的企业发展战略，以保证本代产品退出市场时，有新的产品来承担起企业发展的重担，使企业在未来市场竞争中取胜。

4. 衰退期

技术处于衰退期的产品可能会出现技术处于完全落后的状态和技术变得非常通俗两种情况。此时技术系统已达到极限，不会再有新的突破，该系统因不再有市场需求的支撑而面临淘汰。如手动打字机及电报机的退出，该技术系统将被新开发出来的技术系统所取代。从图 4-2 可以看到处于衰退期的系统，其性能参数、专利等级、专利数量、经济收益均呈现快速的下降趋势。

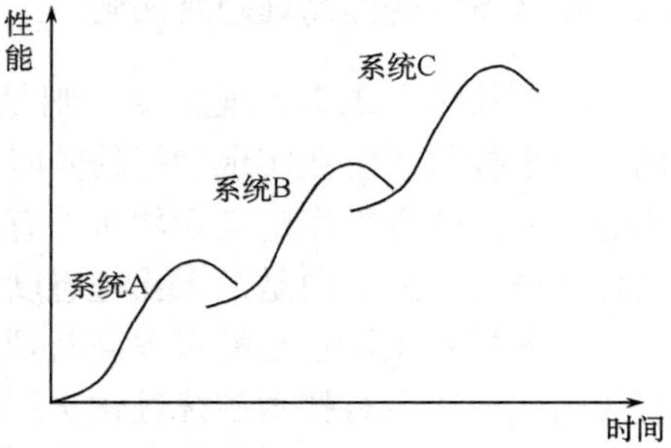

图 4-3　技术系统的 S 曲线簇

如图 4-3 所示，当技术系统 A 的进化完成 4 个阶段以后，对成熟期的系统 A 再增加投入将不会取得明显收益。此时，企业应转入研究，推动一个新的技术系统B、C来替代它，新系统B开始其新的生命周期。即现有技术替代了老技术，新技术又替代了现有技术，如此不断的替代，就形成了S形曲线簇。以汽车进化的S曲线簇为例，下一代汽车（系统B的S曲线）是混合动力汽车。当然这种技术也有其功能极限。第三条S曲线（系统C的S曲线）是以燃料电池汽车开始的。

［例4-1］　移动通信的S曲线簇（图4-4）

20世纪80年代中期是数字移动通信系统发展和成熟时期。2G技术主要有GSM和CDMA两种体制。2G一出现就产生以美国的技术为代表的一个利益集团和以欧洲的技术为代表的另一个集团的竞争。当时中国移动和联通的大部分网络都采用的是欧洲的GSM标准。由于采用了TDMA，大大地提高了系统的容量，同时，由于数字技术的发展，2G全都采用数字通信，大大地提高了通信质量。美国和欧洲竞争的结果是欧洲的GSM标准完全占了上风。就连美国本土的电信运营商都在向GSM及其后续的3G方向发展。2009年工业和信息化部为中国移动、中国电信和中国联通发放3张第三代移动通信（3G）牌照，此举标志着我国正式进入3G时代。3G未完全铺开，4G已在测试。在上海长宁地区落成了世界上第一个4G移动信息系统，该4G系统可以提供速度为100Mbit/s的无线传输功能。虽然目前没有成熟的4G营运模式，但随着应用的推广与普及，辅以政府的支持，市场自然会找到规律。当4G的运营模式确立之后，也就预示着无线宽带环境的到来，由于低廉的4G建设成本，必将使4G通信消费的大幅下降。

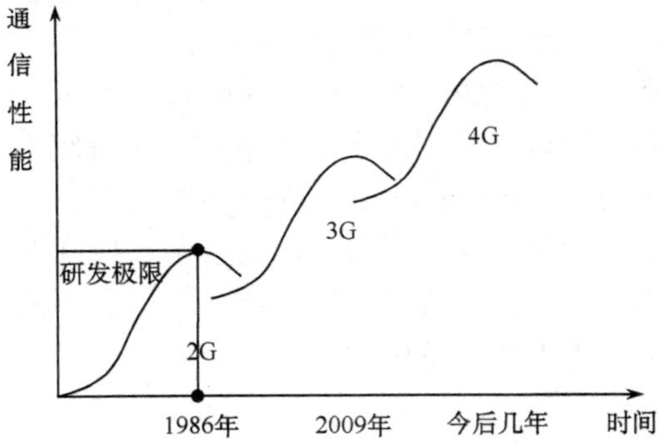

图4-4　移动通信的S曲线簇

二、技术系统的提高理想度法则

所谓技术系统提高理想度法则是指技术系统朝着提高系统理想度的方向进化。一个技术系统在实现功能的同时，必然有两方面的作用，即有用功能和有害功能。系统的理想度定义为所有的有用功能与有害功能和成本之和的比值。技术系统改进的一般方向是最大化理想度比值，努力提升其理想度水平。

任何技术系统总是沿着提高其理想度向最理想系统的方向进化的，提高理想度法则代表着所有技术系统进化法则的最终方向。理想化是推动系统进化的主要动力。我们总是在努力提高系统的理想化水平，就像总是要创造和选择具有创新性的解决方案一样。理想度公式告诉我们应该正确识别每一个技术系统中的有用功能和有害功能。但是，确定理想度比值还是有一定的局限性，例如通常很难量化人类为环境污染所付出的代价及环境污染对人体生命所造成的损害。同样，多功能性和有用性之间的比值也是很难测量的。

那么，按照理想度概念，最理想的技术系统应该是该系统作为物理实体并不存在，也不消耗任何资源，但是却能够实现所有必要的功能，即物理实体趋于零，功能无穷大。这是技术系统理想化的最终结果。我们引导出一个极具建设性的概念“理想机器”，它是这样一种解决方式：当达到理想结果时，机器本身并不存在，或者当主要有效功能达到时，花费为零。这里指的是机器应当为零重量，零尺寸、零价值、能量的零需求等。

技术系统提高理想度法则是所有其他进化法则的基础，可以看作是技术系统进化的最基本法则。而其他进化法则，则揭示的是提供技术系统理想度的具体方法。而且，提高理想度法则也是 TRIZ 解决矛盾问题时的一个关键思想。首先，理想化最终结果意味着，在技术系统中，每件事情或功能必须仅仅花费系统内部已有的资源，自我实现。其次，在技术系统中，所需的操作，必须仅仅在必要的位置上和时间内进行。

［例 4-2］ 电视机的进化

电视机经历了从黑白到彩色，从电子管、晶体管电视迅速发展到集成电路电视的过程，目前，电视正在向智能化、数字化和多用途化迈进。例如，网络电视功能可以实现电视机与互联网直接链接，用遥控器上网浏览和欣赏网络电视、网络图片以及互联网信息。内置的无线功能可以将用户计算机通过无线连接，从电视上调阅计算机资料和播放多媒体。

那么怎样才能有效地增加或提高系统的理想度呢？假如一个技术系统包含双重元件（子系统），可以考虑将其用一个综合的元件取代，这时系统就会得到简化。

［例 4-3］ 汽车的轮胎

传统的汽车轮胎在外胎的里面还有一个充有压缩空气的内胎。这种轮胎的特点是行驶温度高，不适应高速行驶，使用时内胎在轮胎中处于伸张状态，略受穿刺便形成小孔，使得轮胎迅速降压，因而不能充分保证行驶的安全性。为了弥补这些缺陷，当前汽车轮胎的内外胎合并成一个系统，轮胎不再使用内胎，空气直接充入外胎内腔。这样消除了内外胎之间的摩擦，并使热量直接从轮辋散出，比普通轮胎降温 20%以上。无内胎轮胎提高了行驶安全性，在穿孔较小时能够继续行驶，中途修理比有内胎轮胎容易，无须拆卸轮辋，而且因为有较好的柔软性，所以可改善轮胎的缓冲性能，提高轮胎的使用寿命。

三、子系统的不均衡进化法则

所谓子系统的不均衡进化法则是指任何技术系统的子系统进化都是不均衡的。因为，改进某一特定参数，必然使得这一参数所从属的子系统完美化，故其进化比其他子系统要迅速。子系统进化对其他子系统具有直接或间接的影响，不理想的子系统不能全面满足对系统日益改善的要求，因而导致矛盾。一个或几个子系统资源的枯竭加剧了这种矛盾，此时系统中就会出现技术矛盾和物理矛盾。而系统内的矛盾使得系统功能指标的成本高到不合理的程度。矛盾的最终解决将使系统跃迁到新的进化阶段，整个系统的理想度得到提高。这个法则，在技术系统发展和进化的各个阶段都适用。掌握了子系统的不均衡进化法则，可以帮助我们及时发现并改进系统中最不理想的子系统，从而提升整个系统的进化阶段。比如，计算机、汽车的发展、更新和换代恰恰是由于某些零部件技术的不均衡发展引起的。

要充分理解子系统不均衡法则，需要关注以下几点：第一，每个子系统都是沿着自己的 S 曲线进化的；第二，不同的子系统将依据自己的时间进度进化；第三，不同的子系统在不同的时间点到达自己的极限，这将导致子系统间矛盾的出现，这需要考虑系统的持续改进来消除矛盾；第四，系统中最先到达其极限的子系统将抑制整个系统的进化，系统的进化水平取决于该子系统，所以需要人们及时地发现并改进最不理想的子系统。

技术系统进化的速度取决于最不理想子系统的进化速度，而通常设计人员容易犯的错误是花费精力专注于系统中已经比较理想的重要子系统，而忽略了“木桶效应”中的短板，结果导致整个系统发展缓慢。

四、动态性和可控性进化法则

技术系统的进化应该朝着结构柔性、可移动性、可控性增加的方向发展，以适应环境状态或执行方式的变化，提高技术系统性能以适应不断变化的环境和满足多重需求。动态性和可控性进化法则主要是指提高系统的动态性，以更大的柔性和可移动性来获得功能的实现，提高系统的动态性则要求增加可控性。增加系统的动态性和可控性的路径很多，主要从以下 4 个方面进行阐述。

1. 提高柔性的子法则

本路径的技术进化过程：刚性体→单铰链→多铰链→柔性体→气体/液体→场。如图 4-5 所示。

图 4-5　提高系统柔性的进化过程

［例 4-4］　切割技术的进化

进化路径：刀→剪刀→钢筋钳→线切割机床→水切割→激光切割。如图 4-6 所示。

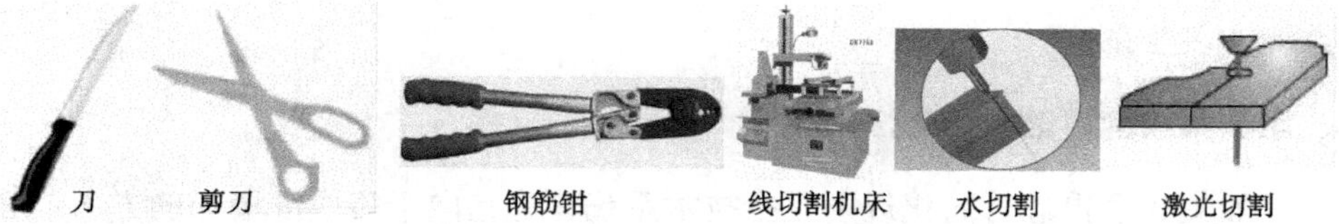

图 4-6　切割技术的进化过程

［例 4-5］　传动系统的进化

进化路径：连杆传动→链传动→带传动→液压传动→磁场传动。如图 4-7 所示。

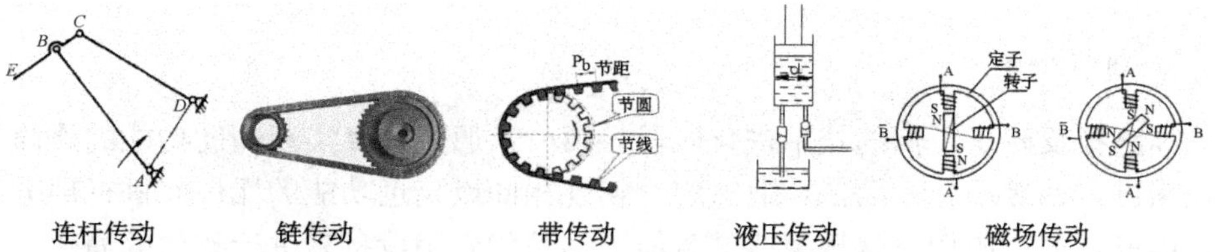

图 4-7　传动系统的进化

2. 提高可移动性子法则

技术系统的进化应该沿着提高系统整体可移动性的方向发展。本路径反映了下面的技术进化过程：固定的系统→可移动的系统→随意移动的系统。在日常生活中，有很多这样的实例。

［例 4-6］　清扫工具的进化

进化路径：扫帚→吸尘器→清扫机器人。

3. 提高可控性子法则

技术系统的进化将沿着系统内各部件的可控性增加的方向发展。本路径的技术进化过程：无控制的系统→直接控制→间接控制→反馈控制→自我调节控制的系统。

［例 4-7］ **车床进化**

进化过程：手动车床→机械半自动车床→数控车床→车削中心。

4. 提高稳定度子法则

本路径的技术进化过程：静态固定的系统→有多个固定状态的系统→动态固定系统→多变系统。

五、增加集成度再进行简化法则

增加集成度再进行简化规则是指技术系统首先趋向于集成度增加的方向，紧接着再进行简化的进程。通常先集成系统功能的数量和质量，然后用性能更好、更简单的系统来替代先前的集成系统。该进化主要存在以下 4 种路径。

1. 增加集成度的路径

增加集成度的路径经历了以下阶段：创建功能中心→附加或辅助子系统加入→通过分割、向超系统转化或向复杂系统的转化来加强易于分解的程度。

2. 简化路径

本路径反映了下面的技术进化阶段，第一，通过选择实现辅助功能的最简单途径来进行初级简化；第二，通过组合实现相同或相近功能的元件来进行部分简化；第三，通过应用自然现象或“智能”物替代专用设备来进行整体的简化。

3. 单-双-多路径

本路径的技术进化阶段：单系统→双系统→多系统。双系统又分为单功能双系统、多功能双系统、局部简化双系统和完整简化双系统；多系统包括单功能多系统、多功能多系统、局部简化多系统和完整简化多系统。

技术系统依靠子系统的逐一加入使系统向更多功能的方向发展。

［例 4-8］ **洗衣机的进化**

进化路径是：单功能单桶洗衣机→洗、甩双功能双桶洗衣机→洗、甩双功能的单桶洗衣机→洗、甩、烘干等多功能单桶洗衣机。

4. 子系统分离路径

技术系统进化到极限时，它实现某项功能的子系统会从系统中剥离，转移至超系统，作为超系统的一部分。在该子系统的功能得到增强和改进的同时，也简化了原有的技术系统。向超系统进化有两种方式：一是使技术系统和超系统的资源组合；二是让系统的某子系统容纳到超系统中。

［例 4-9］　飞机燃油系统向超系统进化——空中加油机

最初副油箱是飞机的一个子系统，进化后副油箱脱离了飞机，进化至超系统。当飞机长距离飞行时，以空中加油机的形式给飞机加油。飞机系统得到了简化，不必再携带数百吨的燃油。如图 4-8 所示。

图 4-8　燃油箱分离到超系统——空中加油机

六、子系统协调性进化法则

所谓技术系统的子系统协调性进化法则是指在技术系统的进化中，子系统的匹配和不匹配交替出现，以改善性能或补偿不理想的作用。也就是说技术系统向着其子系统各参数相协调、系统参数与超系统各参数相协调的方向发展进化。进化到高级阶段的技术系统的特征是：子系统为充分发挥其功能，各参数之间要有目的地相互协调或反协调，能够实现动态调整和配合。

子系统间的协调性是整个技术系统发挥功能的必要条件，子系统间的协调性可以表现为形状上的协调，工作节奏和频率上的协调，以及性能参数等方面的相互协调。

1）形状协调

各子系统之间，以及子系统与超系统的形状要相互协调。例如，轴承接触形状协调的进化，如图 4-9 所示。螺母与螺栓配合的部分须具有相同的形状，还有如耳机与耳机插孔之间的协调、汽车车门与车身的协调等。

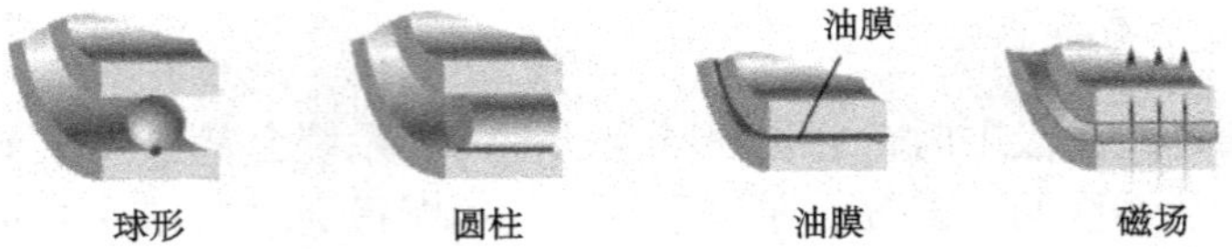

图 4-9　轴承接触形状协调的进化

2）工作节奏和频率上的协调

［例 4-10］　消除噪声

英国研制出了一种没有噪声的电扇，里面安装有麦克风和扩音器。麦克风捕获电机和叶片的噪声，通过电子组件转换成相反相位的声音并被扩音器再次播放出来，噪声就被彻底消除了。

3）性能参数的协调

［例 4-11］　汽车车轮定位参数的协调

车轮定位参数是存在于悬架系统和各活动机件间的相对角度。保持车轮定位参数正确的协调可确保车辆直线行驶，改善车辆的转向性能，确保转向系统自动回正，避免轴承因受力不当而受损失去精度，还可以保证轮胎与地面紧密接合，减少轮胎磨损、悬架系统磨损以及降低油耗等。汽车车轮的定位参数，不仅能够影响汽车的行驶性能，还能够影响行车的安全性。因此，经常进行汽车车轮定位参数的检查和调整，能够减少轮胎和悬架系统的磨损，降低油耗，是安全行车的重要保证。

七、向自动化方向进化法则

技术系统向自动化方向进化，意味着通过减少那些机械的、重复的人工介入，提高技术系统的功能效益，用来实现那些枯燥的功能，来解放人们去完成更具有创造性的工作。

向自动化方向进化的一般路径：人工动作的系统→替代人工但仍保留人工动作的方法→用机器动作完全代替人工。

［例 4-12］　汽车变速器的进化（图 4-10）

减少人的参与在汽车变速器的演化中主要表现在能量资源、操作系统和控制系统等子系统中。在沿着减少人参与的进化路线中，变速器换挡所需要的能量由人体的化学能逐渐演变为电能或者液压能。起初，根据汽车变速的要求，手动变速器在换挡时利用的是人体化学能，需要踩下离合器，换挡操作要根据驾驶员的驾驶经验确定换挡时间，换挡操作和控制都需要人的参与来实现。相对于手动变速器操作，自动变速器更加满足便于控制汽车变速的需要，自动变速器汽车上没有离合器踏板和换挡机构。只要将变速器挂在前进挡，其他所有操作都会自动进行。为了追求更得心应手的驾控，在自动变速器的基础之上，设计师们开发出了手自动一体化变速器、CVT 无级变速器、双离合器变速器。

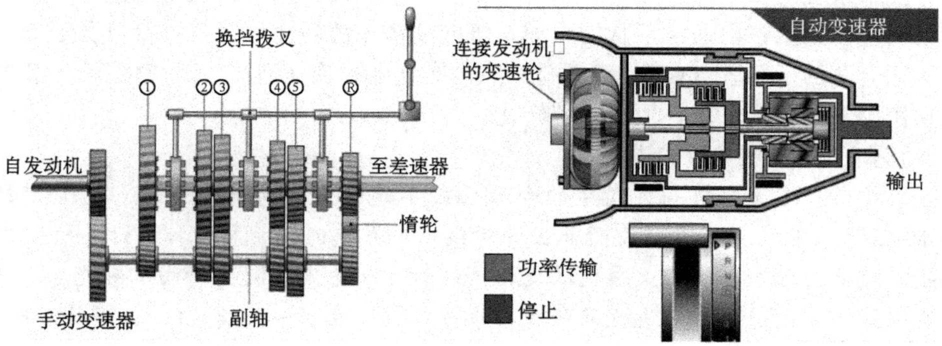

图 4-10 沿减少人参与的进化路线的汽车变速器演化

技术系统在向自动化方向进化时，通过在同一水平上和不同水平间减少人的参与来进化。在同一水平上减少人参与的路径主要包含以下阶段：人工作用的系统→用执行机构替代人工→用能量传输机构替代人工→用能量源替代人工；在不同水平间减少人参与的路径主要包含以下阶段：人工作用的系统→用执行机构替代人工→在控制水平上替代人工→在决策水平上替代人工。例如，在决策水平上，采用各种传感器代替人对信息的感知、采用装置采集并处理过程信息、采用装置进行信息分析与决策。如例 4-13 电子警察的进化。

［例 4-13］ 电子警察的进化

电子警察是利用光、电、机等先进技术手段的合成，对道路交通显见性的动、静态（违法）行为进行指挥、监控、现场抓拍并加以处理的装置或系统。电子警察的主要产品包括车辆闯红灯监测仪、车辆超速检测仪、车辆逆行违法检测仪、道路卡口系统、车牌自动识别系统、城市道路综合监控系统等。电子警察的发展经历了胶片相机→数码相机→视频监控系统。可以说目前已发展到了在决策水平上减少了的人的参与。

八、向微观级和场应用的进化法则

技术系统从宏观系统向微观系统进化发展过程中，沿着减小它们尺寸的方向进化。技术系统的元件，倾向于达到原子和基本粒子的尺度，并使用不同的能量场来获得更佳的性能或控制性，进化的终点意味着系统的元件已经不作为实体存在了。该进化主要存在以下 4 种路径。

1. 向微观级转化的路径

技术系统向微观级转化主要体现在以下 3 个方面：第一，宏观级的系统向微观级转化；第二，由通常形状的平面系统向立体系统转化；第三，高度集成系统向高度分离的子系统（如粉末、颗粒等）、次分子系统（泡沫、凝胶体等）、化学相互作用下的分子系统、原子系统转化。

［例 4-14］ 随身听的进化

随身听在电子科技高度发展的今天已经不是什么新奇的玩意了，可是回想 20 世纪 80 年代当第一台随身听面世的时候，世界是何等的震动和惊讶。短短 20 多年，随身听已经有了翻天覆地的变化，这种变化体现了随身听向尽可能小、尽可能轻薄的方向进化。其进化路径为：录音机→随身听→便携 CD 机→MP3→耳环播放器。如图 4-11 所示。

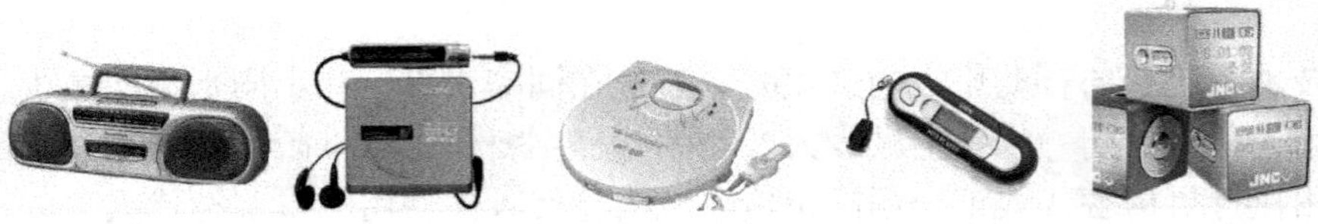

(a)　(b)　(c)　(d)　(e)

图 4-11　播放器的进化

2. 向具有高效场的路径转化

突破机械场，向热场、磁场、电场、化学场和生物场等复合场作用的路径转化。本路径的技术进化阶段可表示为：应用机械交互作用→应用热交互作用→应用分子交互作用→应用化学交互作用→应用电子交互作用→应用磁交互作用→应用电磁交互作用和辐射。可以看出，动态性进化法则中，在向增加系统柔性的方向发展里面指出的技术系统进化阶段也是符合向高效场路径转化的。

3. 向增加场效率的路径转化

本路径的技术进化阶段：应用直接的场→应用有反方向的场→应用有相反方向的场的合成→应用交替场/振动/共振/驻波等→应用脉冲场→应用带梯度的场→应用不同场的组合作用。

4. 向系统分割的路径转化

本路径的技术进化阶段：固体或连续的物体→有局部内势垒的物体→有完整

势垒的物体→有部分间隔分割的物体→有长而窄连接的物体→用场连接零件的物体→零件间用结构连接的物体→零件间用程序连接的物体→零件间没有连接的物体。

［例 4-15］　立铣刀的空间分割进化

为了改善精密切削中的振动，沿此进化路线的进化过程为：装配式硬质合金铣刀→在刀片上采用特殊形状的三维断屑槽→刀槽采用不同螺旋角度交替的槽→带油孔喷雾冷却球头铣刀。从目前切削技术沿空间分割这条进化趋势看，前两个进化阶段已完成，但后两个进化阶段还没有实施。

第三节　技术系统进化法则的应用

技术系统的八大进化法则指明了技术系统进化的一般规律，它是 TRIZ 中解决发明问题的重要指导原则，使用好进化法则，可有效提高问题解决的效率。它是可以用来解决难题，预测技术系统，产生并加强创造性问题的解决工具。同时进化法则可以应用到其他很多方面，下面简要介绍 5 个方面的应用。

一、产生市场需求

传统的产品需求是通过基于现有产品和用户需求的市场调查，其问卷的设计和调查对象的确定在范围上非常有限，导致市场调查所获取的结果存在一定的不足。而 TRIZ 的技术系统进化法则是通过对大量专利信息的研究及技术发展的历史得出的，具有客观性和在不同领域中的普适性。技术系统的进化法则可以帮助市场调查人员和设计人员从进化趋势中确定产品最有希望的进化路径，引导用户提出基于未来的需求，实现市场需求的创新。

例如，显示器进化预测。动态化法则进化表明，技术系统将会从刚性体，逐步进化到单铰链、多铰链、柔性体、液体/气体，最终进化到场的状态。在韩国三星公司工作的俄罗斯 TP 公司的 TRIZ 专家，在 2001 年对显示器的未来发展做出了大胆的预测。从显示器发展的历史来看，如果根据 TRIZ 的动态性进化法则来比对与衡量的话，显示器将从几十年前的不可移动显示器，逐步进化到可移动的显示器、有一个圆铰接的显示器、有两个圆铰接的显示器、有球铰接的显示器，最终进化到与主机分离的显示器。三星公司在 2006 年将一款主机与显示器可以完全分离的 M70 计算机推向了市场。

二、技术成熟度预测

技术预测包含一个重要内容，那就是产品进化曲线——S 曲线。它用于表示产品从诞生到退出市场这样一个生命周期的基本发展过程，S 曲线有助于了解技术系统的成熟度，辅助企业做出恰当的研发决策。对于S曲线的4个阶段，婴儿期和成长期一般代表该产品处于原理实现、性能优化和商品化开发阶段，到了成熟期和衰退期，则说明该产品技术发展已经比较成熟，盈利逐渐达到最高并开始下降，需要开发新的替代产品。随着产品的不断更新换代，形成了该类产品的进化曲线簇。因此，针对目前的产品，技术系统的进化法则可为研发部门提出如下的预测。

（1）对处于婴儿期和成长期的产品，应加大资金和人力的投入，对本产品的结构、参数进行优化，促使其尽快成熟，为企业带来利润。同时，也应尽快申请专利来进行产权保护，以使企业在今后的市场竞争中处于有利的位置。

（2）对处于成熟期或衰退期的产品，应避免大量进行改进设计的投入或避免进入该产品领域，同时应关注于开发新的核心技术以替代已有的技术，推出新一代的产品，保持企业的持续发展。

（3）明确符合进化趋势的技术发展方向，避免错误的投入。

（4）基于技术系统的不均衡进化法则，定位系统中最需要改进的子系统，以提高整个产品的水平。

（5）跨越现系统，从超系统的角度定位产品可能的进化模式。

上述5条预测将为企业设计、管理、研发等部门及企业领导决策提供重要的理论依据，可以帮助企业做到评估系统现有技术的成熟度，有利于安排合理的研发投入和分配以及做出正确的研发与引进决策。如果企业打算引进国外的某项产品，那么利用S曲线来做评估是非常客观的，如果经过分析计算所关注的引进产品的性能指标已经处于S曲线的成熟阶段后期即将进入衰退阶段，那么这种引进肯定是不恰当的，有可能造成产品刚引进就落后的尴尬局面。

三、预测开发新技术

产品的基本功能在产品进化的过程中基本不变，但其他的功能需求和实现形式一直处于持续的进化和变化中，特别是一些令消费者喜悦的功能变化得非常快。因此，基于技术系统进化法则对现有产品分析的结果可用于功能实现的分析，从而找出更好的功能实现结构，帮助开发设计人员完成对技术系统或子系统的进化设计。

四、实施专利布局战略

技术系统的进化法则，可以有效地确定未来的技术系统走势，并对于当前还没有市场需求的技术事先进行有效的专利布局，以保证企业未来的长久发展空间和专利发放所带来的可观收益。

所谓专利战略是指与专利相联系的，用于谋求最大利益的，可指导企业在经济、技术领域的竞争中获胜而采取的一系列措施和手段。企业层面的专利战略是指导企业在相关技术经济领域开展竞争的、具有一定前瞻性的系统研究，也是企业求生存、求发展的经营战略的一部分。它包括以下两层含义：第一，专利战略的对象。即在某一技术领域中，有市场价值的、已获得专利权的专利技术或已申请专利和欲申请专利的技术。第二，专利战略的目标。以市场为中心，开拓市场并占领和垄断市场，最终取得市场竞争的有利地位，获取最大利益。当前的社会，有很多企业正是依靠有效的专利布局来获得高附加值的收益。在通讯行业，高通公司的高速成长正是基于预先的大量的专利布局，它在CDMA技术上的专利几乎形成全世界范围内的垄断。我国的大量企业，每年会向国外的公司支付大量的专利使用许可费，这不但大大缩小产品的利润空间，而且经常还会因为专利诉讼而官司缠身。例如，2002年，日立、东芝、松下等6C联盟起诉国内DVD厂商侵权，致使国内厂家每年生产一台DVD就要支付4.5美元的专利许可费，迄今已赔付30多亿人民币。

最重要的是专利正成为许多企业打击竞争对手的重要手段。我国的企业在走向国际化的道路上，几乎全都遇到了国外同行在专利上的阻挡。中国专利保护协会的调查也发现，跨国公司进入中国市场往往是专利先行，即先通过取得专利实现垄断技术，然后垄断标准，从而占领市场。同时，拥有专利权也可以与其他公司进行专利交叉许可或专利共享，从而节省资源，节省研发成本。因此，在双方都有专利的情况下，专利储备就可以实现交叉许可，起到双赢效果。所以，专利布局正成为创新型企业的一项重要工作。

五、选择企业战略实施的时机

一个企业也是一个技术系统，一个成功的企业战略能够将企业带入一个快速发展的时期，完成一次S曲线的完整发展过程。但是当这个战略进入成熟期以后，将面临后续的衰退期，所以企业面临的是下一个战略的制定。而且，随着科学技术飞速发展，企业之间竞争的核心已经不再是产品和服务，而是技术创新的竞争。企业技术创新的核心是将新技术应用于生产，使之转化为现实生产力，创造出更大的经济效益。八大进化法则，尤其是S曲线对选择一个企业发展战略制定的时机具有积极的指导意义。

由于技术系统是沿着S曲线演化的，因此，对企业相关的核心技术及其相关技术需要有预测性的演化分析，找到产业竞争环境与企业技术机会的结合点，完成企业在制定技术战略前的战略分析，选择好战略实施的时机。通常很多企业无法跨越20年的持续发展，原因之一就是忽视了企业也是在按S曲线的4个阶段完整进化的，企业没有及时进行有效的下一个企业发展战略的制定，没有完成S曲线的顺利交替，以致被淘汰出局，退出历史舞台。所以企业在一次成功的战略制定后，在获得成功的同时，不要忘记 S 曲线的规律，需要在成熟期开始着手进行下一个战略的制定和实施，从而顺利完成下一个 S 曲线的启动，实现企业的可持续发展。

思　考　题

1. 八大技术系统进化法则主要包括哪些?
2. 举出 1～2 个提高理想度法则的例子。
3. 什么是 S 曲线? S 曲线有什么作用?
4. 举出 1～2 个符合提高柔性进化路线的例子。
5. 请尝试预测计算机的未来技术发展方向。
6. 未来的报纸是什么样子的? 请尝试给出报纸的技术进化路线。

参 考 文 献

陈玉凤 . 2005. 专利战略在企业技术创新中的应用研究 [J]. 哈尔滨商业大学学报（自然科学版）[J]. 1：164

黑龙江省科学技术厅 . 2009. 技术系统进化法则的应用 [EB/OL]. http：//www. triz. gov. cn/trizjs/200908 /t20090804 _ 108157. htm

阮汝祥 . 2007. 创新制胜 [M]. 北京：宇航出版社

芮延年 . 2007. 创新学原理及其应用 [M]. 北京：高等教育出版社

宋保华 . 2004. TRIZ 理论中的技术系统进化原理 [J]. CAD/CAM 与制造业信息化，7：95

檀润华，张青华，纪纯等 . 2003. TRIZ 中技术进化定律、进化路线及应用 [J]. 工业工程与管理，1：35，36

檀润华 . 2002. 创新设计——TRIZ 发明问题解决理论 [M]. 北京：机械工业出版社

杨清亮 . 2006. 发明是这样诞生的：TRIZ 理论全接触 [M]. 北京：机械工业出版社

叶东蕾 . 2004. 跨国公司专利布局中国 [J]. 电子知识产权，7：4

叶东蕾 . 2006. 聚焦行业专利布局 [J]. 中国发明与专利，(3)：41，42

亿维讯 . 2009. TRIZ 培训讲义（技术系统进化法则）. http：//www. iwint. com. cn/ch/datum/datumstorage/downl0addir9Wfw0ytreDreDela2dz/trend-of-evolutio-down. pdf

张付英，徐燕申，王平 . 2005. 基于 TRIZ 直接进化理论的切削技术进展 [J]. 南京航空航天大学学报，11：190～193

张换高，赵文燕，檀润华 . 2006. 基于专利分析的产品技术成熟度预测技术及其软件开发 [J]. 中国机械工程，17（8）：823～827

赵敏，史晓凌，段海波 . 2009. TRIZ 入门及实践 [M]. 北京：科学出版社，33～69

赵新军 . 2004. 技术创新理论（TRIZ）及应用 [M]. 北京：化学工业出版社

赵新军，侯明曦，李爱 . 2005. 以 TRIZ 进化理论为基础的产品技术预测支持系统研究 [J]. 工程设计学报，6：321～324

第五章　发明创新技术问题及解决方法

发明是人们应用自然规律解决技术领域中特有问题而提出创新性方案、措施的过程和成果。发明创新技术问题的关键就是技术矛盾，解决技术矛盾的方法一是采取折中方案，二是彻底消除矛盾。那么，解决技术矛盾有没有可以遵循的规律，有没有可以依据的原理和法则呢？TRIZ 的矛盾矩阵和创新原理就是解决发明创新技术问题的很有效的方法论。本章简述了解决发明技术问题的传统方法和 TRIZ 解决发明技术问题的方法，介绍了阿奇舒勒的 39 个通用工程参数和技术矛盾矩阵及其应用原理。

第一节　解决发明技术问题的传统方法

制造和使用劳动工具，是人类能脱离动物界而成为地球主宰的原因。发明是人类由来已久的创造活动。当人类认识到必须制造和使用某种工具以后，就会充分运用自己的智力与能力，去制造和使用这种工具。远古的时候，第一批发明物不是人类创造的，而是人们从自然物中发现的。人们发现尖利的石块可以切割猎物的皮，便开始收集并使用这样的石块。在自然林火发生后，人们发现火可以取暖防寒，便开始保存火种。当时人们还不能自我提出发明创造的课题，只发现了现成的答案。当时的所谓创造，只不过是猜想怎样利用这些现成的答案而已。但不久便产生了发明课题。比如说，怎样把用钝了的石块磨尖？怎样才能使石块便于握在手中？怎样防风防雨使火种不至于熄灭？怎样移置火种？

最早的发明课题是靠试错的方法，人们发现了问题后，通过反复尝试各种各样的方案，直到问题能够合理解决。从古至今，在人们的潜意识中，根深蒂固的、最好的解决问题的方法就是试错法。试错法解决问题选择各种可能解决方案长时期是单凭猜想的。大部分尝试通常都处于问题解决者所熟悉的同一方向。试错法本身并非是一种行之有效的方法，很多发明创造的成功主要取决于发明家的机遇与个性品质。对于简单的发明问题，可能的解决方案数目如不超过 10 个或 20 个，试错法是有效的。但是随着时间的推移，发明问题越来越复杂，可能存在数百个数千个可能的解决方案，试错法的效率就很低了。

爱迪生改进了试错法，进行了批量试错。爱迪生把一个技术问题分为几项具体课题，即子课题，工人也分组对各项具体课题同时进行尝试各种解决方案的选择。这种批量试错的方法大大地缩减了尝试的时间，增加了尝试的有效性与成功的可能性。

随着人们积累了大量的发明创造经验与知识，人们也提出了一些新的解决发明技术问题的方法，如头脑风暴法、形态分析法、属性列举法、缺点列举法等。这些方法的数量大约有几百种，常用的也有几十种。单独使用这些传统的创新方法，都曾经在某些时代、某些人群中收到过比较好的发明创新效果。这些传统的创新方法往往要求使用者的技巧比较高超、经验比较丰富、知识积累比较多，因此创新效率普遍不高。

在技术飞速发展的信息时代，我们不能像爱迪生发明白炽灯那样，动员大量的人力、财力、物力，以批量试错的方式去解决所遇到的技术问题。我们不仅要珍惜人力、财力、物力资源，更要尽量缩短研发时间。我们需要新的方法来控制创造过程，从根本上减少无效尝试的次数；也需要重新组织创造过程，以便有效地利用新的方法。为此，必须有一套有科学依据的并行之有效的解决发明课题的理论。TRIZ 理论帮助我们达到了这一目的。

TRIZ 在解决问题的方法和流程上，与人类解决问题的传统方法完全一样。但是 TRIZ 比传统解决问题的方法更加快捷、全面、准确和高效。下面来具体看一看，应用 TRIZ 理论解决问题的方法和一般流程。

第二节　TRIZ 解决发明技术问题的方法

应用 TRIZ 理论解决问题的一般流程如图 5-1 所示。首先，要对一个实际问题进行仔细的分析并加以定义、明确；然后，根据 TRIZ 理论提供的方法，将需解决的实际问题归纳为一个类似的 TRIZ 标准问题模型；接着，针对不同的标准问题模型，应用 TRIZ 理论已总结、归纳出的类似的标准解决方法，找到对应的 TRIZ 标准解决方案模型；最后，将这些类似的解决方案模型，应用到具体的问题之中，演绎得到问题的最终解决方法。

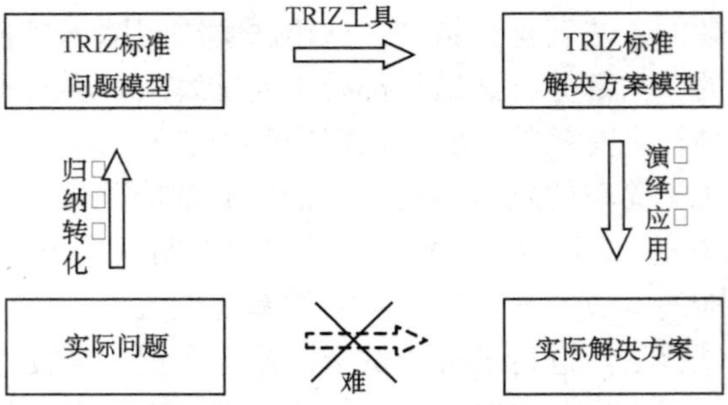

图 5-1　TRIZ 的一般解题模式与流程

所有运行某个功能的事物均可称为技术系统。当一个技术系统出现问题时，其表现形式多种多样，解决问题的手段也多种多样，关键是要区分技术系统的问题属性和产生问题的根源。根据问题所表现出来的参数属性、结构属性和资源属性，TRIZ 的问题模型共有 4 种形式：技术矛盾、物理矛盾、物-场模型、HOW TO 模型。与此相对应，TRIZ 的工具也有 4 种：矛盾矩阵、分离原理、知识库与效应库和标准解系统。如表 5-1 所示。

表 5-1 技术系统问题的问题模型与解决问题模型

技术系统问题属性	问题根源	问题模型	解决问题工具	解决方案模型
参数属性	技术系统中两个参数之间存在着相互制约	技术矛盾	矛盾矩阵	创新原理
参数属性	一个参数无法满足系统内相互排斥的需求	物理矛盾	分离原理	创新原理
结构属性	实现技术系统功能的某机构要素出现问题	物-场模型	标准解系统	标准解
资源属性	寻找实现技术系统功能的方法与科学原理	HOW TO 模型	知识库与效应库	方法与效应

注：本表摘自于赵敏等《 TRIZ 入门及实践》。

1. 技术矛盾和创新原理

技术矛盾指当技术系统的某一个特性或参数得到改善的同时，导致另一个特性或参数发生恶化而产生的矛盾。TRIZ 理论将导致技术矛盾的因素总结成 39 个通用工程参数，建立了矛盾矩阵表，提供了 40 个解决技术矛盾的创新原理。把实际问题转化为技术矛盾之后，利用矛盾矩阵，可以得到推荐的解决所定义的技术矛盾的创新原理。以这些创新原理作为依据，根据总结归纳的类似问题的类似的标准解决方法，将这些类似的标准解决方法，应用到实际问题之中，就容易找到针对实际问题的一些可行方案。

2. 物理矛盾和分离原理

物理矛盾是指对技术系统的同一个参数有相互排斥的、甚至截然相反的需求。物理矛盾是技术系统中一种常见的矛盾，是同一系统同一参数内的矛盾。解决物理矛盾的核心是实现矛盾双方的分离。40 个创新原理中的分离原理可以用来解决物理矛盾。分离原理的主要内容就是将矛盾双方分离，并将其分别构成不同的技术系统，以系统与系统之间的联系代替内部联系，从而将内部矛盾外部化。TRIZ 理论对解决物理矛盾的方法进行了总结归纳，提出了 4 类分离原理来解决物理矛盾：空间分离原理，将矛盾双方在不同的空间隔离；时间分离原理，将矛盾双方在不同的时间段分离；条件分离原理，将矛盾双方在不同条件下分离；整体与局部分离原理，也可称为系统级别分离原理，将矛盾双方在不同层次上分离。

3. 物-场模型与标准解

任何产品的出现都是为了实现某些功能，阿奇舒勒把技术系统的功能定义为两个相关的物质与作用于它们中的场之间的相互作用。场是指物质间相互作用。物质通过相互作用，实现系统的功能。任何一个完整的系统功能，都可以分解为两种物质和一种场，即一种功能由两种物质及一种场这 3 个元素组成。物-场模型就是把物质和场用三角形模型化，其模型如图 5-2 所示。图中 S_1 和 S_2 表示相互作用的 2 个物质，F 表示物质之间的相互作用（场）。

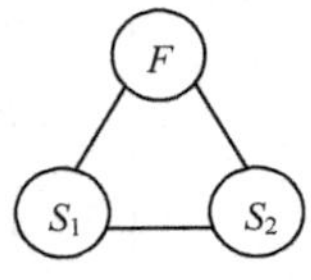

图 5-2　最基本的物-场模型

常见的物-场模型有 4 类。①有效完整模型，3 个元素都存在且都有效，是所希望的效应。②不完整模型，3 个元素不全。③效应不足的完整模型，3 个元素齐全，但所希望的效应未能有效实现或效应实现得不足够。④有害效应的完整模型，3 个元素齐全，但产生了与所希望的效应相反的、有害的效应。第 1 种模型是我们追求的目标，重点需要关注剩下的 3 种非正常模型，针对这 3 种模型，TRIZ 理论提出了物-场模型的 76 个标准解法。在问题的解决过程中，可以根据物-场模型所描述的问题来查找相对应的标准解法。根据这些标准法的建议，围绕系统所存在问题的最终理想解，并考虑系统的实际限制条件，灵活进行应用，得到具体的问题解决方案。有时候多个标准解法结合在一起综合应用，可以更加有效地解决问题。

4. HOW TO 模型与知识库和效应库

HOW TO 模型是指通过构建系统的抽象功能模型，明确系统所处的生命周期阶段、组成部分及相互作用，用功能模型全面地描述和理解系统。HOW TO 模型的解法是查询知识库与科学原理效应库，寻找实现技术系统功能的方法与科学原理。例如，建立一个系统的功能 HOW TO 模型“如何提高温度”，当我们以“提高温度”来定义一个系统要实现的功能时，我们必须要寻找所有可能的技术资源，即所有可能提高温度的知识（科学原理、效应、技术手段等），以便实现“提高温度”这个功能，通过查询知识库与科学原理效应库得到的解法是：火、微波辐射、电流、摩擦、相变等。知识库涵盖了不同学科领域的科学原理和方法，采用统一的功能性描述和查询方式可以快速得出针对问题的相关方案，帮助设计者克服惯性思维，拓宽知识面。科学效应库包括物理效应、化学效应和几何效应，可以直接利用效应来解决问题。由于查询知识库和效应库是一个耗时费力的事情，因此通常不采用人工查询方式，而是采取用计算机辅助技术支持下的知识库和效应库的查询方式。HOW TO 模型容易定义，但受到知识库的限制，会出现查询不到解决方案的情况。

当我们在工作中遇到具体问题的时候，就可以应用 4 大问题模型和对应的 TRIZ 解法，寻求具体问题的解决方案。从理论上讲，我们可以采用这 4 种方法中的任意一种，来寻找具体问题的解决方案。由于不同的方法解决问题的出发点是不同的，因而，当我们遇到具体问题的时候，应该具体问题具体分析，考察问题的属性，探究问题的根源，寻找更合适解决这个具体问题的 TRIZ 方法。灵活地应用不同的方法，就可以得到针对具体问题的各种不同的解决方案，然后从中选择最终理想解。

对于一些情境复杂、矛盾及其相关部件不明确的技术问题，难以直接用以上工具解决，TRIZ 提供了一个解决这类问题的算法——发明问题解决算法(ARIZ)。ARIZ 是为复杂问题提供简单化解决方法的逻辑结构化过程，是 TRIZ 的核心分析工具。ARIZ 通过对复杂初始问题进行一系列变形及再定义等非计算性的逻辑过程，实现对问题的分步分析并构建矛盾，最终解决问题。ARIZ 算法尤其强调问题矛盾与理想解的标准化，一方面技术系统向理想解的方向进化，另一方面如果一个技术问题存在矛盾需要解决，该问题就变成一个创新问题。

第三节　阿奇舒勒的 39 个通用工程参数

TRIZ 理论解决问题的主要思想是，对于一个具体问题，如果无法直接找到对应解，那么，应先将此问题转换并表达为一个 TRIZ 的问题，然后利用 TRIZ 体系中的理论和工具方法获得 TRIZ 的通用解，最后将 TRIZ 通用解转化为具体问题的解，并在实际问题中加以实现，最终获得问题的解决。

如何将一个具体的问题转化并表达为一个 TRIZ 问题呢？TRIZ 理论中的一个方法是使用通用工程参数来进行问题的表达。阿奇舒勒通过对大量专利文献的详细分析研究，总结提炼出工程领域内常用的表达系统性能的 39 个通用工程参数，通用工程参数是一些物理、几何和技术性能的参数。这 39 个通用工程参数是连接具体问题与 TRIZ 理论的桥梁。利用 39 个通用工程参数就能描述工程中出现的绝大部分技术内容。在问题的定义和分析过程中，选择 39 个工程参数中相适应的参数来表述系统的性能，将一个具体的问题用 TRIZ 的通用语言表述出来。

在应用矛盾矩阵来解决实际问题的时候，应先把组成技术矛盾的两个参数，分别用该 39 个通用工程参数中的两个来表示。这样就把实际工程设计中存在的矛盾，转化为标准的技术矛盾，即用 39 个通用工程参数表示的技术矛盾。对这 39 个通用工程参数配对组合，产生了大约 1300 对典型的技术矛盾。

TRIZ 理论中，将技术问题用工程参数描述，以彻底克服工程参数之间的矛盾，作为问题解决的标准。在解决问题过程中，将理想化与矛盾论有机地进行了结合，从而形成一种强有力的发明问题解决理论。解决矛盾的重要途径之一就是使用 40 个创新原理。

当然，在实际问题分析过程中，为表述系统存在的问题，工程参数的选择是一个难度较大的工作。工程参数的选择不但需要拥有关于技术系统的全面的专业知识，还要对 TRIZ 的 39 个通用参数正确理解。39 个通用工程参数及其定义详见表 5-2。

表 5-2　39 个通用工程参数及其解释

序号	参数名称	解释
1	运动物体的重量	运动物体的重量指重力场中的运动物体作用在阻止其自由下落的支撑物上的力，重量也常表示物体的质量
2	静止物体的重量	静止物体的重量指在重力场中静止物体作用在阻止其自由下落的与撑物上的力，重量也常表示物体的质量
3	运动物体的长度	运动物体的长度指运动物体的任意线性尺寸，而不一定是自身最长的长度。它不仅可以是一个系统的两个几何点或零件之间的距离，也可以是一条曲线的长度或一个封闭环的周长
4	静止物体的长度	静止物体的长度指静止物体的任意线性尺寸，而不一定是自身最长的长度。它不仅可以是一个系统的两个几何点或零件之间的距离，也可以是一条曲线的长度或一个封闭环的周长
5	运动物体的面积	运动物体的面积指运动物体被线条封闭的一部分或者表面的几何度量，或者运动物体内部或者外部表面的几何度量。面积是以填充平面图形的单位正方形个数来度量的，例如，面积不仅可以是平面轮廓的面积，也可以是三维表面的面积，或一个三维物体所有平面、凸面或凹面的面积之和
6	静止物体的面积	静止物体的面积指静止物体被线条封闭的一部分或者表面的几何度量，或者运动物体内部或者外部表面的几何度量。面积是以填充平面图形的单位正方形个数来度量的，如面积不仅可以是平面轮廓的面积，也可以是三维表面的面积，或一个三维物体所有平面、凸面或凹面的面积之和
7	运动物体的体积	运动物体的体积以填充运动物体或者运动物体占用的单位立方体个数来度量。体积不仅可以是三维物体的体积，也可以是与表面结合、具有给定厚度的一个层的体积
8	静止物体的体积	静止物体的体积以填充运动物体或者运动物体占用的单位立方体个数来度量。体积不仅可以是三维物体的体积，也可以是与表面结合、具有给定厚度的一个层的体积
9	速度	速度指物体的速度或者效率，或者过程、作用与完成过程、作用的时间之比
10	力	力指系统间相互作用的度量。在经典力学中，力是质量与加速度之积。在 TRIZ 中，力是试图改变物体状态的任何作用

续表

序号	参数名称	解释
11	应力或压强	应力、压强指单位面积上的作用力，也包括张力。例如，房屋作用于地面上的力；液体作用于容器壁上的力；气体作用于汽缸-活塞上的力。压强也可以来表示无压强（真空）
12	形状	形状指一个物体的轮廓或外观。形状的变化可能表示物体的方向性变化，或者表示物体在平面和空间两种情况下的形变
13	对象的稳定性	对象的稳定性指物体的组成和性质（包括物理状态）不随时间改变而变化的性质。它表示了物体的完整性或者组成元素之间的关系。磨损、化学分解及拆卸都代表稳定性的降低，而增加物体的熵，则是增加物体的稳定性
14	强度	强度指物体受到外力作用时，抵制使其发生变化的能力；或者在外部影响下的抵抗破坏（分裂）和不发生形变的性质
15	运动物体作用时间	运动物体的作用时间指运动物体具备其性能或者完成作用的时间、服务时间及耐久时间等。两次故障之间的平均时间，也是作用时间的一种度量
16	静止物体作用时间	静止物体作用时间指静止物体具备其性能或者完成作用的时间、服务时间及耐久时间等。两次故障之间的平均时间，也是作用时间的一种度量
17	温度	温度表示物体所处的热状态，反映在宏观上系统热动力平衡的状态特征，也包括其他的热学参数，如影响到温度变化速率的热容量
18	光照度	光照度指照射到物体某一表面上的光通量与该表面面积的比值，也可以理解为物体的适当亮度、反光性和色彩等
19	运动物体的能量消耗	运动物体的能量消耗指运动物体完成指定功能所需的能量，其中也包括超系统提供的能量
20	静止物体的能量消耗	静止物体的能量消耗指静止物体完成指定功能所需的能量，其中也包括超系统提供的能量
21	功率	单位时间内所做的功、完成的工作量或者消耗的能量
22	能量损失	能量损失指做无用功消耗的能量。为了减少能量损失，有时需要应用不同的技术手段，来提高能量的利用率
23	物质损失	物质损失指物体在材料、物质、部件或子系统上，部分或全部、永久或临时的损失
24	信息损失	信息损失指系统数据或者系统获取数据部分或者全部、永久或临时的损失，经常也包括气味、材质等感性数据
25	时间损失	指一项活动持续时间、改进时间的损失，一般指减少活动内容时所浪费的时间
26	物质的量	物质的量指物体（或系统）的材料、物质、部件或者子系统的数量，它们一般能被全部或者部分、永久或临时地改变
27	可靠性	可靠性指物体（或系统）在规定的方法和状态下完成指定功能的能力。可靠性常可以被理解为无故障操作概率或无故障运行时间
28	测量精度	测量精度指对系统特征的实测值与实际值之间的误差。减少误差将提高测试精度

续表

序号	参数名称	解释
29	制造精度	制造精度指所制造的产品在性能特征上，与技术规范和标准所预定内容的一致性程度
30	作用于对象的有害因素	作用于对象的有害因素指环境或系统对于物体的（有害）作用，它使物体的功能参数退化
31	对象产生的有害因素	对象产生的有害作用指使物体或系统的功能、效率或质量降低的有害作用，这些有害作用一般来自物体或者与其操作过程有关的系统
32	可制造性	可制造性指物体或系统制造过程中简单、方便的程度
33	操作流程的方便性	操作流程的方便性指在操作过程中，如果需要的人数越少，操作步骤越少，以及所需的工具越少，同时又有较高的产出，则代表方便性越高
34	可维修性	可维修性是一种质量特性，包括方便、舒适、简单、维修时间短等
35	适应性、通用性	适应性、通用性指物体或系统积极响应外部变化的能力；或者在各种外部影响下，具备以多种方式发挥功能的可能性
36	系统的复杂性	系统的复杂性指系统元素及其相互关系的数目和多样性。如果用户也是系统的一部分，将会增加系统的复杂性。人们掌握该系统的难易程度是其复杂性的一个度量
37	控制和测量的复杂度	控制或者测量一个复杂系统需要高成本、较长时间和较多人力去完成。如果系统部件之间关系太复杂，也会使得系统的控制和测量困难。为了降低测量误差而导致成本提高，也是一种测试复杂度增加的度量
38	自动化程度	自动化程度指物体或系统，在无人操作的情况下，实现其功能的能力。自动化程度的最低级别，是完全的手工操作方式。中等级别，则需要人工编程，根据需要调整程序，来监控全部操作过程。而最高级别的自动化，则是机器自动判断所需操作任务、自动编程和自动对操作监控
39	生产率	生产率指在单位的时间内，系统执行的功能或者操作的数量；或者完成某一功能或操作所需时间，以及单位时间的输出；或者单位输出的成本等

注：本表摘自于赵敏等《TRIZ 入门及实践》。

通用技术参数中经常用到运动物体（moving objects）与静止物体（stationary objects）两个术语。

运动物体指受到自身或外力作用后，可以改变所处空间位置的物体。

静止物体指受到自身或外力作用后，并不改变所处空间位置的物体。

在这里，物体可以被理解为一个系统。判断一个物体是运动物体还是静止物体，要根据该物体当时所处的状态来决定。

为了应用方便和便于理解，可以对 39 个通用工程参数分类。依据不同的方法可有不同的分类。

（1）根据 39 个通用工程参数的特点，可分为物理及几何参数、技术负向参数、技术正向参数 3 大类。

①通用物理及几何参数，共15个：运动物体的重量，静止物体的重量，运动物体的尺寸，静止物体的尺寸，运动物体的面积，静止物体的面积，运动物体的体积，静止物体的体积，速度，力，应力或压力，形状，温度，光照度，功率。

②通用技术负向参数，指这些参数变大或提高时，使系统或子系统的性能变差，共11个：运动物体作用时间，静止物体作用时间，运动物体的能量消耗，静止物体的能量消耗，能量损失，物质损失，信息损失，时间损失，物质的量，作用于对象的有害因素，对象产生的有害因素。

③通用技术正向参数，指这些参数变大或提高时，使系统或子系统的性能变好，共13个：对象的稳定性，强度，可靠性，测试精度，制造精度，可制造性，操作流程的方便性，可维修性，适应性和通用性，系统的复杂性，控制和测量的复杂度，自动化程度，生产率。

(2) 根据系统改进时工程参数的变化，可分为改善的参数、恶化的参数两大类。

①改善的参数：系统改进中将提升和加强的特性所对应的工程参数。

②恶化的参数：根据矛盾论，在某个工程参数获得提升的同时，必然会导致其他一个或多个工程参数变差了，这些变差的工程参数成为恶化的参数。

改善的参数与恶化的参数就构成了技术系统内部的矛盾，TRIZ理论就是通过克服这些矛盾，从而推进系统向理想化进化的。

第四节　阿奇舒勒的技术矛盾矩阵

当技术系统的某一个参数得到改善的同时，这导致另一个参数发生恶化就产生了技术矛盾。阿奇舒勒通过对大量专利的研究、分析、比较、统计，归纳出了当39个工程参数中的任意2个参数产生矛盾时，化解该矛盾所使用的40个创新原理。阿奇舒勒将工程参数的矛盾与创新原理建立了对应关系，整理成矛盾矩阵表，以便使用者查找，这大大提高了解决技术矛盾的效率。阿奇舒勒矛盾矩阵是浓缩了对大量专利研究所取得的成果，矩阵的构成非常紧密而且自成体系。

在矛盾矩阵中，表的第一行和表的第一列所列的都是39个通用工程参数中的参数。不同的是，第一列所列的是系统需要改善的参数的名称；而第一行所列的是系统在改善那个参数的同时，导致恶化了的另一个参数的名称。39×39的工程参数从行、列两个维度构成矩阵的方格共1521个，其中1263个方格中，每个方格中都有几个数字，这几个数字表示解决对应的技术矛盾时对人们最有用的那些创新原理的编号，就是TRIZ所推荐的解决对应工程矛盾的发明原理的号码。矛盾矩阵建议大家优先采用这些创新原理帮助人们解决技术矛盾。如果某个单元格内的数字超过一个，则各个数字之间用逗号隔开。

阿奇舒勒矛盾矩阵使问题解决者可以根据系统中产生矛盾的2个工程参数，

从矩阵表中直接查找化解该矛盾的创新原理，并使用这些原理来解决问题。该矩阵将工程参数的矛盾和 40 条发明原理有机地联系起来。阿奇舒勒矛盾矩阵外形如表 5-3 所示，矛盾矩阵全表见附录。

表 5-3　矛盾矩阵表

改善的工程参数 \ 恶化的工程参数		运动物体的重量	静止物体的重量	运动物体的长度	静止物体的长度	运动物体的面积	静止物体的面积	运动物体的体积	静止物体的体积	速度
		1	2	3	4	5	6	7	8	9
1	运动物体的重量	+	–	15，8，29，34	–	29,17,38,34	–	29,2,40,28	–	2,8,15,38
2	静止物体的重量	–	+	–	10,1,29,35	–	35,30,13,2	–	5,35,14,2	–
3	运动物体的长度	8,15,29,34	–	+	–	15,17,4	–	7,17,4,35	–	13,4,8
4	静止物体的长度		35,28,40,29	–	+	–	17,7,10,40	–	35,8,2,14	–
5	运动物体的面积	2,17,29,4	–	14,15,18,4	–	+	–	7,14,17,4		29,30,4,34
6	静止物体的面积	–	30,2,14,18	–	26,7,9,39	–	+	–		–
7	运动物体的体积	2,26,29,40	–	1,7,4,35	–	1,7,4,17	–	+	–	29,4,38,34
8	静止物体的体积	–	35,10,19,14	19,14	35,8,2,14	–		–	+	–
9	速度	2,28,13,38	–	13,14,8	–	29,30,34	–	7,29,34	–	+
10	力	8,1,37,18	18,13,1,28	17,19,9,36	28,10	19,10,15	1,18,36,37	15,9,12,37	2,36,18,37	13,28,15,12
11	应力或压力	10,36,37,40	13,29,10,18	35,10,36	35,1,14,16	10,15,36,28	10,15,36,37	6,35,10	35,24	6,35,36
12	形状	8,10,29,40	15,10,26,3	29,34,5,4	13,14,10,7	5,34,4,10		4,14,15,22	7,2,35	35,15,34,18
13	结构稳定性	21,35,2,39	26,39,1,40	13,15,1,28	37	2,11,13	39	28,10,19,39	34,28,35,40	33,15,28,18
14	强度	1,8,40,15	40,26,27,1	1,15,8,35	15,14,28,26	3,34,40,29	9,40,28	10,15,14,7	9,14,17,15	8,13,26,14
15	运动物体作用时间	19,5,34,31	–	2,19,9	–	3,17,19	–	10,2,19,30	–	3,35,5

45°对角线的方格，是同一名称工程参数所对应的方格（带“+”的方格），表示产生的矛盾不是技术矛盾而是物理矛盾。也就是说，因不同需求所导致的对于同一个参数的矛盾是物理矛盾。

下面举例说明如何查找阿奇舒勒矛盾矩阵。根据问题分析所确定的工程参数，包括改善的工程参数和恶化的工程参数，查找阿奇舒勒矛盾矩阵。

［例 5-1］　利用矛盾矩阵

某一对技术矛盾是，为了改善某技术系统的“强度”条件，而导致了“速度”的降低。可以利用矛盾矩阵来解决这一对技术矛盾（表 5-3）。具体的步骤是：在矛盾矩阵表中沿“改善的工程参数”找到“14 强度”这个参数的名称，然后沿“恶化的工程参数”方向，找出“9 速度”这个参数的名称；强度所在的行与速度所在的列的交叉处，对应到矛盾矩阵表中的方格中，方格中有系列数字，即 8、13、26、14；这些数字就是建议解决此对工程矛盾的创新原理的序号。也就是说，8 号、13 号、26 号、14 号创新原理，通常被人们用来解决强度与速度之间的技术矛盾。

在后面章节中，还要通过更多的实例，给大家进行更详细的介绍。

第五节　阿奇舒勒的技术矛盾矩阵应用原理

技术矛盾指在一个技术系统中两个通用工程参数之间的矛盾。技术系统中产生技术矛盾的两个通用工程参数间的矛盾呈现以下特征：在某一子系统强化有用功能，引起另一个子系统产生有害功能；在某一个子系统消除有害功能，引起另一子系统有用功能的弱化；强化有用功能或减少有害功能，引起另一子系统或全体系统产生无法接受的并发症。可见产生技术矛盾的这两个参数之间是矛盾对立统一的双方，相互制约，相互依存，具有紧密的相关性。

例如，提高了机床的功率，而导致了机床的能量消耗增加。在这个例子中，涉及的两个参数是机床这个物体的功率，以及由这个物体的功率提升后所产生的有害因素。显然，这是一对具有紧密相关性的参数。

解决技术矛盾问题的传统方法是在多个要求间寻求折中，也即是优化设计。但是基本矛盾不解决，能够对参数做优化的程度是有限的，因为矛盾双方彼此相关，优化了一个参数，就恶化了另一个参数，因而每个参数都不能达到最佳值。一般情况下，人们获得的多是一种折中方案，并非是最优解决方案。而 TRIZ 则是努力寻求突破性方法以消除矛盾，其目标是通过消除矛盾来解决问题，得到较为彻底的解决方案，让矛盾的双方实现双赢，即让矛盾的双方——两个通用工程参数都达到最佳值。

应用阿奇舒勒矛盾矩阵解决技术矛盾时，可以遵循以下步骤来进行：

（1）确定技术系统的名称和主要功能。对技术系统进行详细的分解。划分系统的级别，列出超系统、系统、子系统各级别的零部件，以及各种辅助功能。对技术系统、关键子系统、零部件之间的相互依赖关系和作用进行描述。定位问题所在的系统和子系统，对问题进行准确的描述。避免对整个产品或系统笼统的描述，以具体到零件级为佳，建议使用“主语＋谓语＋宾语”的工程描述方式，定语修饰词尽可能少。

（2）确定技术系统应改善的特性。确定并筛选带设计系统被恶化的特性。因为，提升欲改善的特性的同时，必然会带来其他一个或多个特性的恶化，对应筛选并确定这些恶化的特性。因为恶化的参数属于尚未发生的，所以确定起来需要“大胆设想，小心求证”。对所确定的参数，对应表 5-2 所列的 39 个通用工程参数进行重新描述。对工程参数的矛盾进行描述，欲改善的工程参数与随之被恶化的工程参数之间存在的就是矛盾。如果所确定的矛盾的工程参数是同一个参数，则属于物理矛盾，将在后面章节中进行详细解读。对矛盾进行反向描述，假如降低一个被恶化的参数的程度，欲改善的参数将被削弱，或另一个恶化的参数被改善。

（3）查找阿奇舒勒矛盾矩阵表（见附录），得到阿奇舒勒矛盾矩阵所推荐的创新原理序号。

（4）按照序号查找创新原理，得到创新原理的名称。查找创新原理的详解。将所推荐的创新原理逐个应用到具体的问题上，探讨每个原理在具体问题上如何应用和实现。

（5）如果所查到的创新原理都不适用于具体的问题，则需要重新定义工程参数和矛盾，再次应用和查找矛盾矩阵。

（6）如此反复直到筛选出最理想的解决方案。

解决技术矛盾的一般解题模式如图 5-3 所示。首先先将一个用通俗语言描述的待解决的具体问题，转化为 39 个通用工程参数描述的技术矛盾。然后，利用矛盾矩阵，找到针对问题的创新原理。依据这些推荐创新原理启发，经过演绎与

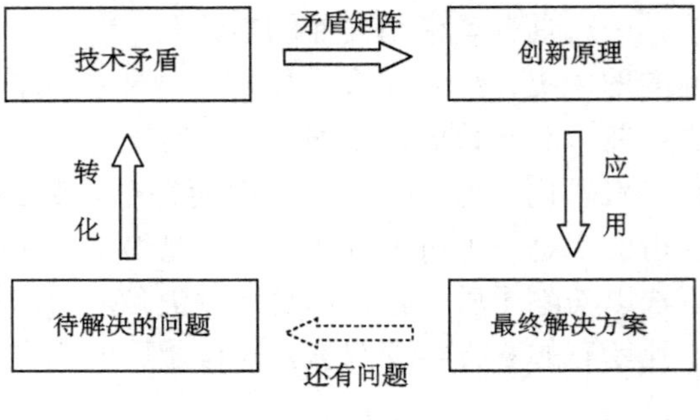

图 5-3　求解技术矛盾方式

具体化，探讨每个原理在具体问题上如何应用和实现，最终找到解决具体实际问题的一些可行方案。如果所查到的创新原理不能很好地解决具体的问题，可重新定义工程参数和矛盾，再次应用和查找矛盾矩阵。直到筛选出最理想的解决方案为止。

思 考 题

1. 定义 39 个通用工程参数有什么意义？

2. 什么是技术矛盾？有什么特点？试列举生活中你所遇到的几个技术矛盾的实例。

3. 简述矛盾矩阵表的作用与使用方法。试找出解决“强度与速度”之间的技术矛盾的创新原理。

4. 叙述技术矛盾的解题步骤。

5. 在现代社会，越来越多的人购买小汽车。但是，随着小汽车保有量的增加，必然会引来一系列各种各样的问题。比如交通堵塞问题，能源消耗的增加，城市环境的污染等。显而易见，在上面这个实例中，存在着很多待解决的技术问题。请你从这些实际问题中，提炼出1～2 个技术矛盾，并考虑如何利用矛盾矩阵获得解决方案。

参 考 文 献

付敏，王述洋 . 2008. 基于 TRIZ（发明问题解决理论）的林木生物质粉碎机安全设计 [J]. 中国安全科学学报，11：97～102

黑龙江省科学技术厅 . 2009. TRIZ 理论的基本内容 [EB/OL] . http：//www. triz. gov. cn/trizdd/200803/t20080318 _ 36274. htm

薛晓滨 . 2006. 创新实践呼唤创新理论——发明问题解决理论（TRIZ）综述 [J]. 铁道工程学报，7：96～101

杨清亮 . 2006. 发明是这样诞生的：TRIZ 理论全接触 [M]. 北京：机械工业出版社

亿维讯 . 2009. 应用 TRIZ 理论矛盾矩阵解决薄板玻璃加工问题 [EB/OL] . http：//www. iwint. com. cn/ch/triz/triz-paper-20091218-161912. html

赵敏，史晓凌，段海波 . 2009. TRIZ 入门及实践 [M]. 北京：科学出版社

赵新军 . 2004. 技术创新理论（TRIZ）及应用 [M]. 北京：化学工业出版社

郑称德 . 2003. TRIZ 理论及其设计模型 [J]. 管理工程学报，1：84～87

第六章　40个发明创新原理及应用

创新原理是对人类解决问题、实现创新的共性方法的高度总结和概括，属于人类共有的知识体系。1946年，TRIZ理论的奠基人阿奇舒勒通过对大量的发明专利的研究，发现、提炼并总结归纳了蕴含在这些发明创新现象背后的客观规律，将创新的理论展示在世人面前，从此让创新的过程走上了方法学的高速路，并让创新变成了人人都可以学习和掌握的一门知识。如果一个发明原理融合了物理、化学等科学，那么此原理将超越领域的限制，就可应用到其他行业中去。本章首先介绍了发明创新原理的由来，然后重点介绍了阿奇舒勒的40个TRIZ发明创新原理。如果我们真正掌握了这些创新原理，不仅可以提高发明的效率、缩短发明的周期，而且能使发明问题更具有可预见性。

第一节　发明创新原理的由来

什么是创新原理？它是人类在征服自然、改造自然的过程中遵循的客观规律，是人类获得所有的人工制造物时所遵循的发明创新原理。在过去的几十万年里，我们的祖先已经用自己智慧的头脑和勤劳的双手，实践和验证了相对应的创新方法（创新思维和创新原理等），只是没有把它们系统地总结出来。考察从古至今的发明创新案例，从原始社会到现代社会，从最简单的石斧到复杂的宇航器，所有的人工制造物，无一例外都遵循了创新的规律。而且，相同的发明创新问题以及为了解决这些问题所使用的创新原理，在不同的时期、不同的领域中反复出现，也就是说，解决问题（即实现创新）的方法是有规律、有方法可循的。既然是符合客观规律的方法学，那么这个方法学就必然会具有普适意义，必然会在所有的发明创新过程中得到实际的应用和体现。

为此，阿奇舒勒对大量的发明专利进行了研究、分析和总结，提炼出了TRIZ中最重要的、具有普遍用途的40个发明原理。40个发明原理开启了一扇解决发明问题的天窗，将发明从魔术推向科学，让那些似乎只有天才才可以从事的发明工作，成为一种人人都可以从事的职业，使原来认为不可能解决的问题可以获得突破性的解决。后来，人们又陆续分析了超过250万件发明专利，一再证明这40个最常用的创新原理是实用和适用的，是用于解决技术矛盾的行之有效的创新方法。当前，40个发明原理已经从传统的工程领域扩展到微电子、医学、管理、文化教育等当今社会的各个领域，40个发明原理的广泛应用，产生了不计其数的专利发明。

在今天，创新方法已经成为了全人类共有的知识成果，在强有力地推动着人类文明的发展与前进。学习并掌握 40 条创新原理，对于解决科研、生产和生活中的各种问题，有着重要的启示和神奇的促进作用。如果我们掌握了创新的规律，以创新的方法学作为指导，创新也就是一件人人可以做到的事情了。

第二节　40 个发明创新原理及其应用

40 个 TRIZ 发明创新原理，如表 6-1 所示，蕴涵了人类发明创新所遵循的共性原理，是 TRIZ 中用于解决矛盾（问题）的基本方法。这 40 条创新原理是阿奇舒勒最早奠定的 TRIZ 理论的基础内容，实践证明，这 40 条创新原理，是行之有效的创新方法。然而，正确理解各个原理之间以及每条原理的各子条目间的关系，才能事半功倍。以下是理解的几点原则：①各原理之间不是并列的，是互相融合的。②创新原理体现了系统进化论法则。③创新原理的各子条目之间层次有高低，前面的概括，后面的具体。

表 6-1　40 个 TRIZ 发明创新原理

序号	原理名称	序号	原理名称	序号	原理名称	序号	原理名称
1	分割	11	事先防范	21	减少有害作用的时间	31	多孔材料
2	抽取	12	等势	22	变害为利	32	改变颜色
3	局部质量	13	反向作用	23	反馈	33	均质性
4	增加不对称	14	曲面化	24	借助中介物	34	抛弃或再生
5	组合	15	动态特性	25	自服务	35	改变物理或化学参数
6	多用性	16	未达到或过度作用	26	复制	36	相变
7	嵌套	17	空间维数变化	27	廉价代替品	37	热膨胀
8	重量补偿	18	机械振动	28	机械系统替代	38	强氧化剂
9	预先反作用	19	周期性作用	29	气压和液压结构	39	惰性环境
10	预先作用	20	有效作用的连续性	30	柔性壳体或薄膜	40	复合材料

下面是阿奇舒勒对 40 个 TRIZ 发明原理的经典解释以及编者整理归纳的一些应用实例和使用技巧，大部分创新原理包括几种具体的应用方法。

一、分割原理

1. 分割原理的具体方法

（1）把一个物体分成相互独立的部分。例如，为不同材料（如玻璃、纸、金属等）的再回收设置不同的回收箱；将计算机工作站的主机分解成个人电脑。

（2）将物体分成容易组装和拆卸的部分。例如，组合家具；小袋包装茶叶。

（3）提高物体的可分性。例如，活动百叶窗替代整体窗帘；用粉状焊料代替棒状焊条。

2. 分割原理的应用技巧

如果系统因重量或体积太大而不易操纵，则可将其分割成若干轻便的子系统，使每一部分均易于操纵。在管理学和心理学上，也可以对组织和观念进行分割和组合。

二、抽取原理

1. 抽取原理的具体方法

（1）从物体中抽出产生负面影响的部分或属性。例如，空气压缩机工作，将其产生噪声的部分即压缩机移到室外；利用避雷针，把雷雨产生的电荷引入大地，从而避免建筑物遭受雷击。

（2）仅抽出物体中必要的部分或属性。例如，用光纤或光波导分离主光源，以增加照明点；用电子狗代替真狗充当警卫，以减少伤人事件的发生并减少环境污染。

2. 抽取原理的应用技巧

把系统中的功能或部件分成有用、有害部分，视具体情况抽取出来。注意：抽取的目的是为系统增加价值。抽取同样可应用于非实物或虚拟的情况。

三、局部质量原理

1. 局部质量原理的具体方法

（1）将物体、环境或外部作用的均匀结构变为不均匀的结构。例如，将系统的温度、密度、压力由恒定值改为按一定的斜率增长；带奶油和水果的生日蛋糕。

（2）让物体的不同部分各具不同功能。例如，瑞士军刀（带多种常用工具，如螺丝刀、开瓶器、小刀、剪刀等）；羊角锤（既可起钉子，又可钉钉子）。

（3）让物体的各部分处于完成各自功能的最佳状态。例如，在餐盒中设置间隔，在不同的间隔内放置不同的食物，避免串味；企业安排举止文雅且谈吐利落的人员负责接待工作。

2. 局部质量原理的应用技巧

不均匀的系统结构和环境往往是最有适应性的，关键是要实现系统中各种资源的最优化配置。

四、增加不对称性原理

1. 增加不对称原理的具体方法

（1）将物体的对称外形变为不对称的。例如，引入一个几何特性来防止元件不正确的使用（如电插头的接地棒）；为改善密封性，将O型密封圈的截面由圆形改为椭圆形。

（2）增加不对称物体的不对称程度。例如，为增强防水保温性，建筑上采用多重坡屋顶；将椭圆形密封垫片的截面改成特别的形状来进一步提高密封性。

2. 增加不对称原理的应用技巧

对系统的状态做出变更，如改变系统平衡、让系统倾斜、减少材料用量、降低总重量、调整物质流、变换支持负载等，从而消除冗余（如重量等）或提高性能（如密封性等）。

五、组合原理

1. 组合原理的具体方法

（1）在空间上将相同物体或相关操作加以组合。例如，集成电路板上的多个电子芯片；并行计算机的多个CPU。

（2）在时间上将相同或相关操作进行合并。例如，冷热水混水器；同时分析多项指标的综合参数测试仪。

2. 组合原理的应用技巧

将新材料、新技术引入到老的系统中，在时间和空间上加以组合，可以提高系统性能。组合原理也适用于心理学或人力资源等学科中，以改变工作中的人际关系。

六、多用性原理

1. 多用性原理的具体方法

（1）使一个物体具备多项功能。例如，牙刷的把柄内装牙膏；可移动的儿童安全椅，既可放在汽车内，又可拿出汽车外可单独作为儿童车；企业中的有多种才能的人才。

（2）消除了该功能在其他物体内存在的必要性（进而裁减其他物体）。例如，万能视频播放器，裁减掉其他的只支持单一文件格式的视频播放器；会议小组的领导人同时充当记录员，从而精简了会议人员。

2. 多用性原理的应用技巧

在任意时间、地点和系统级别上，当系统具有多用性时，可以让系统具有更多的协作或者增值机会。

七、嵌套原理

1. 嵌套原理的具体方法

（1）把一个物体嵌入另一个物体，然后再将这两个物体嵌入第三个物体，以此类推。例如，俄罗斯套娃；汽车安全带。

（2）让某物体穿过另一物体的空腔。例如，伸缩变焦镜头；可伸缩电视天线。

2. 嵌套原理的应用技巧

尝试在不同方向上（如水平、垂直、旋转或包容）的嵌套，考虑空间的利用和被嵌套对象的重量。

八、重量补偿原理

1. 重量补偿原理的具体方法

（1）将某一物体与另一能提供升力的物体组合，以补偿其重量。例如，用氢气球悬挂广告牌；游泳救生圈。

（2）通过与环境（利用空气动力、流体动力或其他力等）的相互作用，实现物体的重量补偿。例如，直升机的螺旋桨（利用空气动力学）；轮船应用阿基米德定律产生可承重千吨的浮力；赛车上安装阻流板用来增加车身与地面的摩擦力则使用了空气动力学的特征。

2. 重量补偿原理的应用技巧

充分利用空气、重力、流体等进行举升或补偿，从而抵消现有系统/超系统/环境中的不利作用（如力或重量）。重量补偿原理同样适用于商业问题、人际关系和其他学科。

九、预先反作用原理

1. 预先反作用原理的具体方法

(1) 事先施加反应力，以抵消工作状态下不期望的过大应力。例如，在溶液中加入缓冲剂来防止pH过高；在饮酒之前吃些化解酒精的药物或食物，可以防止醉酒。

(2) 如果问题定义中需要某种相互作用，那么事先施加反作用。例如，在灌注混凝土之前，对钢筋预加应力；给钟表上弦。

2. 预先反作用原理的应用技巧

关键在于预先采取行动来抵消、控制或防止潜在故障的出现。包括自然或人之间的相互作用，如压力、危机、厌倦等。

十、预先作用原理

1. 预先作用原理的具体方法

(1) 预先对物体（全部或部分）施加必要的改变。例如，不干胶粘贴（只需揭出透明纸，即可用来粘贴）；手术前将手术器具按所用顺序排列整齐。

(2) 预先安置物体，使其在最方便的位置开始发挥作用而不浪费运送时间。例如，在停车场安置的预付费系统；建筑物通道里安置的灭火器。

2. 预先作用原理的应用技巧

在某一事件或过程之前采取行动。目的在于增强安全性、简化事情的完成过程、维持正确作用、减轻疼痛、增加智力、产生某种优点及使用过程简单化等。

十一、事先防范原理

1. 事先防范原理的具体方法

采用事先准备好的应急措施，补偿物体相对较低的可靠性。例如，显影剂可依据胶卷底片上的磁性条来弥补曝光不足；降落伞的备用伞包；航天飞机的备用输氧装置。

2. 事先防范原理的应用技巧

采用各种各样的技术手段来防止系统故障的发生和灾难的扩大。防撞、防漏、防跌、防坠物、防晒、防盗、防泄漏、防跳槽、防灾等，都属于事先防范的范畴。

十二、等势原理

1. 等势原理的具体方法

改变操作条件，以减少将物体提升或下降的需要。例如，工厂中与操作台同高的传送带；仓库内搬运货物的叉车。

2. 等势原理的应用技巧

关键是避免“直接对抗重力”。可以通过环境、结构或系统所提供的资源，以最小的附加能量的消耗来有效地消除不等位势（有害作用）。

十三、反向作用原理

1. 反向作用原理的具体方法

（1）用相反的动作代替问题定义中所规定的动作。例如，两个套紧的物体分离，将内层物体冷冻（传统的方法是将外层物体升温）；定子与转子反向转动的电机。

（2）让物体或环境可动部分不动，不动部分可动。例如，加工中心中变工具旋转为工件旋转；健身器材中的跑步机。

（3）将物体上下或内外颠倒。例如，通过把杯子倒置从下边喷入水来进行清洗；通过翻转容器倒出谷物。

2. 反向作用原理的应用技巧

尝试让系统以某种方式“反转”或“颠倒”，看系统能否由此获得新动能、新特征、新作用及新对象。

十四、曲面化原理

1. 曲面化原理的具体方法

（1）将物体的直线、平面部分用曲线、球面代替，变平行六面体或者立方体结构为球形结构。例如，在两个表面间引入圆倒角，以减少应力集中；在建筑物中采用拱形或圆屋顶来增加强度。

（2）使用滚筒、球、螺旋结构。例如，千斤顶中因使用螺旋机构可产生很大的升举力；圆珠笔和钢笔的球形笔尖，使书写流畅。

（3）改直线运动为旋转运动，应用离心力。例如，洗衣机中的离心甩干机；离心铸造将金属液在离心力的作用下充型和凝固，铸件组织致密，机械性能好，是一种节省材料、节省能耗、高效益的铸造工艺。

2. 曲面化原理的应用技巧

在各种情况及各个系统中寻找线性情况、关系，直线、平面及立方体形状，然后尝试预测在改变到非线性状态后可以实现哪些新的功能。

十五、动态特性原理

1. 动态特性原理的具体方法

（1）调整物体或环境的性能，使其在工作的各阶段达到最优状态。例如，飞机中的自动导航系统；小轿车里的可调节座椅以及后视镜。

（2）分割物体，使其各部分可以改变相对位置。例如，装卸货物的铲车，通过铰链连接两个半圆形铲斗，可以自由开闭，装卸货物时张开，铲车移动时铲斗闭合；折叠椅；笔记本电脑。

（3）如果一个物体整体是静止的，使之移动或可动。例如，可弯曲的饮用麦管；在医疗检查中，使用柔性肠镜。

2. 动态特性原理的应用技巧

尝试让系统中的某些几何结构成为柔性的、可自适应的；往复运动的部分成为旋转的；让相同的部分执行多种功能；使特征成为柔性的；使系统可兼容于不同的应用或环境。

十六、未达到或过度作用原理

1. 未达到或过度作用原理的具体方法

如果所期望的效果难以百分之百实现，稍微超过或稍微小于期望效果，会使问题大大简化。例如，印刷时，喷过多的油墨，然后再去掉多余的油墨，使字迹更清晰；在地板砖缝隙内填充过多的白水泥，然后打磨平滑。

2. 未达到或过度作用原理的应用技巧

当系统不能获得最佳值时，先从最容易掌握的情况或最容易获得的东西入手，尝试在“多于”和“少于”之间过渡；尝试在“更多”和“更少”之间渐进调整等。

十七、空间维数变化原理

1. 空间维数变化原理的具体方法

（1）将物体一维运动变为二维（如平面）运动，以克服一维直线运动或定位的困难；或过渡到三维空间运动以消除物体在二维平面运动或定位的问题。例如，螺旋楼梯可以减少占地面积；多轴联动数控机床。

（2）单层排列的物体变为多层排列。例如，立交桥；印刷电路板的双层芯片。

（3）将物体倾斜或侧向放置。例如，自动垃圾卸载车。

（4）利用给定表面的反面。例如，双面的地毯；两面穿的衣服；双面胶。

（5）利用照射到邻近表面或物体背面的光线。例如，在花房朝北的区域加一个反射镜来反射太阳光，以改善此区域白天的光照效果；苹果树下的反射镜。

2. 空间维数变化原理的应用技巧

考虑改善空间的使用效率、可行性等。如果将一个对象转换到一个新的维度上还不能满足要求，则需对其进行第二次或第三次转换，或考虑使用对象的另一个不同侧面。

十八、机械振动原理

1. 机械振动原理的具体方法

（1）使物体处于振动状态。例如，电动振动剃须刀；选矿用的机械振动筛。

（2）如果已处于振动状态，提高振动频率（直至超声振动）。例如，超声波清洗；振动送料器。

（3）利用共振频率。例如，超声波碎石机击碎胆结石；随着接触介质的不同，共振音响发出不同的声音。

（4）用压电振动代替机械振动。例如，高精度时钟使用石英振动机芯；高频振动控制中，采用压电式振动传感器代替机械式振动传感器。

（5）超声波振动和电磁场耦合。例如，超声波振动和电磁场同时使用，在电熔炉中混合金属，使混合均匀；电磁场超声波驱动器，同时利用电磁场和超声波。

2. 机械振动原理的应用技巧

切勿假定一个稳定系统是最佳的。尝试采用不稳定的、变化的但同时是可控的系统。例如，当电流由直流变为交流时，可以产生多种新特征，如电磁波、电磁感应等。

十九、周期性作用原理

1. 周期性作用原理的具体方法

（1）用周期性动作或脉冲动作代替连续动作。例如，警车所用警笛改为周期性鸣叫，避免产生刺耳的声音；汽车的雨刷器。

（2）如果周期性动作正在进行，改变其运动频率。例如，用频率调音代替摩尔电码；使用AM（调幅）、FM（调频）、PWM（脉宽调制）来传输信息。

（3）在脉冲周期中利用暂停来执行另一有用动作。例如，医用的呼吸机系统为每五次胸廓运动进行一次心肺呼吸；乐队中的鼓点。

2. 周期性作用原理的应用技巧

尝试采用多种方式来改变现有系统的功能，如生产间歇、改变频率、利用脉冲间隙等。并且事先要评估这种改变是否能带来新的功能，带来新的功能后如何强化这种改变。

二十、有效作用的连续性原理

1. 有效作用的连续性原理的具体方法

（1）物体的各个部分同时满载持续工作，以提供持续可靠的性能。例如，汽车在路口停车时，飞轮储存能量，以便汽车随时启动；连续弯折钢丝，以使其折断；按时缴纳手机花费。

（2）消除空闲和间歇性动作。例如，后台打印，不耽误前台工作；工厂的倒班制度。

2. 有效作用的连续性原理的应用技巧

要重点搜寻动态系统的间歇时刻或已损失能量（动作），任何“从零开始”的或使工作流中断的“过渡过程”都可能损害到整个系统的效率，必须予以消除。

二十一、减少有害作用的时间原理

1. 减少有害作用的时间原理的具体方法

将危险或有害的流程或步骤在高速下进行。例如，照相用闪光灯；快速冷冻鱼虾；紫外线杀灭细菌；X射线透视；牙医使用高速电钻，避免烫伤口腔组织；

快速切割塑料，避免变形。

2. 减少有害作用的时间原理的应用技巧

如果系统在执行一个动作期间出现了有害的功能或危险的状况，则考虑寻找各种方式来加快其执行速度。

二十二、变害为利原理

1. 变害为利原理的具体方法

（1）利用有害的因素（特别是环境中的有害效应）得到有益的结果。例如，废热发电；回收废物二次利用，如再生纸。

（2）将两个有害的因素相结合进而消除它们。例如，潜水中用氮氧混合气体，以避免单用造成昏迷或中毒；在腐蚀性的溶液中，添加缓冲剂；中医中“以毒攻毒”的疗法。

（3）增大有害因素的幅度直至有害性消失。例如，森林灭火时用逆火灭火（为熄灭或控制即将到来的野火蔓延，燃起另一堆火将即将到来的野火的通道区域烧光）；在冰冷的天气下运输沙子或碎石常会因温度过低而结块变硬，可以使用液态氮使沙子或碎石因过度结冻而破碎，以利浇灌。

2. 变害为利原理的应用技巧

把自己不能使用的东西转变为自己可以使用的东西，或者是让一种有害作用与其他作用相结合从而将其消除，使系统获得新的价值。

二十三、反馈原理

1. 反馈原理的具体方法

（1）在系统中引入反馈。例如，声控喷泉、自动导航系统、声控灯、电饭煲。

（2）如果已引入反馈，改变其大小或作用。例如，在5km航程范围内，改变导航系数的敏感区域；自动调温器的负反馈装置。

2. 反馈原理的应用技巧

将系统中任何（有用或有害的）改变所产生的信息，都视作一种反馈信息源，用来执行矫正系统的作用。若使用反馈则设法来改变其反馈幅度。

二十四、借助中介物原理

1. 借助中介物原理的具体方法

（1）使用中介物实现所需动作。例如，用拨子弹月琴；用镊子夹取细小零件；用机器人去从事需要对放射性物质进行操作的工作。

（2）将一个物体与另一个容易去除的物体暂时结合。例如，饭店上菜的托盘；搬运货物时，使用货架可以多盛放物品，提高工作效率。

2. 借助中介物原理的应用技巧

在不匹配或有害的结构（功能、事件、状况或团体）之间，经协调而建立一种临时连接，即中介物，它是某种可轻松去除的中间载体、分隔物或过程。

二十五、自服务原理

1. 自服务原理的具体方法

（1）物体通过执行辅助或维护功能为自身服务。例如，自清洗烤箱、自助饮水机、红外感应水龙头、自动取款机（ATM）。

（2）利用废弃的能量与物质。例如，再生纸；用动物的粪便做肥料；利用发电过程中产生的热能取暖。

2. 自服务原理的应用技巧

巧妙利用“自然控制机构”的某种功能，如重力、水力、毛细管等物理、化学或者几何效应。

二十六、复制原理

1. 复制原理的具体方法

（1）用简单、廉价的复制品代替复杂、昂贵、不方便、易损、不易获得的物体。例如，虚拟现实系统，如虚拟训练飞行员系统；看电视直播，而不到现场。

（2）用光学复制品（图像）代替实物或实物系统，可以按一定比例放大或缩小图像。例如，用卫星相片代替实地考察；通过图片测量实物尺寸。

（3）如果已使用了可见光复制品，再用红外光或紫外光复制品代替。例如，利用紫外光诱杀蚊蝇；红外夜视仪；用红外图像来检测热源，如安保系统中的入侵者、农作物疾病等。

2. 复制原理的应用技巧

广义的复制其实是一种映射。多种手段都可以实现复制，例如，实物模型、计算机模型、数学模型或其他能够满足要求的模型技术。注意考虑改变复制物的比例。

二十七、廉价代替品原理

1. 廉价代替品原理的具体方法

用若干便宜的物体代替昂贵的物体，同时降低某些质量要求（如工作寿命）。例如，一次性纸杯或塑料杯、塑料鞋套、一次性注射器、一次性手术服、婴儿纸尿裤。

2. 廉价代替品原理的应用技巧

简单替代复杂，廉价替代高价，“短命”替代“长寿”。可以替代的对象不单是机器、工具和设备，也可以是信息、能量、人及过程。

二十八、机械系统替代原理

1. 机械系统替代原理的具体方法

（1）用视觉系统、听觉系统、味觉系统或嗅觉系统代替机械系统。例如，用声音栅栏代替实物栅栏（如光电传感器控制小动物进出房间）；在煤气中掺入难闻气体，警告使用者气体泄漏（替代机械或电子传感器）。

（2）使用与物体相互作用的电磁场。例如，为混合两种粉末，用电磁场代替机械振动使粉末混合均匀；静电除尘。

（3）用运动场代替静止场，时变场代替恒定场，结构化场代替非结构化场。例如，早期的通信系统用全方位检测，现在用特定发射方式的天线检测。

（4）将场和铁磁粒子组合使用。例如，用不同的磁场加热含磁粒子的物质，当温度达到一定程度时，物质变成顺磁，不再吸收热量，从而达到恒温的目的。

2. 机械系统替代原理的应用技巧

首先考虑用物理场来替代机械场，由可变场来替代恒定场，由结构化场来替代非结构化场，由生物场来替代机械作用。在非物理系统中，概念、价值或属性都是可以被替代的对象。

二十九、气压和液压结构原理

1. 气压和液压结构原理的具体方法

将物体的固体部分用气体或流体代替，如充气结构、充液结构、气垫、液体静力结构和流体动力结构等。例如，气垫运动鞋，减少运动对足底的冲击；汽车减速时液压系统储存能量，在汽车加速时再释放能量；运输易损物品时，经常使用发泡材料保护。

2. 气压和液压结构原理的应用技巧

注意观察系统中是否包含具有可压缩性、流动、湍流、弹性及能量吸收等属性的元件，出现上述情况时，可用气动或液压元件代替原有零部件。

三十、柔性壳体或薄膜原理

1. 柔性壳体或薄膜原理的具体方法

(1) 使用柔性壳体或薄膜代替标准结构。例如，在网球场地上采用充气薄膜结构作为冬季保护措施；农业上使用塑料大棚种菜。

(2) 使用柔性壳体或薄膜，将物体与环境隔离。例如，用薄膜将水和油分开储藏；塑料浴罩；化妆品及指甲油提供保护并美化体貌。

2. 柔性壳体或薄膜原理的应用技巧

如果打算将一个问题与其环境隔离，或者考虑运用薄的对象代替厚的对象，都可以考虑使用柔性壳体或薄膜原理。

三十一、多孔材料原理

1. 多孔材料原理的具体方法

(1) 使物体变为多孔或加入多孔物体（如多孔嵌入物或覆盖物）。例如，为减轻物体重量，在物体上钻孔，或使用多孔性材料，如孔板式齿轮、带轮等，纱窗，蚊帐。

(2) 如果物体是多孔结构，在小孔中事先引入某种物质。例如，用海绵储存液态氮；印台盒里储存印油的材料；药棉。

2. 多孔材料原理的应用技巧

使用孔穴、气泡、毛细管等孔隙结构时，这些孔隙可不包含任何实物粒子，可以真空，也可以充满某种有用的气体、液体或固体。

三十二、改变颜色原理

1. 改变颜色原理的具体方法

（1）改变物体或环境的颜色。例如，在暗室中使用安全灯，做警戒色；在家具上涂示温油漆，随油漆颜色变化来表现不同的室内温度。

（2）改变物体或环境的透明度。例如，感光玻璃，随光线改变其透明度；透明绷带不必取掉即可观察伤情。

（3）为了观察难以看到的物体或过程，在物体中添加颜色。例如，紫外光笔可鉴别真伪钞；人民币上的荧光防伪标记。

（4）如果已经添加了颜色，则考虑增强发光追踪或原子标记。例如，在太阳能电池上使用抛面物镜来提高能量收集。

2. 改变颜色原理的应用技巧

当目的是区别多种系统的特征（如促进检测、改善测量或标识位置、指示状态改变、目视控制、掩盖问题等）时，都可以使用该原理。

三十三、均质性原理

1. 均质性原理的具体方法

存在相互作用的物体用相同材料或特性相近的材料制成。例如，方便面的料包外包装用可食性材料制造；用金刚石切割钻石，切割产生的粉末可以回收；输血时，血型必须一致。

2. 均质性原理的应用技巧

首先寻找两种材料的或多种材料之间的等同性，即两种材料的属性足够接近，一起使用不会产生明显害处。这种等同性能给系统带来益处。

三十四、抛弃或再生原理

1. 抛弃或再生原理的具体方法

（1）采用溶解、蒸发等手段抛弃已完成功能的零部件，或在系统运行时直接修改它们。例如，可溶性的药物胶囊；火箭助推器在完成其作用后立即分离。

（2）在工作过程中迅速补充系统或物体中消耗的部分。例如，草坪剪草机的自锐系统；自动铅笔可随时补充消耗掉的铅芯。

2. 抛弃或再生原理的应用技巧

时间是关键。一旦一种功能已完成，应立即将其从系统中去除，或者立即对其进行恢复以进行再利用。

三十五、改变物理或化学参数原理

1. 改变物理或化学参数原理的具体方法

(1) 改变聚集态（物态）。例如，酒心巧克力，先将酒心冷冻，然后将其在热巧克力中蘸一下；用液态运输石油气，不用气态运输以减少体积和成本。

(2) 改变浓度或密度。例如，用液态的肥皂水代替固体肥皂，可以定量控制使用，减少浪费；压缩饼干。

(3) 改变柔度。例如，硫化橡胶改变了橡胶的柔性和耐用性；在脆性材料的连接中，螺钉的表面使用弹性材料并配上弹簧。

(4) 改变温度。例如，提高烹饪食品的温度（改变食品的色、香、味）；降低医用标本保存温度，以备后期解剖。

2. 改变物理或化学参数原理的应用技巧

可以考虑改变系统或对象的任意属性（对象的物理或化学状态、密度、导电性、机械柔性、温度、几何结构等）来实现系统的新功能。需要指出的是，改变物理或化学参数原理是所有创新原理中使用频率最高的原理。

三十六、相变原理

1. 相变原理的具体方法

利用物质相变时产生的某种效应，如体积改变、吸热或放热。例如，水在由液态转变为固态时体积会发生膨胀，可利用这一特性进行定向无声爆破；用干冰制造舞台的烟雾效果。

2. 相变原理的应用技巧

为了产生气溶胶、吸收或释放能量、改变体积以及产生一种有用的力，都可以利用相变原理。典型的相变包括气、液、固体彼此之间的转换和逆转换。

三十七、热膨胀原理

1. 热膨胀原理的具体方法

(1) 使用热膨胀或热收缩材料。例如，装配金属双环时，可使内环冷却收缩，外环升温膨胀，再将两环装配，待恢复常温后，内外环就紧紧装配在一起了；踩瘪的乒乓球用热水一烫就恢复原状。

（2）组合使用不同热膨胀系数的几种材料。例如，热敏开关（两条粘在一起的金属片，由于两片金属的热膨胀系数不同，对温度的敏感程度也不一样，可产生变形并实现温度控制）；双金属片传感器，使用不同膨胀系数的金属材料并将其连接在一起，当温度变化时双金属片会发生弯曲。

2. 热膨胀原理的应用技巧

热膨胀可以是正向或负向的。热膨胀的运用范围并不只限于热场，重力、气压、海拔高度或光线的变化都可能引起热膨胀或收缩。社会现象或者心理现象也可以纳入考虑范围。

三十八、强氧化剂原理

1. 强氧化剂原理的具体方法

（1）用富氧空气代替普通空气。例如，为持久在水下呼吸，水中呼吸器中储存浓缩空气；富氧炼钢。

（2）用纯氧代替空气。例如，用乙炔-氧代替乙炔-空气切割金属；用高压纯氧杀灭伤口厌氧细菌。

（3）将空气或氧气进行电离辐射。例如，空气过滤器通过电离空气来捕获污染物；使用负氧离子空气清新机清新室内空气。

（4）用臭氧代替含臭氧氧气。例如，臭氧溶于水中可去除船体上的多种有机或无机污染物、有毒物。

2. 强氧化剂原理的应用技巧

提高氧化水平可以考虑以下次序：空气→富含氧气的空气→纯氧→电离化氧气→臭氧。在非物理系统中，“氧化剂”可以是能够导致过程加速或失稳的任何外部元素。

三十九、惰性环境原理

1. 惰性环境原理的具体方法

（1）用惰性环境代替通常环境。例如，用氩气等惰性气体填充灯泡，做成霓虹灯；在音响中合理敷设泡沫材料，以吸收不良振动，确保高保真效果。

（2）使用真空环境。例如，真空包装食品，延长储存期；真空镀膜机。

2. 惰性环境原理的应用技巧

制造一种惰性环境，可以考虑各种可用的环境类型：真空、气体、液体或固体。固体惰性环境包括中性涂层、微粒或要素，同时还要考虑“不产生有害作用的环境”。

四十、复合材料原理

1. 复合材料原理的具体方法

用复合材料代替均质材料。例如，飞机外壳材料用复合材料代替；用玻璃纤维制成的冲浪板，更加易于控制运动方向和制成各种形状；耐磨的强化复合实木地板；轻便的复合材料防弹衣。

2. 复合材料原理的应用技巧

采用复合材料就是改变物体构成材料的成分或种类。没有分层时可以考虑分层，没有添加增强纤维时可以考虑添加增强纤维（或其他增强材料）等。对于管理系统，可以考虑使用不同类型的人员配置。

思 考 题

1. 结合你的看法，试述TRIZ创新原理的由来。
2. 要正确理解40条TRIZ创新原理，需把握哪些原则？
3. 结合日常生活和生产实践，针对每个创新原理，请举出2个实例。
4. 结合你的理解，用自己的语言解释每个创新原理的具体内容。
5. 结合个人经历，谈谈如何正确地运用TRIZ创新原理。

参 考 文 献

陈广胜 . 2008. 发明问题解决理论（TRIZ）基础教程［M］. 哈尔滨：黑龙江科学技术出版社
黑龙江省科学技术厅 . 2009. TRIZ理论——40种基本措施 . http：//www. triz. gov. cn/trizjs/200806/t20080613 _ 82099. html
姜台林 . 2008. TRIZ创新问题解决实践［M］. 桂林：广西师范大学出版社
李祖扬，柳洲 . 2007. 创新原理与方略［M］. 天津：天津人民出版社
杨清亮 . 2008. 发明是这样诞生的：TRIZ理论全接触［M］. 北京：机械工业出版社
姚博 . 2006. 智慧灵光：发明与发现［M］. 北京：西苑出版社
亿维讯 . 2009. TRIZ40原理 . http：//www. iwint. com. cn/ch/triz/triz-yuanli-20090311-163404. html
赵敏，史晓凌，段海波 . 2009. TRIZ入门及实践［M］. 北京：科学出版社

第七章　分离原理在物理矛盾中的应用

通过观察解决系统技术矛盾的矛盾矩阵可以发现，从左上到右下 45 度斜线方向上存在几个以“＋”填充并未推荐发明原理的方格，这些方格对应的正反两个参数是同一个参数，说明这些参数自身产生了矛盾。

在生产生活中这样的矛盾比比皆是，例如：

（1）在喝茶时，希望杯子倾斜可以喝到水，但是杯子倾斜后茶叶也会流出，这又是不希望的。

（2）笔记本电脑应该小，以方便携带，但是太小的显示器又会影响使用。

（3）牙刷的刷毛应该硬，以刷掉牙垢，但是太硬的刷毛又会损伤牙龈。

（4）汽车的车架与车桥间需要安装弹性元件以减少冲击力，但是安装后又会使车架产生振动。

（5）机床中使用的刀具应该硬，以便切削工件，但是又不能太硬以便有足够的强度。

从这些例子可以看出，这些系统中都存在对同一个参数提出相互排斥的需求的物理状态。阿奇舒勒将这种问题称为物理矛盾。

本章中首先介绍如何定义物理矛盾，以及如何寻找物理矛盾，接着介绍用以解决物理矛盾的 4 大分离原理和 11 种分离方法以及它们的应用。

第一节　物理矛盾与技术矛盾

一、物理矛盾

当一个技术系统的工程参数具有相反的需求时就出现了物理矛盾。具体来讲，物理矛盾在技术系统中主要体现在以下几个方面：

（1）系统或关键子系统必须存在，又不能存在。

（2）系统或关键子系统必须具有性能“F”，同时又必须具有与“F”相反的性能“$-F$”。

（3）系统或关键子系统必须处于状态“S”及与其相反的状态“$-S$”。

（4）系统或关键子系统不能随时间变化，又要随时间变化。

根据物理学中常用的参数，物理矛盾又可以从几何、材料及能量、功能 3 个具体的角度进行表述，如表 7-1 所示。

表 7-1　常见物理矛盾

类别	物理矛盾							
几何类	长与短	对称与非对称	平行与交叉	厚与薄	圆与非圆	锋利与钝	窄与宽	水平与垂直
材料及能量类	多与少	密度大与小	导热率高与低	温度高与低	时间长与短	黏度高与低	功率大与小	摩擦大与小
功能类	喷射与堵塞	推与拉	冷与热	快与慢	运动与静止	强与弱	软与硬	成本高与低

二、如何定义物理矛盾

准确地寻找与定义物理矛盾是解决所出现的问题的基础，前人通过分析总结出了描述和定义物理矛盾的一般步骤，如表 7-2 所示。本章以对汽车减振器阻尼提出截然相反的要求为例来加以说明，这个矛盾在表 7-1 中可以归为黏度高与低的矛盾。

表 7-2　定义物理矛盾的步骤

步骤	举例
(1) 元素或其组成部分（指定技术系统的元素）	汽车减振器
(2) 必须（是、有）（指定要求的作用、物理状态、性质或参数值）	必须有大阻尼
(3) 满足（指定某一项需求，例如，X）	应很快的消除振动
(4) 与/但是	但是
(5) 元素或其组成部分（同第一步）	汽车减振器
(6) 必须（是、有）（指定与第二步相反的作用、物理状态、性质或参数值）	必须有小阻尼
(7) 满足（指定另一需求，例如，Y）	避免冲击损坏零件和车架

三、物理矛盾与技术矛盾关系

对比物理矛盾和技术矛盾的定义，物理矛盾和技术矛盾是有区别的。技术矛盾是技术系统中两个参数之间存在的相互制约；物理矛盾是技术系统中一个参数无法满足系统内相互排斥的需求。但是，无论是物理矛盾还是技术矛盾，它们都反映的是技术系统的参数属性，因此，它们之间又是相互联系的。例如，对于电磁铁来说，其输出力和体积是一对技术矛盾，在改善（增强）其输出力的同时就会使得其体积恶化（增加）。换一个角度，这个问题可以用物理矛盾来描述，即通过电磁铁的电流既要大、又要小。电流大，在同样的条件下，电磁铁输出力就大，但是其能耗也会增加。电流小，能耗就会减小，但是要保证输出力，就必须增加其体积。因此，技术矛盾和物理矛盾之间，是可以相互转化的。

除了物理矛盾和技术矛盾外，TRIZ 理论中还有一类矛盾，即管理矛盾。管理矛盾是指为了避免某些现象或得到某些结果，需要做一些事情但不知道如何去做。如希望提高产品质量，减低原材料的成本，但不知道方法。管理矛盾本身具有暂时性，而且没有启发价值，不能表现出问题的解的可能方向。因此，它不属于 TRIZ 的研究内容。

第二节　分离原理及其类型

相对于技术矛盾，物理矛盾是一种更尖锐的矛盾，也是更本质的矛盾。从哲学角度来看，物理矛盾的矛盾双方是对立统一的关系，矛盾双方存在于同一客体中，因此就必然不可避免地产生冲突。因此，要解决物理矛盾，就是要打破这种关系，通过将矛盾双方分离，破坏其统一关系，使其不再存在于同一客体中，矛盾双方也就不再存在对立关系了，此时，物理矛盾就得到了解决。

现代 TRIZ 理论在总结解决物理矛盾的各种研究方法的基础上，提出了 4 大分离原理来解决物理矛盾。

一、4 大分离原理

1. 空间分离原理

所谓空间分离，是将矛盾双方在不同的空间上分离开来，以获得问题的解决或降低问题解决的难度。

使用空间分离前，先确定矛盾的需求在整个空间中是否都在沿着某个方向变化？如果在空间的某一处，矛盾的一方可以不按一个方向变化，则可以使用空间的分离原理来解决问题。也就是说，当系统或关键子系统的矛盾双方在某一个空间上只出现一方时，就可以进行空间分离。因此利用空间分离原理解决物理矛盾的步骤如下。

第一步：定义物理矛盾。找到存在矛盾的参数，以及对该参数的要求。

第二步：定义空间。如果想实现技术系统的理想状态，上面参数的不同要求应该在什么空间得以实现？

第三步：判断第二步中寻找到的两个空间是否存在交叉。如果不存在交叉，则可以使用空间分离原理，如果存在交叉，则需要尝试其他分离方法。

［例 7-1］　勾心斗角

勾心斗角这个成语原指宫室建筑结构的交错和精巧。

图 7-1 为孔庙中的一处建筑结构，左面的建筑与整个院落是早期的建筑，在

图 7-1　勾心斗角

建造右面的建筑时，发现空间不够了。因此就产生了物理矛盾：即要建设美观的建筑，又因为空间不够不能建设。

解决方案就是采用图 7-1 所示的勾心斗角的建筑形式，使两个建筑物在不同的空间上分离开来。

［例 7-2］　聪明消防夹克

消防夹克虽然可以防火隔热，但是如果火区温度过高，超过消防夹克所能承受的极限，消防员的身体也会被高温灼伤。为了保护消防员，需要采用温度探测器，但探测器由于重量太沉，体积过大而妨碍了消防员的活动。

解决方案就是采用空间分离原理，把探测器中较为沉重的部分（电池/报警器）设计为可移动、可卸载的，而将较轻的传感器缝在夹克里。

2. 时间分离原理

所谓时间分离，是将矛盾双方在不同的时间段分离开来，以获得问题的解决或降低问题的解决难度。

使用时间分离前，先确定矛盾的需求在整个时间段上是否都在沿着某个方向变化。如果在时间段的某一段，矛盾的一方可以不按一个方向变化，则可以使用时间的分离原理来解决问题。也就是说，当系统或关键子系统在某一时间段中只出现一方时，就可以进行时间分离。因此利用时间分离原理解决物理矛盾的步骤如下。

第一步：定义物理矛盾。找到存在矛盾的参数，以及对该参数的要求。

第二步：定义时间。如果想实现技术系统的理想状态，上面参数的不同要求应该在什么时间得以实现？

第三步：判断第二步中寻找到的两个时间段是否存在交叉。如果不存在交叉，则可以使用时间分离原理，如果存在交叉，则需要尝试其他分离方法。

［例 7-3］　串口通信

在计算机通信系统中，希望两系统之间的连接线多些以适应计算机的字长，但是过多的线数一方面会导致线间干扰，不能长距离传送信号，另一方面又会增加成本。这样物理矛盾就产生了。

解决方案是利用时间分离原理将多位数据同时传递的并行通信方式，变为串行通信方式，一位一位地传递数据。

［例 7-4］　单电机选换挡执行机构

电控机械式自动变速器是在传统的手动变速器基础上加装操纵机构来实现自动换挡的。为了能够实现正交布置的选挡和换挡的动作，对原来的每一个机构都需要加装驱动元件，但是过多的驱动元件又会增加成本和功耗。这样物理矛盾就产生了。

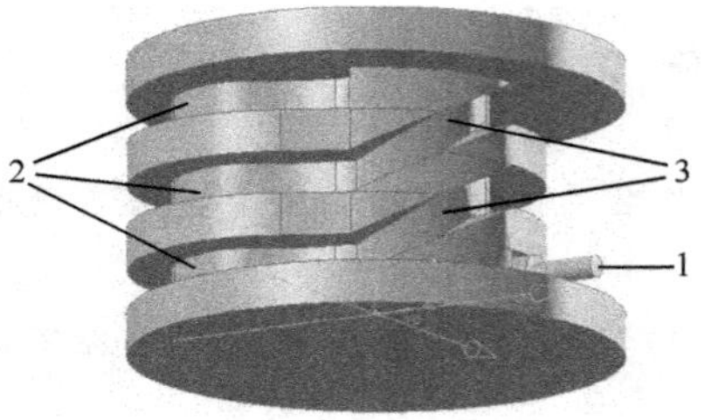

图 7-2　单电机选、换挡执行机构

解决方案是利用时间分离原理。由于选挡和换挡动作不是同时进行的，因此可以用一个电动机驱动图 7-2 所示的凸轮，带动从动件实现选、换挡动作。

3. 条件分离原理

所谓条件分离原理，是将矛盾双方在不同的条件下分离开来，以获得问题的解决或降低问题的解决难度。

在进行条件分离前，先确定在各种条件下矛盾的需求是否都在沿着某个方向变化，如果在某种条件下，矛盾的一方可不按一个方向变化，则可以使用条件分离原理来解决问题。也就是说，当系统或关键子系统矛盾双方在某一种条件下只出现一方时，则可以进行条件分离。因此利用条件分离原理解决物理矛盾的步骤如下。

第一步：定义物理矛盾。找到存在矛盾的参数，以及对该参数的要求。

第二步：定义时间/空间。如果想实现技术系统的理想状态，上面参数的不同要求应该在什么时间/空间得以实现？

第三步：判断第二步中寻找到的两个时间/空间是否存在交叉。如果对参数的不同要求可按照某种条件实现分离和切换，则尝试使用条件分离原理。如果存在交叉，则需要尝试其他分离方法。

［例 7-5］　汽车安全带

为了保证汽车碰撞时乘员的安全，必须使用安全带将乘员牢固地固定在座椅上，但是在平时，乘员又希望能够在座椅上灵活活动。这样物理矛盾就产生了。

解决方案就是利用条件分离原理，设计出紧急锁止式收卷器，使得在正常情况下安全带对人体上部不起约束作用，当乘员向前弯腰时，安全带可以从收卷器中拉出，但是在汽车减速度超过预定值或车身严重倾斜时，收卷器会将安全带卡住而对乘员产生有效的约束。

［例 7-6］　记忆合金管道连接器

将两个管道连接时，希望两个管子直径相差大些，以方便安装，但是从密封性的角度出发，又希望两个管子直径能满足过盈。这样物理矛盾就产生了。

解决方案就是使用条件分离原理，利用形状记忆合金做成管接头，在低温下使接头变形方便安装，在常温下，接头回复原状保证密封性。

4. 系统级别分离原理

所谓系统级别分离原理，是将同一参数的不同要求在不同的系统级别上实现，即将矛盾双方在不同层次分离，以获得问题的解决或降低问题的解决难度。

当矛盾双方在系统、子系统、超系统的层次只出现一方，而该方在其他层次不出现时，则可以进行系统级别分离。因此利用系统级别原理解决物理矛盾的步骤如下。

第一步：定义物理矛盾。找到存在矛盾的参数，以及对该参数的要求。

第二步：定义时间/空间。如果想实现技术系统的理想状态，上面参数的不同要求应该在什么时间/空间得以实现？

第三步：判断第二步中寻找到的两个时间/空间是否存在交叉。如果对参数的不同要求可按照不同的系统级别（如系统＋子系统、系统＋超系统）实现分离，则尝试使用系统级别分离原理。如果存在交叉，则需要尝试其他分离方法。

［例 7-7］　静电过滤器

标准空气过滤器含有一层多孔过滤材料。当气流通过过滤材料时，它的气孔可将灰尘颗粒吸附。如果孔的直径过小，尽管可以很好地将灰尘吸附，但会将过滤器早早地堵塞。如果孔的直径过大，虽不能将过滤器早早地堵塞，但不能很好地将灰尘吸附。这样物理矛盾就产生了。

解决方案是采用系统级别分离原理，设计出的静电过滤器如图 7-3 所示。

静电过滤器的滤芯是一组平板电极。在相邻的电极间有小的空气间隙，每个电极与其他的电极相互绝缘。相互间隔的电极与高压直流电源的正负极相连接。

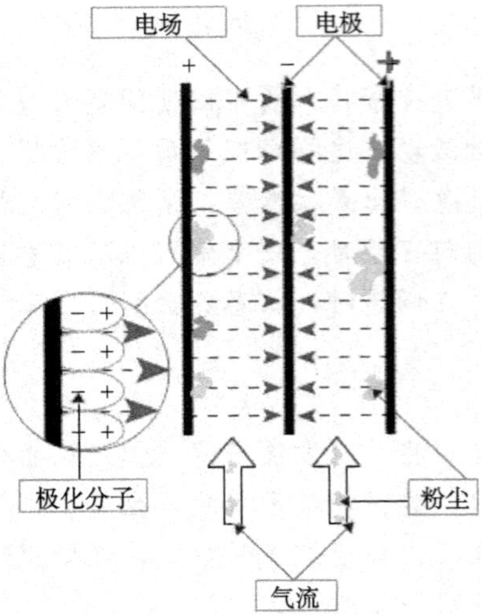

图 7-3　静电过滤器

要过滤的气流沿着电极表面通过间隙。电极间的静电场使灰尘颗粒分子极化，并形成它们自己的电极。极化后的灰尘颗粒的分子使其正极与负电极的表面相吸，使其负极与正电极的表面相吸。从而，灰尘吸附在电极的表面而将其从空气中除去。静电过滤器电极间的空气通道将起到大直径孔的作用，灰尘堵塞通道会很慢，同时，静电场将起到小直径孔的作用，静电场将拦住小的灰尘颗粒使其落在电极的表面上。

［例 7-8］　mul-lock CLIQ

目前锁的发展趋势是电子锁。人们希望将所用的电源、控制电路、电气执行元件都装入锁芯中，以适应不同结构的锁的要求，但是这些元件加起来体积太大，不能放入很小的锁芯中。这样物理矛盾就产生了。

解决方案是利用系统级别分离原理，利用由锁和钥匙组成的超系统解决这个矛盾，将控制电路和执行元件放在锁芯中，而将比较大的电源放在钥匙中。

在实际工作中，对同一个物理矛盾可以采用不同的分离原理，从而获得不同的解决方案。

［例 7-9］　多任务的执行

人们希望计算机在一段时间内只执行一个任务以提高执行效率，但是只运行一个任务有时需要等待其他一些慢速设备的信号，使得计算机的利用率下降。这样物理矛盾就产生了。

解决这个问题可以采用许多不同的方案。

空间分离原理解决方案：在一个计算机中设置多个处理器，每个处理器执行一个任务。

时间分离原理解决方案：采用分时调度操作系统，让不同的任务在不同的时间段执行。

条件分离原理解决方案：采用基于优先级调度的操纵系统，让优先级高的任务先执行，优先级高的任务在等待时，也可以让其他任务先执行。

系统级别分离原理解决方案：采用分布式微核系统结构，使不同的任务在网络上不同的计算机上运行，并可以通过网络通信。

二、11 种分离方法

实际上，在 4 大分离原理提出前，许多研究者都提出了许多物理矛盾的解决方法，其中最著名的就是阿奇舒勒在 20 世纪 70 年代提出的 11 种解决方法。这实际上是 4 大分离原理的基础，而且这 11 种分离方法大部分与后面章节介绍的标准解法相关。

由于这 11 种方法比 4 大分离原理更具体，所以本章在这里通过一些工程实例对这 11 种分离方法进行讲解。

1. 空间上具有对立要求的分离

即 4 大分离原理中的空间分离原理。

［例 7-10］　利用微型泵内部电场的空间分离来控制被泵输送的液流

将液体注入微型管道系统的电动机械式微型泵由外壳、压电薄膜、输入阀和输出阀组成。压电薄膜在外部交变电场的作用下发生周期性变形。压电薄膜的这种周期性变形可确保液体通过机电泵的输入阀和输出阀进行单向流动。这种泵存在以下物理矛盾：在微型泵所在部位，施加于液体的电场强度必须较高，以使液体在所施加的电场的感应下获得其在微型管道内流动所需要的较高的电荷密度。同时所施加的电场强度必须很低（为零），以避免产生高电荷密度和电荷在微型管道运动所需要的大量能耗。

应用矛盾属性空间分离原理。根据电渗效应期间微型管道截面上带电粒子的空间分布不均匀而得出解决方案。液体在微毛细管表面的电化学反应使该表面带上了负电荷。带有负电荷的毛细管表面的强电场吸引了来自液体的正离子。液体的负离子受到毛细管表面的排斥。这样就形成了一层双电荷层。毛细管位于两个加有电压的电极之间。电极电场将液体的正离子向阴极方向移动。液体正离子的运动将毛细管中的全部液体带向阴极方向。这样所产生的高压就被转移到微型管中的液体上。当外部电场的极性改变时，电渗泵很容易改变液体的流动方向。电渗泵保证液体的流动而不会产生振动和噪声。因而微型管道内的流体阻力大大降低。

2. 时间上有对立要求的分离

即 4 大分离原理中的时间分离原理。

［例 7-11］　将发光二极管开关与载频发射的时间分离以增强蜂窝无线通信的稳定性

无线电话机，特别是那些分时多路访问通信中的电话机，具有许多便于使用的特点。例如，发光二极管照亮按钮在黑暗中显示。对于呼入电话，发光二极管及时闪烁并伴有铃声，直到使用者将其关闭。此外，电话机可激活振动器，以替代音调振铃器来通知使用者有呼入电话。使用低压电池可使无线电话机的重量更轻，体积更小。但是，在工作过程中，发光二极管和（或）振动器消耗大电流。大的消耗电流在低压电池和电压调节器的输出端产生电压波动。电池输出端的电压波动导致电压控制振荡器输出端频率的中断。在分配发射和接收由空运行周期隔开的时间槽期间，在一分配频带内，振荡用于生成精确的发射和接收载波频率。电压控制振荡器频率的变化伴随着载频中断。载频中断削弱了通信质量。大能量消耗使电池过载。过载的电池迅速耗尽。当使用可用的简单电压调制器时，人们希望在振荡器和发光二极管工作期间避免载频的中断。因此产生了物理矛盾：在极限处，电池的总能量必须通过有精确频数配合的发射来消耗掉，目的是为了确保可靠通信，必须通过提供振动电话和使按钮和显示发亮来消耗整个电池能量。

依据矛盾属性时间分离原理，要避免信号携载频率的中断，仅在空运行期间可以，如空运行时间槽期间接通和切断发光二极管。当电话额外配有呼入振荡器时，振荡器的接通也与空运行时间槽同步，而发光二极管切断。因此，发光二极管（或振荡器）工作的及时隔离以及载频的发射稳定了携载频率，而不会使得电压调制器变得复杂。另外，这样做节约了电池能量，提高了电池的寿命。

3. 系统转化 1a

该方法通过将均质或异质系统合并为超系统来解决物理矛盾（标准解法 3.1.1（见第九章标准解法 3.1.1：将多个技术系统并入一个超系统））。

［例 7-12］ 将相同透射率及不同直径黑点的滤光片组合以提高电弧焊图像的对比度

焊接区域发出的强光可能会光击摄影机的光敏元件。为了降低摄影机的光击，将位于底片上的半透明滤光片放在摄影机和电弧间。滤光片的形状就像一个由许多同心环包围的小黑点，这些同心环的密度朝环心方向成倍递增。这种滤光片可遮蔽摄影机，使其免受焊接区域直接发出的强光照射。同时，在透射焊接区域最强光部分的周边邻近物体的图像方面，该滤光片相当精确。然而，组成滤光片的各个同心环之间的透射率具有多级差异，因此对于底片的一次曝光而言这种滤光片很难制造。这样就产生了物理矛盾：滤光片的透射率分配应均匀以便于制造，但滤光片的透射率分配应不均匀，以便向穿行光提供专用的空间亮度分配。

应用系统转化原理 1a：将技术系统的均匀或非均匀元件集成为一个超系统，从均匀点（状态－S）形成同心环系统（状态 S）。此时，置于黑色背景下的直径变化的一系列白点被拍摄在单个胶卷上，目的是生成对应于环外径的不同直径黑点形式的底片。所有底片的透射率是相同的，并对应于外环的透射率。每一个点都被透明背景包围。底片以一个共同的中央区一个接一个的堆存。这就生成了同心环过滤器，其从周边环向中心的透射率多级减小。例如，外环透射率为 1/10，中间环透射率为 1/100，内圆点的透射率为 1/1000。

4. 系统转化 1b

该方法通过将一个系统转化为反系统或将一个系统与反系统的组合来解决物理矛盾（标准解法 3.1.3（见第九章标准解法 3.1.3：由相同元件向具有改变特征元件的跃迁））。

［例 7-13］　设计可同时进行冷却与加热的空调器来控制汽车座位的温度

用于汽车座位的空调器包括一个带有若干孔的外壳、一个电加热器、一个风扇和一个从外面供气的空气喷嘴。在寒冷的天气下，风扇通过运行的电加热器从外面吹入空气。加热的空气通过座椅套上的孔给驾驶员增加温度。当天气凉爽时，加热器关闭，冷气从外面吹到驾驶员身上。然而，在炎热的天气里，外面的温度太高。在这种情况下，空调系统就失去作用。即使关闭电加热器，来自外面的热气也会增加驾驶员的热度。技术系统必须解决这两个矛盾。但由于其操作原理的限制又无法做到。

应用系统转化原理 1b：从技术系统元件跃迁到技术系统反元件或技术系统元件与反元件的组合。将元件（热风侧）和反元件（冷风侧）结合在一起的技术系统是基于所谓的珀耳帖效应的物理效应。技术系统被视为珀耳帖元件。工作时，珀耳帖元件可同时加热和冷却气流。因此，可以将外部的空气吹到珀耳帖元件的热风侧和冷风侧。被加热和被冷却的空气在混合器中混合，并通过座椅套中的小孔导入驾驶员的座椅。对加热和冷却的气流（通过风门片）进行独立控制的可能性，可保证对吹向驾驶员的空气温度进行逐步调节。

5. 系统转化 1c

该方法通过使整个系统具有性能“F”，而使子系统具有“$-F$”性能来解决物理矛盾。

［例 7-14］　设计带有多块刚性印刷电路板的柔性印刷电路板装置来减小印刷电路板占用的空间

电子器件尺寸和重量的减小对于飞机和导弹等极其重要。通过在玻璃或陶瓷基底上形成集成电路，微电子技术实现了电子器件尺寸和重量的减小。集成电路包含利用传统薄膜沉积技术制造的有源元件和无源元件。增加刚性印刷电路板上的元件数量将增大不希望的印刷电路板面积。结果是具有大量元件的印刷电路板占据了大的空间。人们知道在折叠时大的柔性印刷电路板占据了较小的空间。如果将这些刚性印刷电路板加工成柔性，则可折叠它们，以便大面积印刷电路板占用最小的空间。这样就产生了物理矛盾：印刷电路板必须为柔性，以便占用最小的空间，且它必须为刚性，以便许多元件可以置于其大面积的表面上。

应用系统转化原理 1c：技术系统的元件具有状态 S，该元件的零件（子系统）具有相互独立的状态—S。依据该原理，印刷电路板装置必须为柔性（状态 S)，而其元件（印刷电路板部件）必须为刚性（—S 状态）。建议柔性印刷电路板装置具有多个刚性印刷电路板，利用薄的柔性印刷电路板对刚性印刷电路板进行机械和电连接。这样，折叠柔性印刷电路板以便将刚性印刷电路板沿连接位置对齐。利用一对支撑板将折叠的柔性印刷电路板固定在该位置。

6. 系统转化 2

该方法通过将系统转化为在微观层面上运作的系统来解决物理矛盾（标准解法 3.2.1（见第九章标准解法 3.2.1：引入“聪明”物质来实现向微观级的跃迁））。

［例 7-15］ 设计在微观级上工作的基础材料偶极矩激励器来增强阻尼器的阻尼能力

可以利用多种冲击或缓冲材料实现振动和冲击阻尼，诸如橡胶材料或泡沫聚合物等。然而，具有所需强度的传统能量阻尼材料不具有足够的阻尼能力。由此必须提高阻尼器的厚度和体积来实现满意的阻尼能力。这些诸如结构加筋或受限层阻尼的方法可以用于提高阻尼材料阻尼能力。例如，橡胶材料与金属板或金属心（受限层阻尼）相结合，或油阻尼器与橡胶材料的合并。在结构加筋中，用作基础材料的泡沫聚合物可能含有分散的短纤。尽管如此，纤维加筋泡沫材料必须具有相当的厚度以有效抑制强烈的振动和冲击能量。一般而言，具有固态或液态加筋元件的材料的加工复杂，价格昂贵。由固态或液态加筋材料制成的阻尼器的厚度、体积和重量大。没有加筋元件时，阻尼器质量轻，易于制造，但阻尼能力低。因此，振动缓冲材料本身必须实现极佳的振动阻尼。这样，就产生了物理矛盾：材料内外界面加筋元件的量（和尺寸）必须大（达到完整的材料替换），目的是提高材料的阻尼能力，材料内外界面加筋元件的量必须为零，以便易于制造。

应用系统转化原理 2：跃迁到在微观级工作的技术系统元件。依据该原理，材料均匀，且易于大量生产。同时，材料含有微量分子偶极基。基础材料含有偶极矩激励器。偶极矩激励器提高或推动基础材料内偶极矩的量级。其分子自身实现大偶极矩的聚合物为极性聚合物，如聚氯乙烯、丁二烯乙基苯橡胶（SBR）以及氯丁二烯橡胶（CR)。当阻尼器材料承受冲击和振动时，基础材料内的偶极处于不稳定状态。偶极趋于返回稳定状态。作用的振动能量被偶极偏置有效消耗。材料以更高的效率缓冲了振动能量。振动阻尼材料自身（作为非受限振动阻尼器）可以实现与传统受限振动阻尼器相当的振动阻尼，且它比那些传统阻尼器更轻更薄。因此，加筋元件的微量跃迁增大了阻尼材料的能量缓冲能力。

7. 相变 1

该方法通过改变一个系统部件或其环境的相态来解决物理矛盾（标准解法 5.3.1（见第九章标准解法 5.3.1：改变物质的相态））。

［例 7-16］　利用固态润滑剂在重复拧紧与松开期间防止螺纹联接的卡死

一般利用螺纹联接实现油井管连接。这些螺纹联接必须具有气密性。另外，它们必须能够经受十数次的紧固和松开而不出现卡死现象（有时称作咬死），这导致了气密性的损失。为了避免卡死，通常在拧紧之前，将黏性液态润滑剂涂覆在螺纹联接的接触表面上。然而，在紧固时，相当量的液态润滑剂从接合表面之间的间隙溢流到外表面。结果是保留在间隙内的液态润滑剂量太少而不能保证避免随后松开联接时出现卡死现象。另外，油井管经常在 250～300 摄氏度的高温下工作。在这种条件下，润滑剂成分蒸发，润滑性降低。结果是不能保证随后松开过程中无卡死现象。这样就产生了物理矛盾：润滑剂层必须相对于螺纹联接表面可运动，目的是实现拧紧/松开，而不出现卡死，且润滑剂层必须相对于螺纹联接表面不可运动，目的是在拧紧过程中防止润滑剂从螺纹联接接触表面之间的间隙溢流。

应用相变原理 1：替换环境或技术系统的元件中的一部分（子系统）的相态。依据该原理，较小直径螺纹联接内的外螺纹表面涂覆一层均匀的固态润滑剂。为此，将低摩擦系数材料颗粒与聚合无机化合物混合。例如，二硫化钼或石墨颗粒与金属醇盐混合。将生成的混合物涂覆在螺纹联接内的外螺纹表面上，并经受潮湿处理。潮湿处理导致金属醇盐的水解，随后是聚合。结果使具有低摩擦系数的固态涂层在外螺纹表面上形成。涂层为固态润滑剂层。固态润滑剂层相对于较小直径接头内的外螺纹表面是固定的，从而防止了润滑剂从螺纹联接处溢流。且固态润滑剂层相对于较大直径接头内的内螺纹表面是可运动的，从而防止了卡死。因此，更换润滑剂的相状态可靠消除了拧紧和松开过程中螺纹联接的卡死。

8. 相变 2

该方法根据运行状况，通过改变系统部件的动态相态来解决物理矛盾（标准解法 5.3.2（见第九章标准解法 5.3.2：两种相态相互转换））。

［例 7-17］　利用可从一种相态转变至另一种相态的填充物来促进制动系统的冷却

人们试图减小机动车辆刹车距离以改善车辆性能和操作。刹车时，摩擦表面产生大量的热，因此制动件的温度升高，导致制动件的效率可能会下降，刹车距离可能会增加。例如，由于高温，磨损率可能会提高，且制动器可能会变得不起作用。为了避免制动件过热，传统方法使用液体或气体制动系统。例如，制动器转子利用肋片或通风孔增加表面面积，从而提高转子散热和冷却。但是，现代车辆更加紧凑的组装加剧了高温问题。减小制动件的尺寸会降低其重量和成本，同时也降低了受影响制动件的热容量。更加紧凑的组装对穿过制动件的冷却流产生不利影响。这样会反过来降低制动件周围对流的冷却效果。例如，这样可能会导致转子肋片散热效率降低，从而引起过热。更小体积的制动件应在突然刹车时自动限制它的温度上升，并维持其小的体积。同时，当车辆减速时，它们不应该阻止温度上升。这样就产生了物理矛盾：制动系统中冷却装置的热容量必须非常高(无穷大)，以便在突然刹车时将温度维持在许可极限温度之下，而系统材料的热容量又必须有限（标准），以便不会阻止平稳刹车时的温度上升，且不会增大制动系统的尺寸。

应用相变原理 2：技术系统的元件的一部分（子系统）的双相状态，根据工作条件该部分（子系统）从一个相态转变到另一个相态。根据该原理，某个系统组件根据操作条件可以从一个相态转变到另一个相态。制动件具有内部孔穴。将冷却材料放入孔穴内。冷却材料的相变温度低于特定制动件的许可极限温度。刹车时，材料吸收热量，从而被加热。在正常刹车时，材料保持其初始相态。在高速急刹车时，加热温度到达材料的相变温度（熔点或沸点）。在此固定的相变温度下，随后的热量吸收继续进行。因此，技术系统元件中的某部件的双相态，以及根据操作条件该部件从一个相态跃迁到另一相态就预防了现代机动车辆紧凑组装情况下制动件的过热。

9. 相变 3

该方法通过联合利用相变时发生的现象来解决物理矛盾（标准解法 5.3.3 (见第九章标准解法 5.3.3：将一种相态转换成另一种相态，并利用伴随相转移的现象)）。

［例 7-18］ 利用伴随双相不锈钢工件相变的刚度来改进减振器的加工

用于旋转机械部件的蜂巢型减振器板由薄的不锈钢片制成。蜂巢型减振器板用在旋转机器中，目的是用作旋转机器的旋转和静止部件之间的密封，以及用作旋转部件的减振垫。因此，缓冲器板必须与旋转部件紧密接触。突出的蜂巢结构确保了对减小转子的偏斜的缓冲和支撑效果。为此，缓冲板必须具有精确的凸凹多边形结构。凸凹部分实现了对转子偏斜的缓冲效应。减振器板一般加工得很薄，以便轻松弯曲，从而与弯曲表面相匹配，易于安装。为了确保减振器和转子与定子表面之间的紧密接触，需要对减振器做精细处理。例如，可以利用三维加工机床来加工这类减振器。将一平的薄片毛坯置于蜂巢型上模和下模之间。加热毛坯，挤压并弯曲毛坯使其形成减振器板。然而，由于需要对即使在加热时也为低塑性的材料进行精处理，这使模具容易磨损，制造减振器的时间相当长。因此，有必要利用具有标准机械性能模具对相对硬的毛坯材料进行处理。这样就产生了物理矛盾：毛坯材料必须为液体，以便利用标准模具加速形成减振器，毛坯材料必须为固体，以便减振器缓冲转子振动。

应用相变原理 3：技术系统的元件的一部分（子系统）的双相状态，根据工作条件该部分（子系统）从一个相态转变到另一个相态。在加热时，材料从一个相转变到超塑状态，这种材料加工成了减振器。将具有超塑特性的材料毛坯加热到实现超塑状态的温度，压力气体用于形成凸凹部分。结果使减振器的加工精度得到了改善，模具磨损减小，加工效率得到提高，同时降低了转子振动和泵的泄漏。

10. 相变 4

该方法通过以双相态的物质代替单相态的物质来解决物理矛盾（标准解法 5.3.4 和标准解法 5.3.5（见第九章标准解法 5.3.4：转换到物质的双相态；标准解法 5.3.5：利用系统部件（相位）之间的交互作用））。

[例 7-19]　利用双相研磨合成物在不改变砂轮的强切削能力的情况下执行工件的光整加工

表面掺杂了立方氮化硼、金刚石、金刚砂和氧化铝的砂轮用于硬化钢工件（轴）的机械磨削。这种砂轮具有高的切削能力。然而，由于磨削粒的锋利和自由切削作用，利用含有立方氮化硼和金刚石的砂轮进行切削会生成稍显粗糙的表面。由此必须中止利用这种砂轮对表面的光整加工，并利用具有研磨能力的软砂轮来完成其他的光整加工，这样使成本昂贵。理想的情况是砂轮本身具有研磨能力，目的是实现高度改善的表面光洁度，无须改变固有的高的切削能力。这样就产生了物理矛盾：砂轮表面层必须硬，以便实现金属的切削，砂轮表面层必须软（极限状态时为液体），以便在高表面光整度加工中不损坏工件表面。

应用相变原理 4：用双相物质替换单相物质。依据该原理，利用转变为双相物质的相变区以分矛盾特性，即利用液相和固相组合。当有必要研磨时，将一研磨合成物黏附到砂轮表面。该研磨合成物包含一种通过摩擦即可熔化的聚合基体以及多种精细的研磨颗粒。将研磨合成物先与旋转砂轮接触。摩擦引起研磨合成物的熔化，并形成液体层，砂轮表面液体层内有悬浮的精细研磨颗粒完成工件表面的研磨，直至获得所需的表面光洁度。因此，向双相物质的转变（具有研磨颗粒的熔体）既实现工件表面的迅速磨削，又实现工件表面的精细研磨，且无须更换砂轮。

11. 物理-化学转换

该方法利用技术系统元件各组成部分的分解或整合、电离或（离子）复合等物理化学过程，使得技术系统元件内的物质产生或消失（与状态 S 与 $-S$ 对应），进而实现技术系统元件相互排斥的状态 S 和 $-S$ 的分离来解决物理矛盾。

［例 7-20］ 利用含硅化合物在化学迁移反应期间的产生-消失来执行硅的提纯

高纯度硅被广泛地应用于半导体行业。高纯度硅通常是通过化学转变技术从冶金级硅元素中获取的。为此，冶金级硅元素首先用无水氯化氢在流化床反应中转换成三氯硅烷。然后通过蒸馏提纯三氯硅烷。经过提纯的三氯硅烷在氢中通过化学蒸气沉积法转换成高纯度硅。然而，这种硅提纯工艺由于要经过多个处理步骤而变得复杂而昂贵。理想的情况是，三氯硅烷本身必须在一个步骤中释放出硅元素，同时，在含杂质的冶金级硅元素的提取过程中要保证冶金级硅元素很容易通过化学处理转变成三氯硅烷。这样就产生了物理矛盾：三氯硅烷中氯化氢和硅之间的化学键接必须十分牢固，以便将硅同杂质分离；氯化氢和硅之间的键接必须很弱（极限为 0），以便使三氯硅烷一步即释放出硅。

应用物理-化学跃迁原理：经过分解或整合、电离或（离子）复合等物理化学过程使一种物质产生或消失。根据此原理，通过化学迁移反应提纯硅元素。使用硅化铜合金作为冶金级硅。将合金同一种高纯硅丝一起放置在一个密闭的反应室内。将硅铜合金加热至 650～750℃。将硅丝加热至 900～1100℃。使高纯无水氯化氢持续流过反应室。在这种条件下，无水氯化氢与硅在硅铜合金的表面发生反应并在既定的温度下，形成气态的三氯硅烷和氢。随着硅耗尽，从微晶物和硅化物基质中析出的硅即扩散到合金的表面。三氯硅烷和氢向温度更高的高纯硅丝靠近。在硅丝的表面，三氯硅烷在有氢气的条件下，发生热分解，于是形成一个高纯硅层。三氯硅烷热分解过程中形成的无水氯化氢再次被导向硅铜合金。此过程循环往复。杂质即留在硅铜合金中。由于化学迁移反应所导致的含硅化合物（三氯硅烷）的产生-消失这一过程，允许硅元素本身处于化学束缚状态和化学非束缚状态，从而在一单独的反应室内完成提纯。从而，大大降低了提纯工艺的成本。

上面 7、8、9、10 这 4 种相变方法属于基于条件的分离，其余几个分离方法属于系统级别的分离。

第三节 分离原理与 40 个发明原理的综合应用

与利用发明原理解决技术矛盾的模式类似，利用分离原理解决物理矛盾的模式如图 7-4 所示。

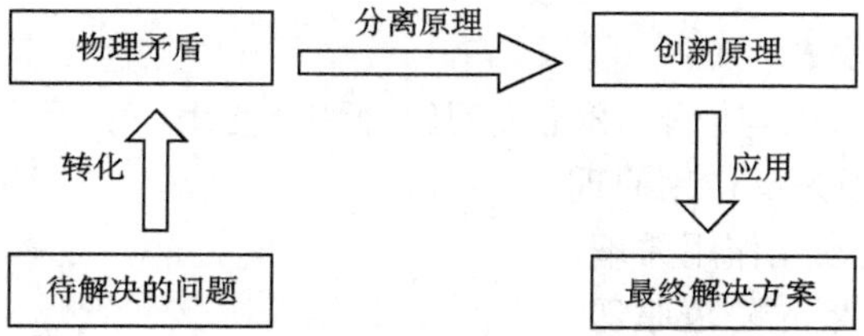

图 7-4　利用分离原理解决问题的模式

应用时，首先通过物理矛盾定义步骤，准确地描述出物理矛盾，然后直接利用 11 种分离方法来解决，或者根据前文提到的 4 大分离原理使用步骤找到恰当的原理来解决。

在解决实际问题的过程中，一方面，由于技术矛盾与物理矛盾可以相互转化。许多技术矛盾通过分解细化后可以转化为物理矛盾，此时，在使用发明原理外也可以用分离原理来解决；另一方面，通过前人研究总结发现，每条分离原理都与一些发明原理之间存在着一定的关系，利用这些发明原理可以为解决物理矛盾提供更广阔的思路，从而更好更快捷地获得问题的解决方案。因此，无论解决物理矛盾还是技术矛盾，分离原理都可以和 40 个发明原理综合使用。

分离原理和 40 发明原理的关系，简述如下。

一、空间分离原理

空间分离原理可以与以下 10 个发明原理综合使用。

发明原理 1：分割原理。

发明原理 2：抽取原理。

发明原理 3：局部质量原理。

发明原理 4：增加不对称性原理。

发明原理 7：嵌套原理。

发明原理 13：反向作用原理。

发明原理 17：空间维数变化原理。

发明原理 24：借助中介物原理。

发明原理 26：复制原理。

发明原理 30：柔性壳体或薄膜原理。

例如，“鸳鸯火锅”就是利用了分割原理解决了吃火锅时，“火锅既要辣，又要不辣”的物理矛盾。

二、时间分离原理

时间分离原理可以与以下 12 个发明原理综合使用。

发明原理 9：预先反作用原理。

发明原理 10：预先作用原理。

发明原理 11：事先防范原理。

发明原理 15：动态特性原理。

发明原理 16：未达到或过度的作用原理。

发明原理 18：机械振动原理。

发明原理 19：周期性作用原理。

发明原理 20：有效作用的连续性原理。

发明原理 21：减少有害作用的时间原理。

发明原理 29：气压和液压结构原理。

发明原理 34：抛弃或再生原理。

发明原理 37：热膨胀原理。

例如，折叠伞采用了嵌套原理、动态特性原理，解决了“用时大，不用时小”的物理矛盾。

三、条件分离原理

条件分离原理可以与以下 13 个发明原理综合使用。

发明原理 1：分割原理。

发明原理 5：组合原理。

发明原理 6：多用性原理。

发明原理 7：嵌套原理。

发明原理 8：重量补偿原理。

发明原理 13：反向作用原理。

发明原理 14：曲面化原理。

发明原理 22：变害为利原理。

发明原理 23：反馈原理。

发明原理 25：自服务原理。

发明原理 27：廉价替代品原理。

发明原理 33：匀质性原理。

发明原理 35：物理或化学参数改变原理。

例如，为解决船“既需要在水中行进，而又最好不在水中行进以减少阻力”的物理矛盾。可采用物理或化学参数改变原理，在船头和船身的两侧预留一些气孔，以一定的压力从气孔中往水里打入气泡，在水与船体间形成气垫以降低水的密度和黏度，降低阻力。

四、系统级别分离原理

系统级别原理可以与以下 9 个发明原理综合使用。

发明原理 12：等势原理。

发明原理 28：机械系统替代原理。

发明原理 31：多孔材料原理。

发明原理 32：颜色改变原理。

发明原理 35：物理或化学参数改变原理。

发明原理 36：相变原理。

发明原理 38：强氧化剂原理。

发明原理 39：惰性环境原理。

发明原理 40：复合材料原理。

例如，为解决传统固定电话“话筒必须用机身连在一起以保持通话”和“话筒不要和机身连在一起以增加其灵活性”的物理矛盾，采用机械系统替代原理，用电磁场代替话筒和机身之间的电线连接，设计出了无绳电话。

第四节　分离原理在其他领域的应用案例

TRIZ 理论除了在工程领域有广泛的应用外，在其他领域也可以应用。在这里，再给出 4 个分离原理在其他领域的应用。

［例 7-21］　政治体制改革

具有中国特色的社会主义政治体制，是从中国历史和国情出发的既充分民主，又高度集中的充满活力的体制体系。但是民主和集中之间存在物理矛盾。

解决这一矛盾，可采用系统级别分离原理，把矛盾双方分离在体制的不同层次运行。在政治体制的高层，主要运行集中的一面，即共产党的领导地位是集中和统一性的，因为这是历史的选择，是人民的选择。在中国执政党的地位不需用民主的办法予以解决，中国共产党是唯一的、永远的、排他的执政党。共产党的执政地位只能改善和加强（当然党内民主是另一个范围）；而在基层必须充分发扬民主，党的基层干部必须通过民主和选举方式产生，以保证基层干部的命运掌握在人民群众的手中，以确保他们向人民群众负责和实现他们的公仆性质，只有基层干部做好公仆，高层的执政党地位才能巩固。实际上民主问题主要体现在基层，只有基层充分民主了，干部把工作做好了，党的执政地位才能巩固。所以高层集中、基层民主是物理矛盾分离原理在非工程领域的科学应用。能为我们政治体制改革提供一条有价值的参考路径。

［例 7-22］　油价定价机制改革

油价的高与低是一组物理矛盾，一般消费者希望油价保持稳定，生产经营者期望油价较高且具变动性，以保持和国际油价适应。

解决方案是采用条件分离原理，对油价上下游系统实施分离，即在石油资源上，将国内资源和进口资源分离，对石油消费实施必要消费和奢侈消费分离，然后以国内资源对应必要消费，以进口资源对应奢侈消费，这样以相对稳定成本的国内资源供给基本消费，保持价格相对稳定；以价格波动较频繁的国际资源供给奢侈消费，随行就市，同时调节奢侈消费，以节能减排。实现该稳定的保持相对不变，该变动的同步波动。同时按照萃智（TRIZ）的自服务原理（创新原理25），在奢侈消费中设置一个调节基金，当国内资源不能保证必要消费，需要用进口资源供应必要消费时，其价格差用调节基金来平衡，这样国家赋予石油经营企业调节基金设置权后，责成石油经营企业保证国内石油供给，这就实现了第三层分离，即政府和市场分离，把政府从吃力不讨好、也做不好的石油供需管理中彻底解脱出来。

［例 7-23］如何扶持国内技术弱势企业

在当前全球化的激烈竞争的市场环境中，中国的很多出口型企业还缺乏自己的核心技术，难以抵御国外同行厂商的市场攻势。从产业发展的角度来看，中国政府应该对这样的企业加以扶持和补贴，提高它们的国际市场竞争能力。但是由于中国加入了WTO，根据WTO《补贴与反补贴措施协议》的规定，已经将出口补贴视为禁止类补贴项目，中国政府的补贴将遭到某些西方国家的投诉。因此，是否补贴中国的出口型企业就成为一个“物理矛盾”了。

可以采用“空间分离”策略来解决这个问题。由非政府组织出面，组织一个由（或多个）行业学会、企业、研究所、高校组成的“产、学、研”一体化的“某核心技术”联盟，由联盟出面来立项，政府对技术联盟的立项给予投资，然后联盟组织联盟成员来做关键核心技术的研发与攻关。这样既保证了政府对扶持对象的资金补贴，调解了国内同行企业的竞争，同时也有效避免了西方国家的投诉。

［例 7-24］远交近攻

秦国想消灭其余六国一统天下，为了更快速的统一，就需要同时与更多的国家进行战争，但是由于国力限制不能同时对六国开战，这也是物理矛盾。

为解决这个问题，秦国宰相范雎提出了“远交近攻”的策略，即派遣使者主动与相距较远的齐国结盟，而首先攻占相邻的韩、魏等国。可以看出来这个策略是符合空间分离原理思想的。

思　考　题

1. 物理矛盾的定义？
2. 物理矛盾与技术矛盾有什么联系？
3. 如何解决物理矛盾？
4. 列举几个物理矛盾，并给出解决办法。
5. 思考分离原理的基本思想。

参 考 文 献

李洪斌，张承瑞，卜绍先．2008. 新型电控机械式自动变速器选换挡机构［P］. 中国发明专利：200510043286.2

李静．2009. 萃智（TRIZ）创新原理应用断想［EB/OL］. http：//www.cntriz.com/gy/16/301.html

杨清亮．2008. TRIZ 理论全接触［M］. 北京：机械工业出版社

亿维讯．2009. 静电过滤器物理矛盾求解原理实例．http：//www.iwint.com.cn/ch/triz/case-Study-mech-20090312-142704.html

赵敏，胡钰．2008. 创新的方法［M］. 北京：当代中国出版社

赵敏，史晓凌，段海波．2009. TRIZ 入门及实践［M］. 北京：科学出版社

赵新军．2004. 技术创新理论（TRIZ）及应用［M］. 北京：化学工业出版社

Altshuller G S，Zlotion B，Zusman A，et al. 2008. TRIZ 创新问题解决实践［M］. 姜台林编译. 桂林：广西师范大学出版社

Bonnice P E. 1976. Method for improving surface finish of workpieces ground with abrasive wheels［P］. United Stated Patent：3990192

Burgoon C E. 1990. System and process for video monitoring a welding operation［P］. United Stated Patent：4918517

Esaki H，Kudo T，Shiba T. 1999. Temperature conditioner for vehicle seat［P］. United Stated Patent：5924766

Ikenouchi T，Shimizu H. 1998. Wireless telephone for cellular telephone system［P］. United Stated Patent：5835863

Kraft R W. 1979. Flexible printed circuit board assembly［P］. United Stated Patent：4149219

Naerheim Y. 2003. Phase change cooling of brake components［P］. United Stated Patent：6528132

Ohira Y，Hori M. 2003. Energy conversion composition［P］. United Stated Patent：6635327

Olson J M. 1984. Method and apparatus for producing high purity silicon［P］. United Stated Patent：4481232

Parce J W. 2003. Micropump［P］. United Stated Patent：6568910

Takayam H，Qgawa T，Kaneko A. 2001. Damper plate and method for producing thereof［P］. United Stated Patent：6250643

Yamamoto H，Nakasuji K. 2004. Threaded joint for an oil well pipe［P］. United Stated Patent：66379526

第八章　物-场模型分析

分析工具是TRIZ用来解决各种矛盾的具体方法，阿奇舒勒通过总结和演绎得出了许多实用的分析工具，物-场模型分析就是其中一种非常重要的分析工具。利用物-场模型分析，可以针对已有的技术系统或新系统中的相关问题建立详细的功能模型，明确技术系统中存在的技术矛盾或物理矛盾，找到一般解法或标准解法。

本章先介绍了物-场模型分析中的各种相关概念，如功能、物质、场等；再介绍了物-场模型分析的4种类型，以及4种模型的6种具体解法。最后，利用物-场模型分析解决了两个实际问题，力图让读者明确怎样利用这一强大的分析工具解决实际问题。

第一节　物-场分析方法

物-场分析（substance-field analysis）方法，是阿奇舒勒在《创造是精密的科学》一书中提出的一种解决问题的方法。所谓物-场分析方法，通常是指从物质和场的角度来分析和构造最小技术系统的理论和方法学。根据TRIZ理论，人们之所以建立系统，是因为要实现某个确定的功能。在TRIZ理论中，功能是指系统的输入和输出之间期望的、正常的关系。一般而言，具体的功能是通过各种产品最终实现的、并展现在世人面前的。

系统的功能可能是很大的、总体的功能，也可能是很小的、具体的功能。各种层次子系统的功能相对总的系统来说要小的多。例如，车辆工业系统中包括数百家制造商、数以百万计的汽车、数不清的公路、加油站和修理厂，它可以实现的功能大而复杂。汽车是车辆工业系统的一个子系统，相对而言，汽车的功能简单了很多。汽车的车灯是汽车的子系统，它的功能是照明，相对于车辆工业系统就更加简单。车灯属于车辆工业系统中底层的系统，底层系统的功能在结构上比较简单，容易理解和分析。

TRIZ理论中的功能一般遵循以下两条原理：

（1）任何一个系统，经过分解后，其底层的功能，都可以分解为3个基本元素（物质1、物质2和场）。

（2）将相互作用的3个基本元素进行有机组合将形成一个功能。

表达一个系统的功能，可以用反应式和三角形两种形式。三角形形式简单实用且应用广泛，因此在本章中只介绍三角形的形式，如图 8-1 所示。在三角形的物-场模型中，两个下面的角通常分别表示两种物质，上面的一个角通常表示场。场是物-场模型分析中的一个术语，通常表示物质之间的相互作用或效应。一个复杂的系统，经过分解后，可以运用多个组合三角形模型表示，如图 8-2 所示。

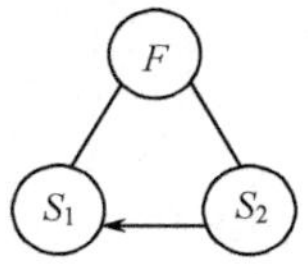

图 8-1　简单三角形的物-场模型

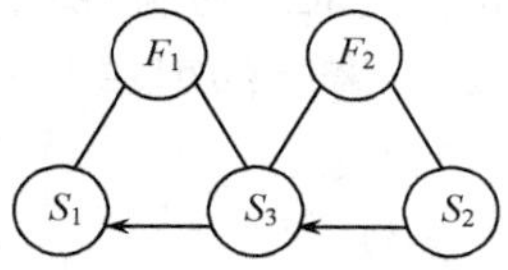

图 8-2　复杂三角形的物-场模型

物质通常用 S 表示，利用不同的下标区分一个系统中的多个物质，例如，S_1、S_2、S_3 等。TRIZ 中的物质比一般意义上的物质含义更加广泛，不仅包括日常生活所说的物质，也包括技术系统、外部环境，甚至管理模式和各种生物等。利用物质代替具体名称后，可以有助于消除对该物体的惯性思维，突出系统或物质的物理矛盾或技术矛盾，从而帮助人们更好地解决问题。例如，提到“微型可调螺钉”，人们就会想到它是紧固零件，因为这是螺钉最主要的功能。正是这种惯性思维，在我们解决发明性问题时，有时却会让我们误入歧途。在这个例子中，可以用 S_1 代替“微型可调螺钉”，它具有“可调整的、精确运动的杆”的特性，避免将人们的思维引入紧固零件的惯性思维中。

场的符号通常用 F 表示，同样可以利用不同的下标区分一个系统中的多个场，例如，F_1、F_2、F_3 等。物-场模型分析中使用基本的场共有如下 6 种：

（1）重力场 F_{GR}。

（2）电磁场 F_E/F_{MG}。

（3）弱作用核场 F_{NW}。

（4）强作用核场 F_{NS}。

（5）机械场 F_M。

（6）热场 F_T。

这 6 种基本的场可以解释自然界中的所有过程，但是在解决实际问题中，往往需要进一步细分，才能更加准确地描述具体的工程问题。进一步细分后的场包括：压力场、冲击场、脉冲场、声场、超声场、次声场、热能场、静电场、电流场、磁场、电磁场、光场、氧化场、还原场、气味场等。总而言之，只要物质与物质之间存在相互作用，就可以将这种相互作用视作一种场；因此，也可以根据具体的相互作用灵活地命名其中的场。例 8-1 和例 8-2 是利用物-场分析的简单的实例。

［例 8-1］　用洗衣机洗衣服

S_1——衣服。

S_2——洗衣机。

F_1——清洗（机械场）。

用洗衣机洗衣服的物-场模型如图 8-3 所示。

［例 8-2］　奔驰的列车

S_1——列车。

S_2——铁轨。

F_1——支撑（机械场）。

奔驰的列车的物-场模型如图 8-4 所示。

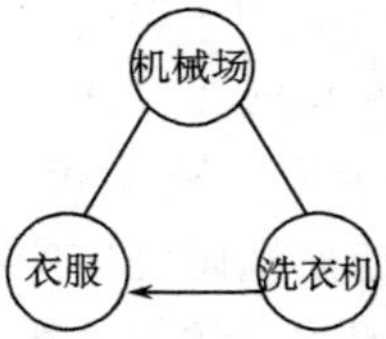

图 8-3　洗衣机洗衣服的物-场模型

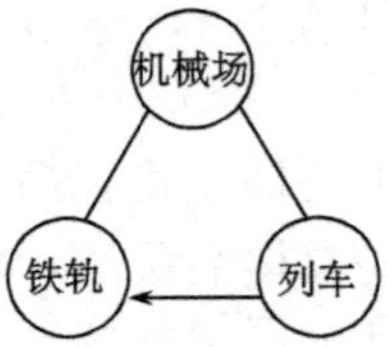

图 8-4　奔驰列车的物-场模型

第二节　物-场模型类型

一、物-场模型类型

根据物-场模型分析理论，可以将技术系统中出现的物理或技术矛盾，归纳总结为以下 4 种类型：

1）有效模型

这是一种理想的状态，也是设计者追求的状态。功能的 3 个元素都存在，且相互之间的作用充分。

2）不充分模型

3 个元素齐全，但是设计者追求或预期的相互作用未能实现或者只是部分实现。

3）缺失模型

3 个元素不齐全，可能缺少物质，也可能缺少场。

4）有害模型

虽然 3 个元素齐全，但是产生的相互作用是一种与预期相反的作用，设计者不得不想办法消除这些有害的相互作用。

如果情况属于第一种，系统一般不存在问题；而如果情况属于后三种模型中的任何一种，系统就会出现各种问题，因此后三种模型自然而然是 TRIZ 理论重点关注的情况。为了能够简单、方便地描述物-场模型，推荐采用表 8-1 中的图形符号表示系统中存在的物-场类型。

表 8-1　常用的相互作用表示符号

符号	意义	符号	意义
———→	期望的作用	∿∿→	有害的作用
- - - - - →	不足的作用	⇨	改变了的模型

二、应用不同类型的物-场模型描述问题

下面用拿笔记本计算机的例子解释可能出现的、不同的 4 种情况以及相对应的物-场模型的类型。

1. 有效模型

［例 8-3］　用手稳稳地拿着计算机

用手稳稳地拿着计算机，可以防止计算机掉在地上。此时，手与计算机之间的相互作用就是有用的且充分的。可以用如图 8-5 所示的物-场模型表示这种情况。

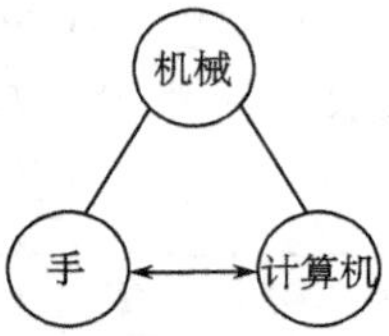

图 8-5　用手稳稳地拿着计算机的物-场模型

2. 不充分模型

［例 8-4］　用手拿计算机，但是没有拿稳

用手去拿计算机，如果力度不够，计算机将可能掉在地上。例如，小孩去拿计算机，或者大人用力不够，没有拿住，计算机都有可能会掉在地上。在这种情况下，手与计算机之间的相互作用就是有用但不充分的。建立起来的物-场模型，如图 8-6 所示。

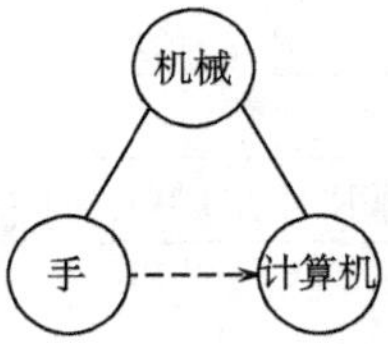

图 8-6　没有拿稳计算机的物-场模型

3. 缺失模型

［例 8-5］　空不出手或者计算机不见了

两手已经拿满了东西，没有办法空出手来拿计算机，或者计算机已经丢失，没有办法找到计算机。如果没有办法空出手来拿计算机，则缺少相互作用；如果没有找到计算机，则缺少物质。可以用如图 8-7 所示的物-场模型表示这种情况。

图 8-7　空不出手或者计算机不见了的物-场模型

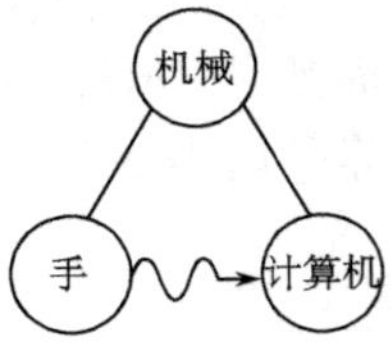

图 8-8　用手不恰当地拿着计算机的物-场模型

4. 有害模型

[例 8-6]　用手不恰当地拿着计算机

有些人不了解笔记本计算机，可能将计算机打开，用手拿着笔记本计算机的显示屏，这种方式很有可能会使计算机的屏幕破碎，使其报废，而一旦屏幕破碎，将有可能割破手。此时，手与计算机之间的相互作用就为有害的作用。建立起的物-场模型可以用图 8-8 表示。

第三节　物-场分析的一般解法

一、物-场分析的一般解法

如前所述，TRIZ 重点关注后 3 种模型，即不充分模型、缺失模型、有害模型。TRIZ 提出了 6 种一般解法应对这 3 个模型，具体解决措施见表 8-2。

表 8-2　物-场分析的一般解法

一般解法编号	存在的问题	具体解决措施
1	缺失模型	补全缺失的元素（场、物质），使模型完整
2	有害模型	加入第三种物质，阻止有害作用
3		引入第二个场，抵消有害作用
4	不充分模型	引入第二个场增强有用的效应
5		引入第二个场和第三个物质增强有用的效应
6		引入第二个场或第二个场和第三个物质，代替原有场或原有场和物质

二、应用物-场分析的一般解法

1. 解法 1

当系统中的物-场模型类型为缺失模型时，可以补全缺失的元素，使模型完整。

[例 8-7]　分离气泡

当需要清除液体（S_1）中的气泡（S_2），可以利用离心机（增加了机械场 F）达到目的。增加离心机之前，系统的物-场模型可用图 8-9 表示。

而在 TRIZ 理论中，功能一般应满足如下规则：任何一个系统的功能，都可以分解为 3 个基本元素（物质 1、物质 2 和场）；将相互作用的 3 个基本元素进行有机组合将形成一个功能。显然，这是一个不完整的模型。为了清除气泡，增加离心机后，系统的物-场模型可用图 8-10 所示。

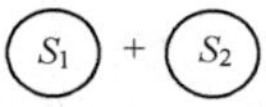

图 8-9　液体中存在气泡的物-场模型

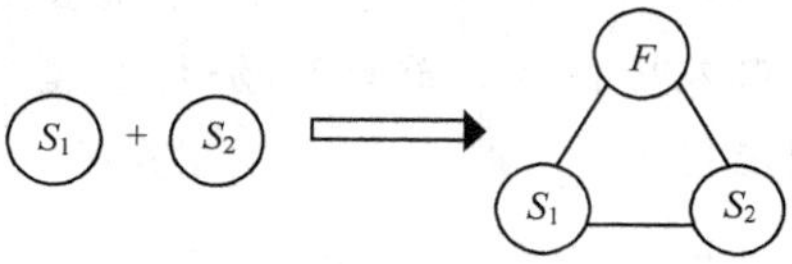

图 8-10　离心机清除液体中存在气泡的物-场模型

增加了机械场 F 后，系统形成了一个完整的模型，且相互作用充分，达到了预期的设想。在例 8-5 中，可以将手中拿着的其他物体放下，空出手来拿计算机，如此也可以补全缺失的元素，使模型完整。

2. 解法 2

在系统中，当物质与场都齐备，但是相互之间的作用是一种不期望得到的作用，或者说是一种有害的作用，此时，可以应用解法 2。

［例 8-8］　加贴玻璃纸

为了保护个人隐私，在浴室的玻璃上贴上不透明的玻璃纸。

在这个例子中，没有贴玻璃纸之前，其物-场模型可以用图 8-11 所示。

显然 S_2 与 S_1 之间的相互作用是我们不期望的作用，为了抑制这种作用，引入 S_3（玻璃纸）。引入玻璃纸之后，其物-场模型可以用图 8-12 表示。

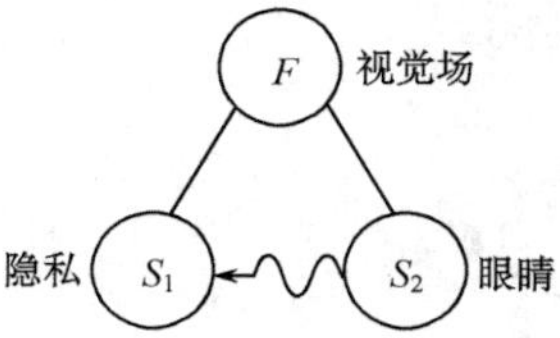

图 8-11　浴室的物-场模型

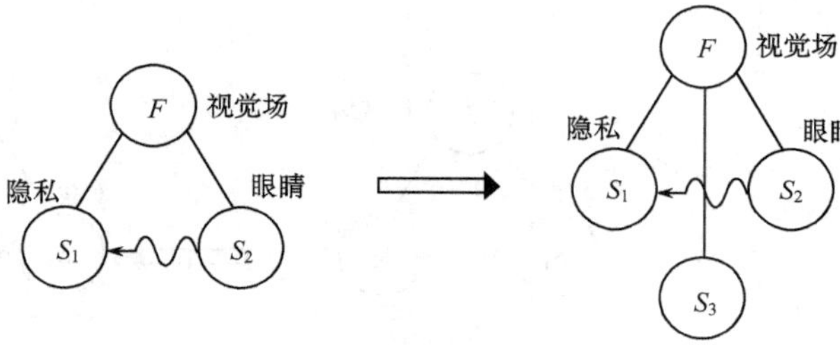

图 8-12　贴上玻璃纸后浴室的物-场模型

3. 解法 3

当物质与场相互之间的作用是一种不期望得到的作用，也可以应用解法 3，即引入一个场来抑制有害作用。

［例 8-9］　细长零件的加工

利用金属切削的方式加工细长零件时，往往会导致零件发生很大的弯曲变形。为了抑制这种大变形，可以应用解法 3，增加一个场，即引入一个反作用力。引入反作用力前后的物-场模型见图 8-13。这种解决措施已经在实际加工中得到应用。

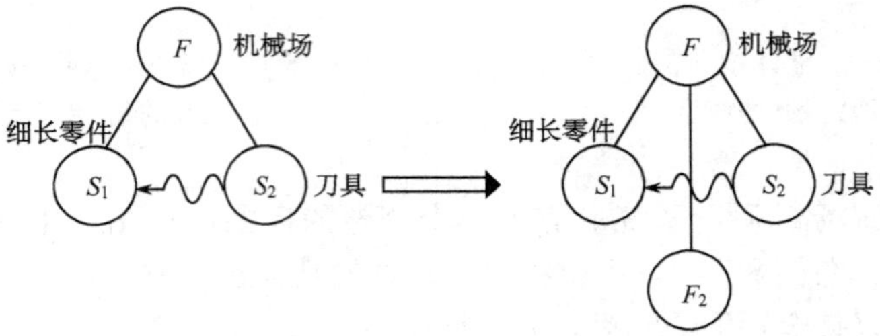

图 8-13　细长零件加工的物-场模型

4. 解法 4

可以考虑利用引入第二个场增强有用效应的措施，使系统中的相互作用变得充分。

［例 8-10］　张贴对联

在中国，过春节时，家家户户都会张贴对联。这时，往往处于一个多风的季节。为了让对联尽快粘在门上，可以用手或扫把涂抹一遍对联。用手或扫把施加的外力，相当于引入第二个场，增强系统的有用效应。张贴对联的物-场模型见图 8-14。

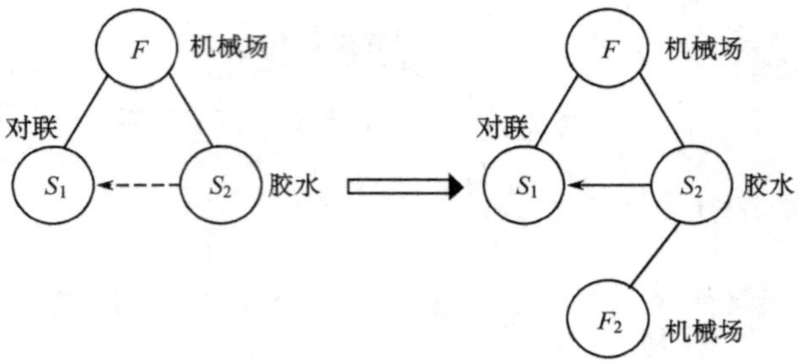

图 8-14　张贴对联的物-场模型

5. 解法 5

有时，也可以利用解法 5 解决相互作用效应不足的问题。第三种物质，往往与第一种物质或者第二种物质有着千丝万缕的联系。如果第三种物质与第二种物质有联系，可以表述为：既是第二种物质，也不是第二种物质。

［例 8-11］　电过滤网

用过滤网过滤细小粒子时，效果并不理想。可以考虑给过滤网加装一个电场，将细小的粒子聚集成大颗粒子，其过滤效应得到大幅提升。加装一个小电场，相当于引进了一个场（F_2）；同时，加装的电场可以使得粒子聚集成大粒子（S_3）；其物-场模型见图 8-15。大粒子既是小粒子，因为二者的物理性能除了粒径大小外完全相同；也不是小粒子，因为二者的粒子直径不同。利用这种方法获得第三种物质往往不会增加系统的变量，不会制造新的困难。

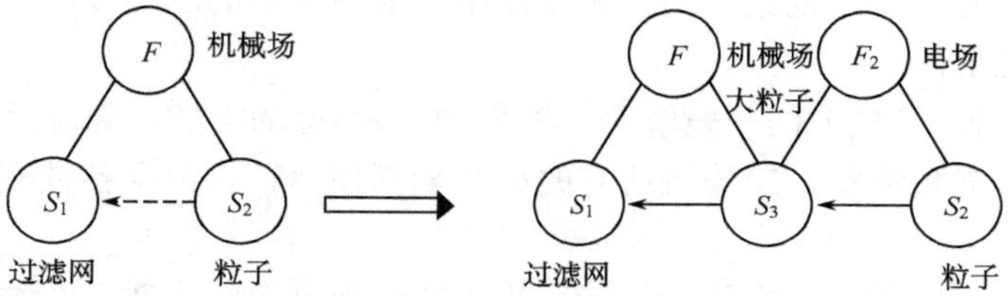

图 8-15　电过滤网的物-场模型

6. 解法 6

当物-场模型为不充分模型时，也可以考虑引入第二个场或第二个场和第三个物质，代替原有场或原有场和物质。

［例 8-12］　清除小广告

在城市中，小广告张贴得到处都是。怎样清除小广告是一种令人头疼的问题。为了清除小广告，可以利用刷子清除。然而效果并不理想。引入另一个场（水蒸气），代替机械场，效果非常理想。其物-场模型见图 8-16。

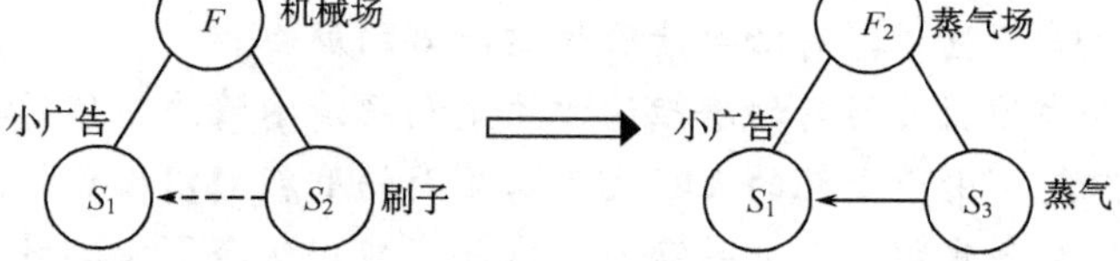

图 8-16　清除小广告的物-场模型

第四节　物-场模型分析的应用

如前所述，物-场模型的一般解法共有 6 种。只要能够恰当地运用这 6 种解法，或者将这 6 种解法有机地组合起来，可以产生极大的效应。应用这 6 种解法，可以有效地解决那些不太复杂的问题；从而避免动用过于复杂的模型，如76个标准解。

为了能够恰当地运用这6种解法，使用者可以参照以下的顺序求解问题。

（1）确定物-场模型的元素。利用简明扼要的术语描述存在的问题；确定出物-场模型中的元素。如同前面提到的例子，“微型可调螺钉”可用“可调整的、精确运动的杆”代替。如果系统较为复杂，可对系统进行分解，直到可以确定出物-场模型中的元素为止。

（2）建立物-场模型。将分解后的系统，建立与之相对应的物-场模型。确定元素之间的相互作用；根据不同的相互作用，采用不同的表达方法。具体的表达方法参照第三节。

（3）确定物-场模型的一般解法。根据物-场模型的类型，确定该问题的一般解法。如果有多种解法，应该将所有的解法全都列出；再根据各种实际情况，确定最佳解法。

（4）开发新的设计。将最佳解法应用于实际问题中。当然，实际问题中可能会存在限制，可以进一步根据实际条件修正最佳解法，从而获得新的设计。

步骤（1）、（2）是将现实问题转化为TRIZ问题，即物-场模型问题；步骤（3）则是求解物-场模型问题；而步骤（4）则是物-场模型分析的最终目的。下面以清洗喷砂嘴和汽车清洗为例，介绍物-场模型在实际问题中的应用。

［例8-13］ 清洗喷砂嘴

喷砂嘴可以用来清除表面的各种附着物，也可以用来进行预处理，例如，喷丸之前的预处理。由陶瓷制备的喷砂嘴因为其极高的硬度和良好的抗化学腐蚀性能，更是其中的佼佼者。为了测试新型陶瓷喷砂嘴的抗冲蚀特性，往往需要在喷砂试验之后测量喷砂嘴的重量。一些磨粒会附着在喷砂嘴上。从微观角度而言，喷砂嘴表面并不是平面，而是存在许多微孔；附着的磨粒藏在这些微孔中。为了准确地测量喷砂嘴的重量，有必要清除这些附着的磨粒。

传统的清除喷砂嘴上附着的磨粒的方法是利用清水清洗，然后再采用风干的方法清除水。但是，由于微孔的孔径太小，里面的磨粒难以彻底清洗，所以采用传统的方法，仍然会残留一部分的磨粒。这些磨粒仍然会影响测量的准确性。

应该如何改进喷砂嘴的清洗方法呢？

针对这个问题，可以采用物-场模型分析方法，将其转换为TRIZ问题，再找到比较满意的答案。应用以下步骤来分析、解决喷砂嘴的清洗问题。

1）确定物-场模型的元素

清洗喷砂嘴的问题较为简单，不需要分析系统。整个问题可以概括为：水利用机械力去除磨粒。显然，清洗喷砂嘴的物-场模型的元素分别为：磨粒（S_1）、水（S_2）、机械力（F）。

2）建立物-场模型

在这个问题中，3个元素齐备，只是相应的相互作用效应不足，因此可以建立如图8-17的物-场模型。

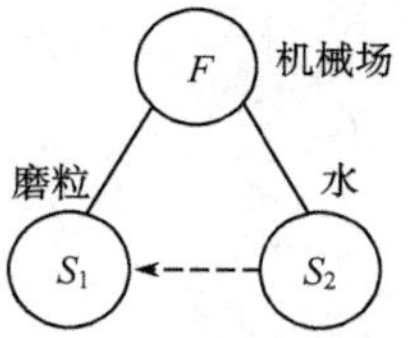

图8-17　去除磨粒的物-场模型

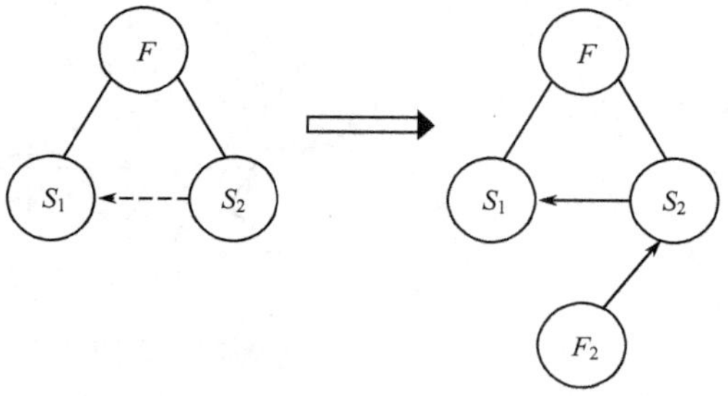

图8-18　应用解法4的物-场模型

3）确定物-场模型的一般解法

根据表8-2，显然此问题可以应用解法4、解法5和解法6来解决。

（1）应用解法4，即引入第二个场增强有用的效应。其物-场模型见图8-18。

可供选择的第二个场有以下几种：

机械场，例如，超声波，利用超声波与水的结合，增强水去除磨粒的效应。

化学场，例如，表面活性剂，利用表面活性剂提高磨粒的流动性。

利用解法4，可以增强水去除磨粒的效应，然而难以有效地、完全去除磨粒。引用解法4显然不能获得TRIZ的最终理想解，因而解法4并非最佳解法。

（2）应用解法5，即引入第二个场和第三个物质增强有用的效应。其物-场模型见图8-19。

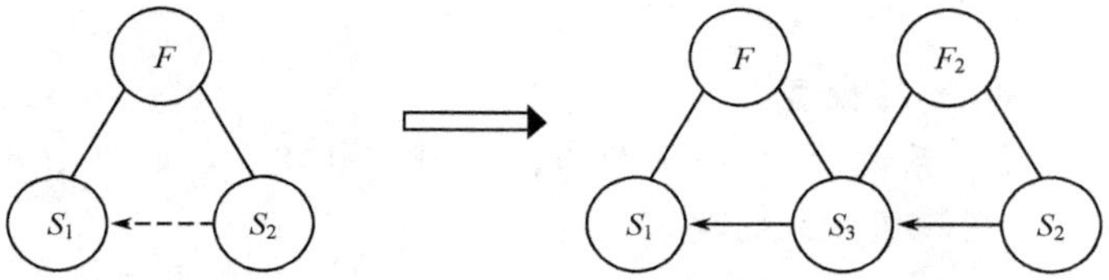

图8-19　应用解法5的物-场模型

S_3既是S_2，也不是S_2（在本质上，S_3与S_2相同；在形式上，S_3又与S_2不同）；因此可以选择引入过热水（超过100℃的水）作为S_3。过热水本质上是水，然而与普通的水的作用并不相同。为了形成过热水，可以选择压力场作为F_2。引入过热水和压力场后，过热的水蒸气可以进入微孔、并充满整个微孔，形成对残留在微孔中的磨粒的强力爆炸冲击，可以弯曲去除磨粒。

(3) 应用解法6，即引入第二个场或第二个场和第三个物质，代替原有场或原有场和物质；其物-场模型见图8-20。可以考虑利用酒精（S_3）代替原来的清水，利用超声波的方法（F_2-机械场）去除磨粒。这种方法清除磨粒的效果比解法5略差，但较为简单实用。

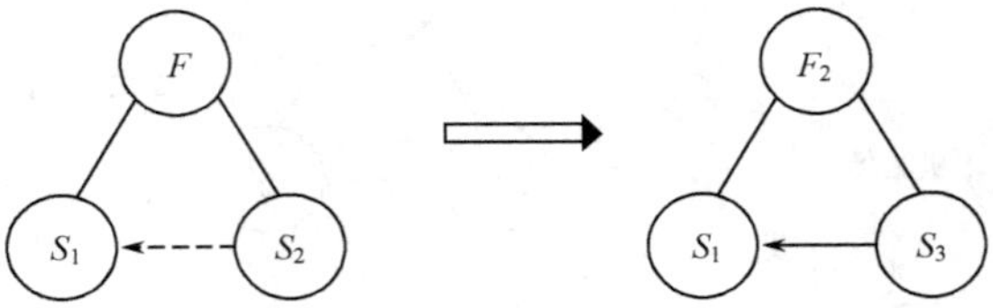

图8-20　应用解法6的物-场模型

通过上面的分析，显然解法5的效果最佳。

(4) 开发新的设计。重新设计去除磨粒的工艺流程，加装能够加热水的装置和能够产生高压力的装置。

［例8-14］　汽车的清洗

汽车在使用过程中，由于受阳光照射、酸雨侵蚀和灰尘入侵等不利因素影响，时间一长表面会沉积各种污垢，如油脂、工业尘垢、沥青和水泥等，使原本光亮的漆面暗淡无光，也缩短了汽车车漆寿命，因此必须清除这些污垢。但是，对于沉积时间较长的各种污垢，用普通洗涤剂和水很难冲洗掉，例如，黏性的工业烟尘长时间黏附在车身上，用普通洗涤剂难以完全清除。

该如何改进这些污垢的清洗方法呢？

1) 确定物-场模型的元素

根据普通的水洗工艺，确定物-场模型的元素为：污垢（S_1）、水（S_2）和机械力（F）。

2) 建立问题的物-场模型

图8-21为该技术系统的的物-场模型。在现有情况下，该系统不能满足希望效应的要求。

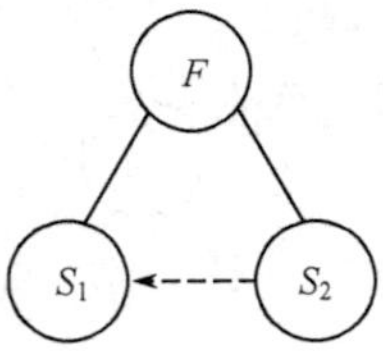

图8-21　清除污垢的物-场模型

3) 确定物-场模型的一般解法

该技术系统也属于物-场模型第3种类型，即效应不足的完整模型。有3个一般解法，分别是解法4、解法5和解法6。

(1) 应用解法4，即引入第二个场增强有用的效应。例如，利用磁场磁化水改善清洗，利用含有表面活性剂的化学特性水来改善清洗，利用热水的热能改善清洗和利用含有某种生物反应的特性水来改善清洗等。

(2) 应用解法5，即引入第二个场和第三个物质增强有用的效应。例如，利用含有表面活性剂的过热水蒸气和高压力场来改善清洗。

（3）应用解法 6，即引入第二个场或第二个场和第三个物质，代替原有场或原有场和物质。例如，使用超声波清洗、利用化学物质雾化清洗、引入某种放射场清洗、改变清洗环境温度清洗和利用高压力场清洗等。

在本实例中，最佳方案仍然为解法 5，其物-场模型见图 8-22。

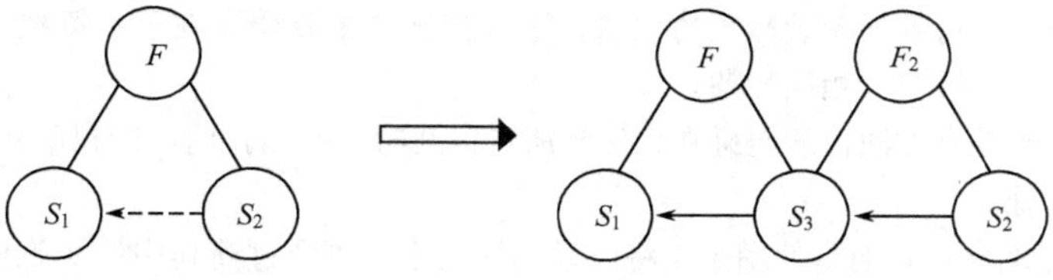

S_3：含有表面活性剂的过热水蒸气　F_2：高压力

图 8-22　应用解法 5 的物-场模型

（4）开发新的设计。根据解法 5，确定新的清除污垢的工艺为：使用含有表面活性剂的过热水蒸气且与高压力相结合。含有表面活性剂的过热水蒸气在与汽车表面沉积的污垢发生化学反应的同时，将对污垢形成强烈的爆炸冲击，从而将污垢彻底从车体表面清除。

思　考　题

1. 在一座小镇上，有一座古建筑，是当地的一道风景。可是，由于年代久远，古建筑很可能在下沉。一个调查组正在研究古建筑是否下沉。所有的调查人员一致认为，需要找到一个固定的位置来测量古建筑是否在下沉。这个固定的位置应该能够在古建筑上可以看到。可是，能够在古建筑看到的位置-广场周围的建筑-建造的年代也都比较久远，所以这些周围的建筑也可能在下沉。距离古建筑 1500m 处的公园，有几堵近年来建成的墙壁，它建在非常坚固的地基上，所以很可能不会下沉。可是这几堵墙与古建筑中间有高层建筑遮挡，从古建筑上根本看不到这几堵墙壁。试利用物-场模型分析和解决这个问题。

2. 铸造厂的工程师遇到一个难题：铸造好的零件需要用吹沙机清理，高速运动的沙子很容易将铸件清理干净，可是沙子往往会留在铸件的缝隙中。当铸件较小时，容易将铸件翻过来将沙子倒掉；可是当铸件很大时，难以将它翻过来把沙子倒掉。

有的工程师建议，将缝隙先盖上，避免沙子进入缝隙。这样做，无疑会增加大量的工作。能否利用简单的方法解决这个问题？请结合 TRIZ 的发明原理和物-场分析理论说明解决方法及其理由。

3. 一辆出租车在公路上抛锚了。司机非常抱歉的向乘客解释："抱歉，车子没有油了。今天我忘了看油表了。"

"没关系，这种事情经常发生。"乘客安慰司机，"有时我也会犯相同的错误。如果当油箱空了，它可以与我们心灵感应就好了。"

或许，油箱不用与司机产生心灵感应，它也可以通知司机油箱中油的情况。试通过物-场模型分析解决这个问题。

4. 现在很多人利用天然气做饭。它往往用金属罐保存。当天然气快用完时，可以重新将它充满。但是怎样确定罐里所剩天然气的数量是一个问题。

有人提出，可以测量天然气的压力，然后换算出天然气的数量。但是只要罐内还有一滴液体的天然气，压力就会一样，因此无法通过这种方法确定天然气的数量。也有人提出通过测量天然气的重量，得到所剩天然气的数量。这种措施的主要缺点在于：每次想了解还剩多少天然气时，都需要拆装，相当复杂。

试想一下，有没有方法让金属罐在天然气所剩无几时，通知我们？请利用物-场分析的理论说明解决的措施。

5. 用煤发电的电厂，通常使用小车将煤运到筒仓中，再通过筒仓中的螺旋输送器将煤送往球磨机。球磨机将煤碾碎，然后用高速气流将碾碎的煤粉送往分离器。达到要求的煤粉被送往锅炉，没有达到要求的煤粉需要进行下一轮的碾碎。

有时候一些湿煤会进入到输送器中，这些湿煤会黏在输送器的螺旋部分上，也可能黏在管壁上，或者黏在碾碎机的入口和颈部。一旦这些湿煤黏在系统上，将造成一系列的问题。应该怎么解决这个问题？请利用物-场分析的理论说明理由。

参考文献

阿奇舒勒 G S. 2004. 哇……发明家诞生了：TRIZ 创造性解决问题的理论和方法 [M]. 范怡红等译．成都：西南交通大学出版社．11～45

戴庆辉，耿翔宇．2006. TRIZ 理论中物质——场的不同应用 [J]. 重型机械科技．(3)：7～11

姜台林．2008. 创新问题解决实践 [M]. 桂林：广西师范大学出版社．19～61

杨清亮．2006. 发明是这样诞生的：TRIZ 理论全接触 [M]. 北京：机械工业出版社．91～95

张志远，何川．2003. 发明创造方法学 [M]. 成都：四川大学出版社．74～79

赵敏，史晓凌，段海波．2009. TRIZ 入门及实践 [M]. 北京：科学出版社．181～189

朱力．2008. 应用 TRIZ 理论物．场模型分析方法解决汽车清洗问题 [J]. 数字技术与机械加工工艺装备，(10)：1～6

第九章　发明创新问题的标准解法

在物-场模型分析的应用过程中，由于面临的问题复杂而且广泛，物-场模型的确立和使用有相当的困难，所以 TRIZ 理论为物-场模型提供了成模式的解法，称为标准解法。

标准解法是阿奇舒勒于 1985 年创立的，适用于解决标准问题并能快速获得解决方案，因此在生产实践中通常用来解决概念设计的开发问题。标准解法是阿奇舒勒后期进行 TRIZ 理论研究的重要成果，也是 TRIZ 高级理论的精华之一。本章首先介绍了标准解法的由来，然后详细阐述了整个标准解法系统，最后结合实例介绍了标准解法的应用。

第一节　标准解法的由来

不同学科在解决问题时，首先需要建立一个问题模型，以分析问题、揭开问题实质和发现潜在问题。在物-场模型分析的应用过程中，复杂的技术系统被抽象为物-场模型。在研究物-场模型中发现技术系统构成的三个要素物质 S_1、物质 S_2 和场 F 三者缺一不可，否则就会造成系统的不完整，或当系统中某物质所特定的机能没有实现时，系统内部就会产生各种矛盾（技术难题）。为了解决系统产生的矛盾，可以引入另外的物质或改进物质之间的相互作用，并伴随能量（场）的生成、变换和吸收等，物-场模型也从一种形式变换为另一种形式。因此各种技术系统及其变换都可用物质和场的相互作用形式表述，将这些变化的作用形式归纳总结后，就形成了发明问题的标准解法。发明问题的标准解法可以用来解决系统内的矛盾，同时也可以根据用户的需求进行全新的产品设计。

第二节　标准解法系统

标准解法系统中包括了 76 个标准解法，共分为 5 级，18 子级。各级中解法的先后顺序也反映了技术系统必然的进化过程和方向。

第 1 级中的解法聚焦于建立和拆解物-场模型，包括创建需要的效应或消除不希望出现的效应的系列法则，每条法则的选择和应用将取决于具体的约束条件。

第 2 级由直接进行效应不足的物-场模型的改善，以及提升系统性能但实际不增加系统复杂性的方法所组成。

第 3 级包括向超系统和微观级转化的法则。这些法则继续沿着（第 2 级中开始的）系统改善的方向前进。第 2 级和第 3 级中的各种标准解法均基于以下技术系统进化路径：增加集成度再进行简化的法则；增加动态性和可控性进化法则；向微观级和增加场应用的进化法则；子系统协调性进化法则等。

第 4 级专注于解决涉及测量和探测的专项问题。虽然测量系统的进化方向主要服从于共同的一般进化路径，但这里的专项问题有其独特的特性。尽管如此，第 4 级的标准解法与第 1 级、第 2 级、第 3 级中的标准解法有很多还是相似的。

第 5 级包含标准解法的应用和有效获得解决方案的重要法则。一般情况下，应用第 1～4 级中的标准解法会导致系统复杂性的增加，因为给系统引入了另外的物质和效应是极有可能的。第 5 级中的标准解法将引导大家如何给系统引入新的物质又不会增加任何新的东西。换句话说，这些解法专注于对系统的简化。

标准解法可帮助问题解决者获得 20%以上困难问题的高水平解决方案。此外，还可以用来进行对各种各样的系统进化的有限预测，以发现某些非标准问题的部分解，并进行改进以获得新的解法方案。

在 1～5 级的各级中，又分为数量不等的多个子级，共有 18 个子级，每个子级代表着一个可选的问题解决方向。在应用前，需要对问题进行详细的分析，建立问题所在系统或子系统的物-场模型，然后根据物-场模型所表述的问题，按照先选择级再选择子级，使用子级下的几个标准解法来获得问题的解。

标准解法系统的 1～5 级具体分布如表 9-1～表 9-5 所示。

表 9-1　标准解第 1 级

标准解编号	问题描述	案例
1.1	建立物-场模型	
1.1.1 完善一个不完整的物-场模型	标准解法 1，在建立物-场模型时，如果发现仅有一种物质 S_1，那么就要增加第二种物质 S_2 和一个相互作用场 F，只有这样才可以使系统具备必要的功能	用锤子（S_2）钉钉子（S_1）。作为一个完整的系统，必须有锤子（S_2）、钉子（S_1）和锤子作用于钉子上的机械场（F），才能实现钉钉子的功能
1.1.2 内部合成物-场模型	标准解法 2，如果系统中已有的对象无法按需改变，可以在 S_1 或者 S_2 中引入一种永久的或者临时的内部添加物 S_3，帮助系统实现功能	喷漆时，在油漆（S_2）中添加稀料（S_3）

续表

标准解编号	问题描述	案例
1.1.3 外部合成物-场模型	标准解法 3，同 1.1.2 相同的情况下，也可以在 S_1 或者 S_2 的外部引入一种永久的或者临时的外部添加物 S_3，帮助系统实现功能	可以通过在滑雪橇（S_2）上涂上蜡（S_3），来改善滑雪橇和雪（S_1）所组成的技术系统的功能
1.1.4 向环境物-场模型跃迁	标准解法 4，同 1.1.2 相同的情况下，如果不允许在物质的内部引入添加物。可以利用环境中已有的（超系统）资源实现需要的变化	航道中的航标（S_1）摇摆得太厉害，可以利用海水（超系统）作为镇重物
1.1.5 通过改变环境向环境物-场模型跃迁	标准解法 5，同 1.1.2 相同的情况下，如果不允许在物质的内部或外部引入添加物，可以通过在环境中引入添加物来解决问题	办公室中的计算机设备（S_2）发热量较大，造成室温增加。可以在办公室（S_1）内加上空调（改进的系统），较好地调节室温
1.1.6 最小模式	标准解法 6，有时候很难精确地达到需要的量，通过多施加需要的物质，然后把多余的部分去掉	人们在一个方框中倒入混凝土（S_1），很难用抹子（S_2）直接做出一个很平的表面。如果把混凝土加满方框并超出一部分，那么在去掉多余部分的过程中，人们就不难抹出一个比较理想的平面来
1.1.7 最大模式	标准解法 7，如果由于各种原因不允许达到要求作用的最大化，那么让最大化的作用通过另一个物质 S_2 传递给 S_1	蒸锅不能直接放到火焰上来蒸煮食物（S_1）。但是可以在蒸锅里加水（S_2），利用火焰来加热蒸锅里的水，然后通过水（S_2）再把热量传递给食物（S_1）。因为加热食物的温度不可能超过水的沸点，所以不会烧焦食物
1.1.8 选择性最大模式	标准解法 8，系统中同时需要很强的场和很弱的场，那么在给系统施以很强的场的同时，在需要较弱场作用的地方引入物质 S_3 来起到保护作用	用火焰给小玻璃药瓶（S_2）封口，因为火焰的热量很高，因而会使药瓶内的药物（S_1）分解。但是，如果将药瓶盛药物的部分放在水（S_3）里，就可以使药保持在安全的温度之内，免受破坏
1.2	拆解物-场模型	
1.2.1 通过引入外部物质消除有害效应	标准解法 9，当前系统中同时存在有用的和有害的作用时，如果无法限制 S_1 和 S_2 接触，可以在 S_1 和 S_2 之间引入 S_3，从而消除有害作用	医生需要用手（S_2）在病人身体（S_1）上做外科手术时，手有可能对病人的身体带来细菌感染。戴上一双无菌手套（S_3）就可以消除细菌带来的有害作用

续表

标准解编号	问题描述	案例
1.2.2 通过改变现有物质来消除有害效应	标准解法 10，同 1.2.1，但是不允许引入新的物质 S_3。此时可以改变 S_1 或 S_2 来消除有害作用，如利用空穴、真空、空气、气泡、泡沫等，或者加入一种场。这个场可以实现所需添加物质的作用	冰鞋（S_1）在冰面（S_2）上滑冰时，冰的坚硬表面（F_1）有助于冰鞋的平滑运动；冰鞋与冰面之间的摩擦（F_2）妨碍了连续滑动。但摩擦使冰发热，产生水（改进的 S_2），水大幅降低了摩擦并有利于滑动
1.2.3 排除有害效应	标准解法 11，如果由某个场对物质 S_1 产生了有害作用，可以引入物质 S_2 来吸收有害作用	为了消除来自太阳电磁辐射（F）对人体（S_1）的有害作用（紫外线灼伤或者生长皮肤癌），可在皮肤的暴露部分涂上防晒霜（S_2）
1.2.4 用场抵消有害效应	标准解法 12，如果系统中同时存在有用作用和有害作用，而且 S_1 和 S_2 必须直接接触。这个时候，通过引入 F_2 来抵消 F_1 的有害作用，或将有害作用转换为有用作用	在脚腱拉伤后，脚部必须固定起来。绷带（S_2）作用于脚（S_1）起到固定的作用（机械场 F_1）。如果肌肉长期不用将会萎缩，造成有害作用。为防止肌肉的萎缩，在物理治疗阶段向肌肉加入一个脉冲的电场 F_2
1.2.5 用场来切断磁影响	标准解法 13，系统内的某部分的磁性质可能导致有害作用。此时可以通过加热，使这一部分处于居里点以上，从而消除磁性，或者引入一种相反的磁场	让带铁磁介质的研磨颗粒，在旋转磁场的作用下打磨工件的内表面。如果是铁磁材料的工件，其本身对磁场的响应会影响加工过程。解决方案是提前将工件加热到居里温度以上

表 9-2　标准解第 2 级

标准解编号	问题描述	案例
2.1	转化成合成的物-场模型	
2.1.1 链式物-场模型	标准解法 14，将单一的物-场模型转化成链式物-场模型。转化的方法是引入一个 S_3，让 S_2 产生的场 F_2 作用于 S_3，同时，S_3 产生的场 F_1 作用于 S_1	人们用锤子砸石头，完成分解巨石的功能。为了增强分解功能，可以通过在锤子（S_2）和石头（S_1）之间加入凿子（S_3）。锤子（S_2）的机械场（F_2）传递给凿子（S_3），然后凿子（S_3）的机械场（F_1）传递给石头（S_1）
2.1.2 双物-场模型	标准解法 15，双物-场模型：现有系统的有用作用 F_1 不足，需要进行改进，但是又不允许引入新的元件或物质。这时，可以加入第二个场 F_2，来增强 F_1 的作用	用电镀法生产铜片，在铜片表面会残留少量的电解液（S_1）。用水（S_2）清洗（F_1）的时候，不能有效地除掉这些电解液。解决方案是增强第一个场，即在清洗的时候，加入机械振动或者在超声波（F_2）清洗池中清洗铜片

续表

标准解编号	问题描述	案例
2.2	加强物-场模型	
2.2.1 使用更可控的场加强物-场模型	标准解法16，用更加容易控制的场，来代替原来不容易控制的场，或者叠加到不容易控制的场上。可按以下路线取代一个场：重力场→机械场→电场或者磁场→辐射场	在一些外科手术中，最好采用对组织施加热作用的激光手术刀取代对组织施加机械作用的钢刀片式手术刀
2.2.2 向带有工具分散物质的物-场模型转化	标准解法17，提高完成工具功能的物质分散（分裂）度	标准的钢筋混凝土由钢筋加混凝土组合而成。用一系列钢丝段代替较粗的钢筋可以制造出“针式”混凝土。采用这种材料可以增强结构能力
2.2.3 向具有毛细管多孔物质的物-场转化	标准解法18，在物质中增加空穴或毛细结构。具体做法是：固体物质→带一个孔的固体物质→带多个孔的固体物质（多孔物质）→毛细管多孔物质→带有限孔结构（和尺寸）的毛细管多孔物质	提议采用基于多孔硅的毛细管多孔结构代替一组针状电极，作为平面显示器的阴极
2.2.4 向动态化物-场模型转化	标准解法19，如果物-场系统中具有刚性、永久和非弹性元件。那么就尝试让系统具有更好的柔韧性、适应性和动态性来改善其效率	给风力发电站的风轮机安装铰链结构，有助于风轮机在风的作用下随时保持顺风方向
2.2.5 向结构化的物-场跃迁	标准解法20，用动态场替代静态场，以提高物-场系统的效率	利用驻波来固定液体中的微粒
2.2.6 向结构物-场模型转化	标准解法21，将均匀的物质空间结构变成不均匀的物质空间结构	从均质固体切削工具向多层复合材料的、自锐化切削工具跃迁可增加成品的数量和质量
2.3	通过协调频率加强物-场模型	
2.3.1 向 F、S_1、S_2 具有匹配频率的物-场模型转化	标准解法22，将场 F 的频率与物质 S_1 或者 S_2 的频率相协调	振动破碎机（S_2）的振动频率（F）必须与被破碎玻璃（S_1）的固有频率一致
2.3.2 向 F_1、F_2 具有匹配频率的物-场模型转化	标准解法23，将场 F_1 与场 F_2 的频率相互协调与匹配	机械振动（F_1）以通过产生一个与其振幅相同但是方向相反的振动（F_2）来消除

续表

标准解编号	问题描述	案例
2.3.3 向具有合并作用的物-场转化	标准解法 24，两个独立的动作，可以让一个动作在另外一个动作停止的间隙完成	当信息由两个频道和在同一频带内由发射器向接收器传输时，一个频道的传输发生在另一个频道的停顿期间
2.4	利用磁场和铁磁材料加强物-场模型	
2.4.1 原铁磁场	标准解法 25，在物-场中加入铁磁物质和磁场	为了将海报贴在表面上，采用铁磁表面和小磁铁代替图钉或者透明胶带
2.4.2 铁磁场	标准解法 26，将标准解法 2.2.1（应用更可控的场）与 2.4.1（应用铁磁材料）结合在一起	橡胶模具的刚度，可以通过加入铁磁物质，通过磁场来进行控制
2.4.3 基于铁磁流体的铁磁场	标准解法 27，运用磁流体。磁流体可以是悬浮有磁性颗粒的煤油、硅树脂或者水的胶状液体	在一些多孔旋转轴承中，用铁磁流体代替纯润滑剂，可使其保留在轴和轴承支架之间的缝隙中的同时还提供毛细力
2.4.4 基于磁性多孔结构的铁磁场	标准解法 28，应用包含铁磁材料或铁磁液体的毛细管结构	过滤器的过滤管中，填充铁磁颗粒，形成毛细多孔一体材料。利用磁场，可以控制过滤器内部的结构
2.4.5 在 S_1 或 S_2 中引入添加物的外部复杂铁磁场模型	标准解法 29，转变为复杂的铁磁场模型。如果原有的物-场模型中，禁止用铁磁物质替代原有的某种物质，可以将铁磁物质作为某种物质的内部添加物引入系统	为了让药物分子（S_2）到达身体需要的部位（S_1），在药物分子上附加铁磁微粒。并且，在外界磁场（F_1）的作用下，引导药物分子转移到特定的位置
2.4.6 与环境一起的铁磁场模型	标准解法 30，在标准解法 2.4.5 的基础上，如果物质内部也不允许引入铁磁添加物，则可以在环境中引入磁场 F 来改变环境的参数	将一个内部有磁性颗粒物质的橡胶垫（S_3）摆放在汽车（S_1）的上方。这个垫子可以保证在修车时，工具（S_2）能被吸附住而随手可得。这样就不需要人们在汽车外壳内填入防止工具滑落的铁磁物质了
2.4.7 使用物理效应的铁磁场	标准解法 31，如果采用了铁磁场系统，应用物理效应可以增加其可控性	磁共振成像
2.4.8 动态化铁磁场模型	标准解法 32，应用动态的、可变的（或者自动调节的）磁场	将表面有磁性微粒的弹性球体放在一个不规则空心物体内部来测量其壁厚，通过放在外部的感应器来控制这个“磁性球”，使其与待测空心物体的内壁紧紧地贴合在一起，从而达到精确测量的目的

续表

标准解编号	问题描述	案例
2.4.9 有结构化场的铁磁场	标准解法 33，利用结构化的磁场来更好地控制或移动铁磁物质颗粒	可以在聚合物中掺杂传导材料来提高其传导率。如果材料是磁性的，就可以通过磁场来排列材料的内部结构，这样使用材料很少，而传导率更高
2.4.10 节律匹配的铁磁场	标准解法 34，铁磁场模型的频率协调。在宏观系统中，利用机械振动来加速铁磁颗粒的运动。在分子或者原子级别，通过改变磁场的频率，利用测量对磁场发生响应的电子的共振频率频谱来测定物质的组成	每个原子都有各自的共振频率。这种利用元件节律匹配的测量技术，称为电子自旋共振（ESR）
2.4.11 电磁场	标准解法 35，应用电流产生磁场，而不是应用磁性物质	在常规的电磁冲压中，金属部件采用了强大的电磁铁，该磁铁可产生脉冲磁场。脉冲磁场在坯板中产生涡电流，其磁场排斥使它们产生感应的脉冲磁场。排斥力足以将坯板压入冲压模
2.4.12 向采用电流变液体的电磁场跃迁	标准解法 36，通过电场，可以控制流变体的黏度	在车辆的减振器中使用电流变液体取代标准油，原因是标准油的黏度随着温度的上升而降低

表 9-3　标准解第 3 级

标准解编号	问题描述	案例
3.1	向双系统或者多系统转化	
3.1.1 将多个技术系统并入一个超系统	标准解法 37，系统进化方式-1a：创建双系统和多系统	在薄玻璃上打孔是很困难的事情，因为即使很小心，也很容易把薄薄的玻璃弄碎。可以用油做临时的粘贴物质，将薄玻璃堆砌在一起，变成一块“厚玻璃”，就便于加工了
3.1.2 改变双系统或者多系统之间的连接	标准解法 38，改变双系统或者多系统之间的连接	面对复杂的交通状况。应在十字路口的交通指挥灯系统里，实时地输入一些当前交通流量的信息，更好地控制各种复杂的交通变化
3.1.3 由相同元件向具有改变特征元件的跃迁	标准解法 39，系统进化方式-1b：增加系统之间的差异性	在多头订书机的各头内，人们装入不同种类的订书钉。如果在订书机上增加一个起钉器，订书机的作用就会更加丰富

续表

标准解编号	问题描述	案例
3.1.4 由多系统向单系统的螺旋进化	标准解法40，经过进化后的双系统和多系统再次简化成为单一系统	新型家用的立体声壳中加入多个音频系统，是由一个外围设备组成
3.1.5 系统及其元件之间的不兼容特性分布	标准解法41，系统进化方式-1*c*：部分或者整体表现相反的特性或功能	自行车的链条是刚性的，但是从总体上看却是柔性的
3.2	向微观级进化	
3.2.1 引入“聪明”物质来实现向微观级的跃迁	标准解法42，系统进化方式-2：转换到微观级别	计算机就是沿着这个方向发展的

表9-4　标准解第4级

标准解编号	问题描述	案例
4.1	间接方法	
4.1.1 以系统的变化替代检测和测量问题	标准解法43，改变系统，从而使原来需要测量的系统，现在不再需要测量	加热系统的温度自动调节装置，可以用一个双金属片来制成
4.1.2 测量系统的复制品或者图像	标准解法44，用针对对象复制品、图像或图片的操作替代针对对象的直接操作	测量金字塔的高度，完全可以通过测量塔的阴影长度来算出
4.1.3 测量对象变化的连续检测	标准解法45，应用两次间断测量，代替连续测量	柔韧物体的直径应该实时地进行测量，从而看出它与相互作用对象之间的匹配是否完好。但是实时测量不容易进行，可以通过测量它的最大直径和最小直径，确定其变化范围来进行判断
4.2	建立新的测量的物-场模型	
4.2.1 测量物-场模型的合成	标准解法46，如果非物-场系统（S_1）十分不便于检测和测量，就要通过完善基本物-场或双物-场结构来求解	如果塑料袋上有个很小的孔很难被发现，可以先给塑料袋内填充空气，然后再将塑料袋放在水中。稍微施加压力，水中就会出现空气泡，从而指示出塑料袋泄漏的位置

续表

标准解编号	问题描述	案例
4.2.2 引入易检测的添加物实现向内部复杂的物-场的转化	标准解法47，测量引入的附加物。如引入的附加物与原系统的相互作用产生变化，可以通过测量附加物的变化，再进行转换	很难通过显微镜观察的生物样品可以通过加入化学染色剂来进行观察，以了解其结构
4.2.3 引入到环境中的添加物可控制受测对象状态的变化	标准解法48，如果不能在系统中添加任何东西，可以在外部环境中加入物质，并测量或者检测这个物质的变化	GPS的应用
4.2.4 环境中产生的添加物可控制受控物体状态的变化	标准解法49，如果系统或环境不能引入附加物。可以将环境中已有的东西进行降解或转换，变成其他的状态，然后测量或检测这种转换后的物质的变化	云室可以用来研究粒子的动态性能。在云室内，液氢保持在适当的压力和温度下，以便液氢正好处于沸点附近。当外界的高能量粒子穿过液氢时，液氢就会局部沸腾。从而形成一个由气泡组成的高能量粒子路径轨迹。此路径轨迹可以被拍照
4.3	增强测量物-场模型	
4.3.1 通过采用物理效应强制测量物-场	标准解法50，应用在系统中发生的已知的效应，并检测效应引发的变化，从而知道系统的状态。提高检测和测量的效率	通过测量导电液体电导率的变化，来测量液体的温度
4.3.2 受控物体的共振应用	标准解法51，如果不能直接测量或者必须通过引入一种场来测量时，可以通过让系统整体或部分产生共振，通过测量共振频率来解决问题	使用音叉来为钢琴调律。钢琴调律师需要调节琴弦，通过音叉与琴弦的频率发生共振，来进行调谐
4.3.3 附带物体共振的应用	标准解法52，若不允许系统共振，可以通过与系统相连的物体或环境的自由振动，获得系统变化的信息	非直接法测量物体的电容量。将未知电容量的物体，插入到已知感应系数的电路中。然后改变电路中电压的频率，寻找产生谐振的共振频率。据此，可以计算出物体的电容量
4.4	测量铁磁场	
4.4.1 向测量原铁磁场跃迁	标准解法53，增加或者利用铁磁物质、系统中的磁场，从而方便测量	交通管理系统中使用交通灯进行指挥。如果还想知道车辆需要等候多久，或者想知道车辆已经排了多长，可以在路面下铺设一个环形感应线圈，从而轻易地检测出上面车辆的铁磁成分，经过转换后得出测量结果

续表

标准解编号	问题描述	案例
4.4.2 向测量铁磁场跃迁	标准解法 54，在系统中增加磁性颗粒，通过检测其磁场以实现测量	通过在流体中引入铁磁颗粒，以提高测量的精确度
4.4.3 向复杂化的测量铁磁场跃迁	标准解法 55，如果磁性颗粒不能直接加入到系统中，可建立一个复杂的铁磁测量系统，将磁性物质添加到系统已有物质中	通过在非磁性物体表面涂敷含有磁性材料和表面活化剂细小颗粒的物体，检测该物体的表面裂纹
4.4.4 通过在环境中引入铁磁粒子向测量铁磁场跃迁	标准解法 56，如果不能在系统中引入磁性物质，可以在环境中引入磁性物质	船的模型在水上移动的时候，会出现波浪。为了研究波浪的形成原因，可以将铁磁微粒添加到水中，辅助测量
4.4.5 物理科学原理的应用	标准解法 57，通过测量与磁性相关的自然现象，比如说居里点、磁滞现象、超导消失、霍尔效应等	磁共振成像
4.5	测量系统的进化趋势	
4.5.1 向双系统和多系统跃迁	标准解法 58，向双系统、多系统转化。如果一个测量系统不具有高的效率，则应用两个或者更多的测量系统	为了测量视力，验光师使用一系列的设备，来测量人眼对某物体的聚焦能力
4.5.2 向测量派生物跃迁	标准解法 59，不直接测量，而是在时间或者空间上，测量待测物的第 1 级或者第 2 级的衍生物	测量速度或加速度，而不是直接去测量距离

表 9-5　标准解第 5 级

标准解编号	问题描述	案例
5.1	引入物质	
5.1.1 将空腔引入 S_1 或 S_2，以改进物-场元件的相互作用	标准解法 60，应用“不存在的物体”替代引入新的物质。比如增加空气、真空、气泡、泡沫、水泡、空穴、毛细管等；用外部添加物代替内部添加物；用少量高活性的添加物；临时引入添加剂等	对于水下保暖衣来说，如果仅通过增加衣服厚度的方法来改善保暖性，整个衣服就会变得很厚重。可以在其中加入泡沫结构，既不增加衣服厚度，还可以使衣服变得轻薄
5.1.2 将产品（S_0）分成相互作用的若干部分	标准解法 61，将物质分割为更小的组成部分	降低气流产生噪声（S_1）问题的标准解决方案是将基本气流（S_0）分成两股气流（S_{01}）和（S_{02}），从不同的方面形成涡流，并相互抵消

续表

标准解编号	问题描述	案例
5.1.3 引入的物质使物-场的相互作用正常并自行消除	标准解法 62，添加物在使用完毕之后自动消失	用冰把粗糙物体表面打磨光滑
5.1.4 用膨胀结构和泡沫使物-场的相互作用正常化	标准解法 63，如果条件不允许加入大量的物质，则加入虚空的物质	在物体内部增加空洞，以减轻物体的重量
5.2	引入场	
5.2.1 使用技术系统中现有的场不会使系统变得复杂化	标准解法 64，应用一种场，产生另外一种场	电场产生磁场
5.2.2 使用环境中的场	标准解法 65，应用环境中存在的场	电子设备在使用时产生大量的热。这些热可以使周围空气流动，从而冷却电子设备自身
5.2.3 使用技术系统中现有物质的备用性能作为场资源	标准解法 66，应用能产生场的物质	医生将放射性的物质植入到病人的肿瘤位置，来杀死癌细胞，以后再进行清除
5.3	相变	
5.3.1 改变物质的相态	标准解法 67，相变 1：改变相态	用 α-黄铜取代 β-黄铜。通过晶体结构的改变，导致在特定温度下，黄铜机械性质的改变
5.3.2 两种相态相互转换	标准解法 68，相变 2：双相互换	在滑冰过程中，通过将刀片下的冰转化成水，来减小摩擦力；然后，水又结成冰
5.3.3 将一种相态转换成另一种相态，并利用伴随相转移出现的现象	标准解法 69，相变 3：应用相变过程中伴随出现的现象	暖手器里面，有一个盛有液体的塑料袋，袋内有一个薄金属片。在释放热量过程中薄金属片在液体中弯曲，可以产生一定的声信号，触发液体转变为固体。当全部液体转变为固体后，人们将暖手器放回热源中加热，固体即可还原为液体
5.3.4 转换到物质的双相态	标准解法 70，相变 4：转化为双相状态	在切削区域涂敷一层泡沫，刀具能穿透泡沫持续切割；而噪声、蒸气等却不能穿透这层泡沫，这可用于消除噪声

续表

标准解编号	问题描述	案例
5.3.5 利用系统部件（相位）之间的交互作用	标准解法 71，利用系统的相态交互，增强系统的效率	白兰地经过两次蒸馏后，放在木桶中进行保存。这时，木材和液体之间相互作用
5.4	运用自然现象	
5.4.1 利用可逆性物理转换	标准解法 72，状态的自动调节和转换。如果一个物体必须处于不同的状态，那么它应该能够自动从一种状态转化为另外一种状态	变色太阳镜在阳光下颜色变深；在阴暗处又恢复透明
5.4.2 出口处场的增强	标准解法 73，将输出场放大	真空管、继电器和晶体管，都可以利用很小的电流来控制很大的电流
5.5	产生物质的高级和低级方法	
5.5.1 通过降解更高一级结构的物质来获取所需的物质	标准解法 74，通过降解来获得物质颗粒（离子、原子、分子等）	如果系统需要氢，但系统本身又不允许引入氢的时候，可以向系统引入水，再将水电解转化成氢和氧
5.5.2 通过合并较低等级结构的物质来获得所需要的物质	标准解法 75，通过组合，获得物质粒子	树木吸收水分、二氧化碳，并且运用太阳光进行光合作用，得以生长壮大
5.5.3 介于前两个解法之间	标准解法 76，应用 5.5.1 和 5.5.2。如果一个高级结构的物质需要降解，但是又不能降解，就应用次高水平的物质。另外，如果需要把低级结构的物质组合起来。就可以直接应用较高级结构的物质	如需要传导电流，可先将物质变成导电的离子和电子。离子和电子脱离电场之后，还可以重新结合在一起

第三节　标准解法的应用原理

物-场分析方法是 TRIZ 的一个重要的发明创新问题的分析工具，用来分析和技术系统有关的模型问题。我们可以借助物-场分析方法和标准解法，找到许多实际问题的解决方案，完成创新设计。其具体过程如图 9-1 所示，首先将实际问题抽象成物-场模型，根据模型的类型在对应的子级中找到该模型的标准解。在此基础上，将标准解具体化得到实际问题的新原理解。

一、应用标准解法的步骤

物-场分析模型的标准解分为 5 级，18 个子级，共 76 个之多，这给实际问题提供了丰富的解决方法，通过物-场分析，可以快速有效地使用标准解法来解决那些技术和设计难题。

但是，这么多的标准解法，似乎内容复杂，头绪较多，给使用者带来了许多麻烦和困扰。尤其是对初学者，更显得一头雾水，无从下手。而且不恰当的选择，还会导致使用者走上弯路或百思不得其解，浪费时间和精力，从而降低了标准解法的使用效率。因此，使用标准法解决问题的时候必须遵循一定的步骤。其实，在标准解法的使用和实践过程中，人们已经总结出了一整套的使用步骤和流程，让发明问题标准解的使用能够循序渐进，变得容易操作。以下就是采用标准解法求解的 4 个基本步骤。

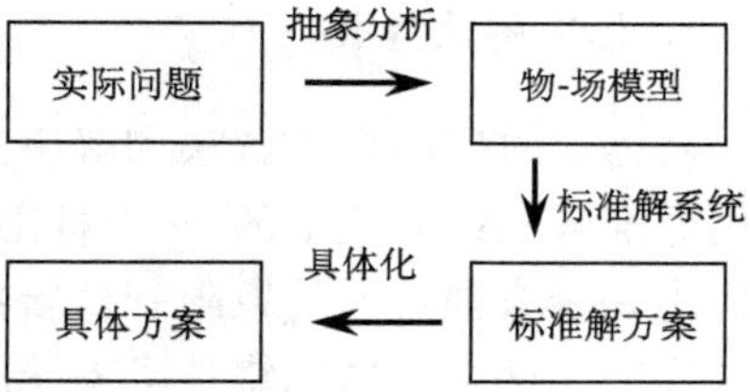

图 9-1　标准解法求解过程

1. 确定所面临的问题类型

首先需要确定所面临的问题是属于哪类问题，是要求对系统进行改进，还是要求对某件物体有测量或探测的需求。问题的确定过程是一个复杂的过程，建议按照下列顺序进行：

（1）问题工作状况描述，最好有图片或示意图配合问题状况的陈述。

（2）将产品或系统的工作过程进行分析，尤其是物流过程需要表达清楚。

（3）组件模型分析包括系统、子系统、超系统这 3 个层面的元素，以确定可用资源。

（4）功能结构模型分析是将各个元素间的相互作用表达清楚，用物-场模型的作用符号进行标记。

（5）确定问题所在的区域和组件，划分出相关元素，作为下步工作的核心。

2. 对技术系统进行改进

如果面临的问题是要求对系统进行改进，则：

（1）建立现有技术系统的物-场模型。

（2）如果是不完整物-场模型，应用标准解法第 1 级（标准解法 1.1（参见表 9-1））中的 8 个标准解法。

（3）如果是有害效应的完整物-场模型，应用标准解法第 1 级（标准解法 1.2（参见表 9-1））中的 5 个标准解法。

（4）如果是效应不足的完整物-场模型，应用标准解法第 2 级中的 23 个标准解法和标准解法第 3 级中的 6 个标准解法。

3. 对某个组件进行测量或探测

如果问题是对某个组件有测量或探测的需求，应用标准解第 4 级中的 17 个标准解法。

4. 标准解法简化

获得了对应的标准解法和解决方案，检查模型（实际是技术系统）是否可以应用标准解法第 5 级中的 17 个标准解法来进行简化。标准解法第 5 级也可以被考虑为是否有强大的约束限制着新物质的引入和交互作用。在实际应用标准解法的过程中，必须紧紧围绕技术系统所存在的问题的理想化最终结果，并考虑系统的实际限制条件，灵活进行应用，并追求最优化的解决方案。很多情况下，综合多个标准解法，对问题的彻底解决程度具有积极意义，尤其是第 5 级中的 17 个标准解法。

二、标准解法的应用流程图

上述发明创新问题标准解法的应用步骤，可以用流程图来表示，如图 9-2 所示。

第四节　标准解法的应用案例

一、厢式烘干机设计

1. 问题描述

传统的厢式烘干机外形呈方形，外壳是隔热层。这种烘干机的应用广泛，适合于各种物料的干燥，但是这种烘干机的含湿量不太均匀，干燥速率低，干燥时间长，生产能力小，热利用率低。因此，使用标准解法来求解。

2. 建立物-场模型并确定问题的类型

如图 9-3 所示，使用的元件分别为 S_1 物料、S_2 气流和场 F_1。由图可知，功能模型中的元件齐全，但执行元件对被执行元件产生的作用不足以达到系统的要求，属于效应不足的完整物-场模型。其中 S_1、S_2 分别表示需干燥物料以及气流。F_1 表示一个热力场，虚线表示两者之间的作用是不足的。

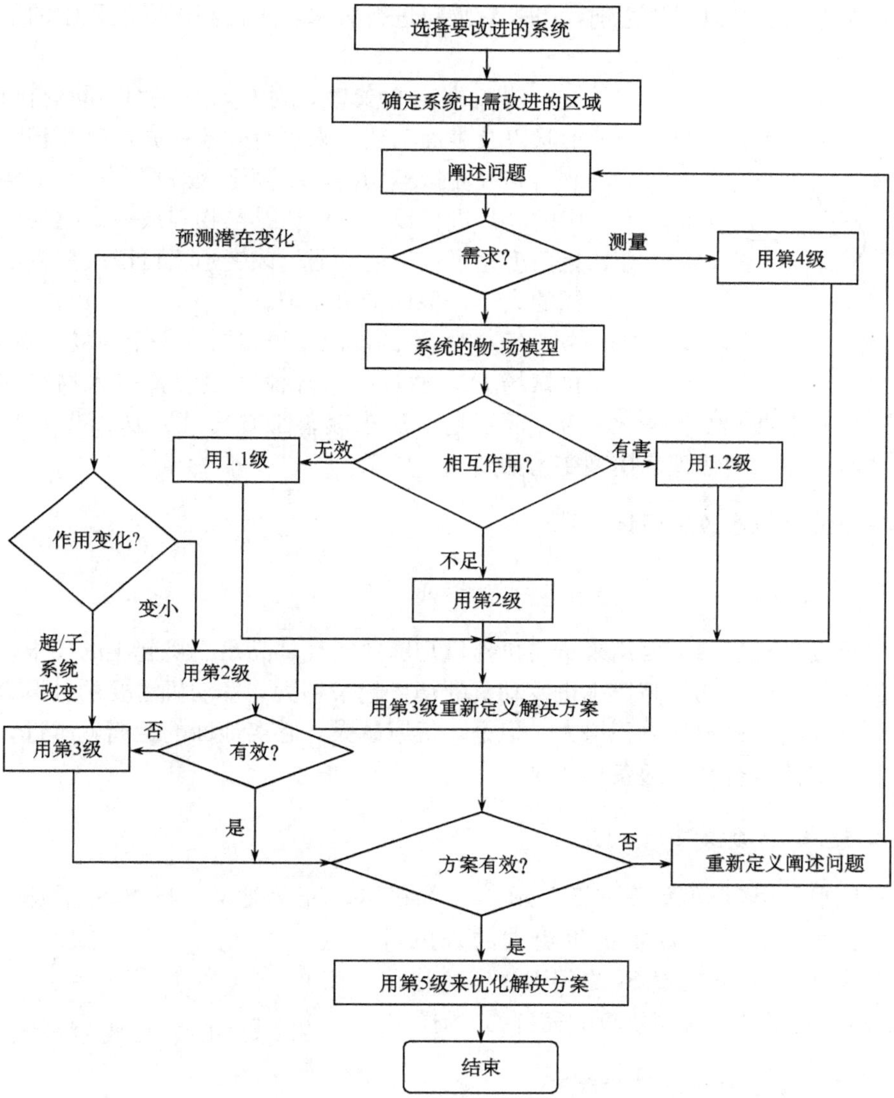

图 9-2　问题标准解法应用流程

3. 求标准解对系统进行改进

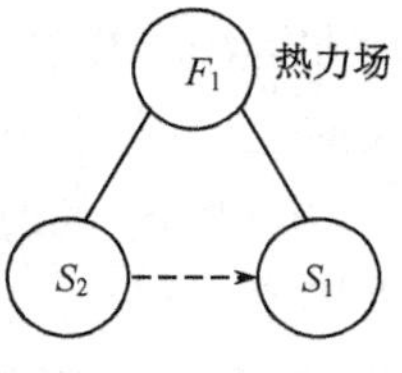

图 9-3　厢式烘干机效应不足物-场模型

当前系统为效应不足的模型，应用标准解法第 2 级中的 23 个标准解法和标准解法第 3 级中的 6 个标准解法。这个场合的标准创新解包括：

(1) 对 S_1 的修改，在实际中体现为对被干燥物质的预处理，在进入厢式烘干机之前，可先对物料进行脱水，来提高干燥过程中的干燥效率。

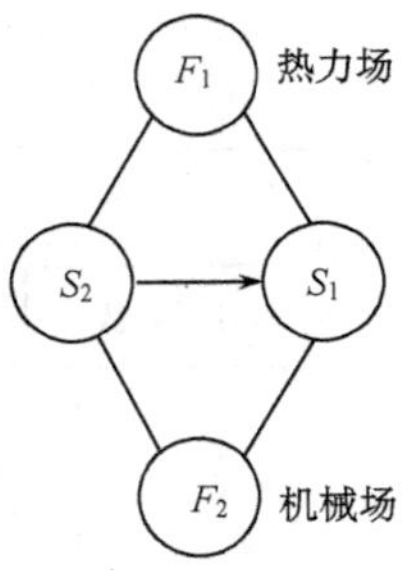

图 9-4　改进厢式烘干机模型

(2) 对 S_2 的修改，对干燥机使用不同的材料、形状以及表面工艺，来更有效地提高接触面积，使物料与气流接触均匀，提高干燥效率。可对结构图中的叶片进行设计，可让其与物料成一定角度，并且角度是可调节的，通过改变角度可以改变接触面积的大小，保证受热均匀。

(3) 对 S_1 的修改，可以引入一个新场，例如，机械场 F_2，通过一个环流产生装置引入物料的涡流，而不是层流来改善加热方式，从而提高热效率。此时，原来的物理场模型变为如图 9-4 所示。

二、飞机发动机罩改进设计

1. 问题描述

飞机发动机机罩主要用来给飞机提供足够的空气，满足飞机起飞的要求。随着人们对飞机要求的提高，飞机发动机的功率越来越大，发动机需要的进风量就更大，这就要求机罩的体积增大。但是，机罩越大，它离地面的距离就越近，在飞机起飞降落时容易引起各种危险。

2. 建立物-场模型

该问题物-场模型如图 9-5 所示，S_1 为机罩，S_2 为地面，机罩 S_1 的体积的增大，虽然可以为发动机提供更大的进风量，但是，会在地面 S_2 和机罩 S_1 之间引入有害作用。该物-场模型属于具有有害效应的完整物-场模型。

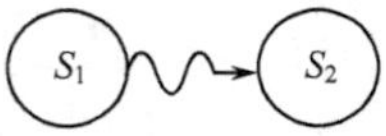

图 9-5　机罩有害效应物-场模型

3. 求标准解对系统进行改进

由于系统涉及有害效应，所以应用标准解法第 1 级（标准能法 1.2）中的 5 个标准解法。经过分析，该问题不允许引入新的物质，可以采用标准解法 10 来解决问题，即可以通过改变 S_1 和 S_2 来消除有害作用。具体措施为：

(1) 对 S_2 的改变。考虑改变地面形态，如改变跑道的两侧地面形状，来提高采风量。

(2) 对 S_1 的改变。改变机罩形状，将圆形机罩变为椭圆形或方形。改变机罩位置，考虑到机罩与地面的关系，提升机罩在飞机上的位置，调高机罩。

综合分析以上措施，同时采取调高机罩位置和将机罩形状变为椭圆形的措施可以解决这个问题。

思　考　题

1. 物-场分析与标准解之间有什么关系?
2. 发明问题的标准解法可以解决哪些问题?
3. 76 个标准解共分哪几级，各级都侧重解决哪些问题?
4. 试描述出发明问题标准解法应用过程。
5. 思考发明问题的标准解法和矛盾分析法有什么区别和联系。

参 考 文 献

阿奇舒勒 G S. 2008. 实现技术创新的 TRIZ 诀窍［M］. 林岳等译. 哈尔滨：黑龙江科学技术出版社

戴庆辉，耿翔宇. 2006. TRIZ 理论中物质-场的不同应用［J］. 重型机械科技，3：7～11

黑龙江省科学技术厅. 2009. TRIZ 的九大经典理论体系［EB/OL］. http：//www.triz.gov.cn/trizjs/200808/t20080825_84965.htm

杨清亮. 2006. 发明是这样诞生的［M］. 北京：机械工业出版社：6～147

赵敏，史晓凌，段海波等. 2008. TRIZ 入门及实践［M］. 北京：科学出版社：181～214

Altshuller G S. 1984. Creativity as an Exact Science［M］. Now York：Gorden and Breach Science Publishers Inc.

第十章　发明创新问题解决算法

发明创新问题解决算法（algorithm for inventive-problem solving，ARIZ）是基于技术系统进化法则的一套完整的问题解决的程序，是TRIZ理论的核心分析工具之一。对于某些复杂问题，定义矛盾或建立物-场模型较为困难。因而不能直接依靠矛盾矩阵或物-场分析解。此时可以考虑使用ARIZ解决这类问题。

在本章中首先概括介绍ARIZ的全貌，方便读者形成一个直观的印象，然后以ARIZ-85为例，深入浅出地介绍ARIZ的各个组成部分。读者参照这一章解决实际问题时，可以选择ARIZ全部组成部分，也可以仅仅选择其中一部分。

第一节　ARIZ概述

ARIZ采用一套逻辑过程逐步将初始问题程序化，其目标是建立相应的物理矛盾或技术矛盾，并解决这些矛盾。该算法主要针对问题情况复杂、矛盾及其相关部件不明确的技术系统。它通过对初始问题进行一系列变形、再定义等非计算性的逻辑过程，实现对问题的逐步深入分析和转化，而最终解决问题。能够将矛盾与理想解标准化是ARIZ最突出的优点。一方面技术系统向理想解的方向进化，另一方面如果应用ARIZ解决一个技术矛盾或物理矛盾，该问题解决方案可能成为ARIZ新的一部分。

ARIZ的重要思路是将非标准问题通过各种方法进行变换，转化为标准问题，然后应用TRIZ中标准解来获得相应的解决方案。ARIZ的理论基础由以下3条原则构成：

1）转换原则

通过确定和解决引起问题的技术矛盾或物理矛盾，对发明性问题转化的一套连续过程的程序。具体的过程为首先利用ARIZ将系统中存在的原始发明问题"袖珍"化；其次是定义系统的技术矛盾或物理矛盾，并为矛盾建立对应的"问题模型"；最后是分析该问题模型，定义问题所包含的时间和空间，利用标准解或物-场模型分析法，从而获得系统的最终理想解。

2）抑制与激发原则

工程师或其他工作人员，一旦决定采用了TRIZ来解决问题，就必须控制其惯性思维，以激发其想像力。因为TRIZ是一个应用灵活、作用广泛的分析工具，而惯性思维很可能将工程师或其他工作人员带入到某一个牛角尖中，为解决创造性问题带来不必要的麻烦。ARIZ 的固定步骤和非专业术语的使用，有助于抑制惯性思维、激发想像力，从而避免了常见的错误，甚至可以激发使用者突破专业领域的限制。从这个意义而言，ARIZ 是学习和掌握 TRIZ 理论所不可缺少的工具。

固定步骤能够帮助 ARIZ 的使用者，特别是初学者，为掌握 ARIZ 提供具体的、详细的路径。大量的工程实际案例表明，利用非专用术语可以大大提高设计的成功性。例如，在设计破冰船时，设计小组最初一筹莫展，因为他们一直想制造一只能够打破坚冰的新型船。后来有人提出用“物体”代替“破冰船”这一术语，解决措施随着出现，即这一“物体”也可能只是穿过冰面，而不需要打破坚冰。

3）发展原则

ARIZ 并非一个僵硬的体系，而是一个不断地吸取新的知识的体系。ARIZ 最初由阿奇舒勒于 1977 年提出，随后经过多次改进才形成的比较完善的理论体系。现如今，ARIZ 仍然随着科学技术的不断进步而与时俱进，新的知识库可以大大拓展 ARIZ 解决发明性问题的能力。某些解决方案已经变成了扩充的 ARIZ 的一部分。而经过发展、扩充后的 ARIZ 也可以促进技术的进步，二者形成一种良性的循环。

第二节　ARIZ-85 的九步骤法

在本书中，只介绍阿奇舒勒提出的 ARIZ-85 的一些步骤和原理，ARIZ 的一些变形将不涉及。ARIZ-85 包括九大步骤：一、问题分析；二、问题模型的分析；三、陈述最终理想解（IFR）和物理矛盾；四、运用物-场资源；五、知识库的应用；六、转化或替代问题；七、原理解评价；八、原理解最大化；九、解决方案的专家分析 。图 10-1 为 ARIZ 分析问题的流程图。

图 10-1 中前五个步骤将初始问题转化为具体的矛盾，并解决这些矛盾；如果问题在前五步没有解决，步骤六重新定义问题并跳回到第一步，再次求解问题；当问题被解决后，可以应用步骤七评价该解决方案；步骤八由问题特解中抽取出可用于解决其他问题的通用解法；步骤九是主要针对 TRIZ 专家，专家分析 ARIZ 求解该问题过程，以力图改进 ARIZ。本节以 ARIZ-85 的为主，介绍 ARIZ 的理论方法和步骤。

一、问题分析

问题分析是将一个模糊的问题转化为一个描述明确的问题模型。在利用 ARIZ 对问题进行分析时，应当尽量保持系统的稳定性，达到消除系统缺陷与完

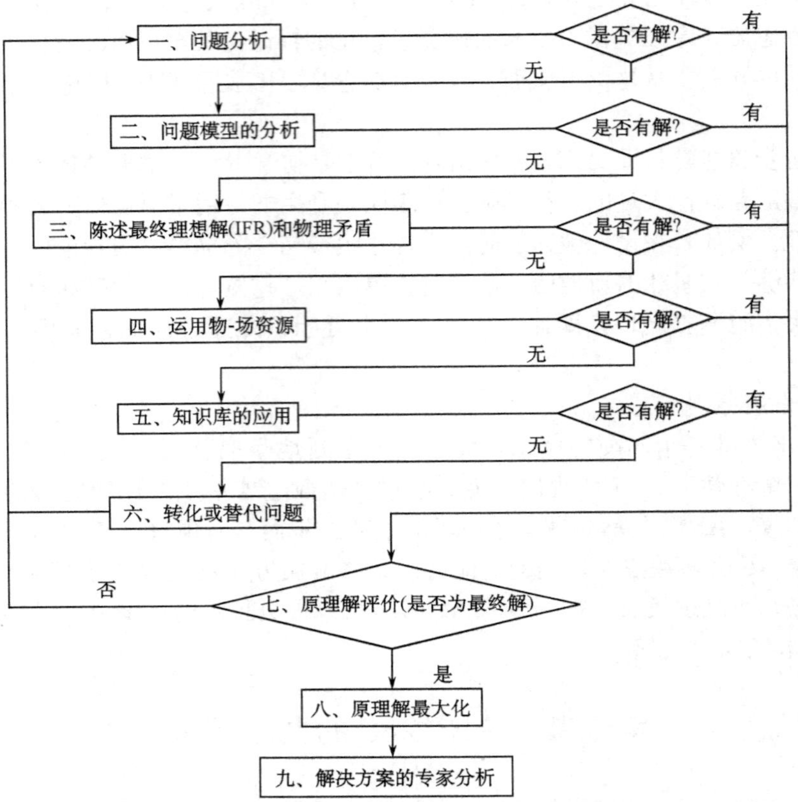

图 10-1　ARIZ 分析的流程图

成改进系统的目的。同时，又可以通过引入约束，激化矛盾，发现技术系统中隐含的冲突或矛盾。问题分析这一步骤又可以细分为下述七个子步骤。

1. “袖珍”问题的确定

所谓的“袖珍”问题是指，将问题层层分解，剥离不必要的因素，只保留与该问题紧密相关的因素。将问题转化为“袖珍”问题，可以在不改变系统的前提下，引导工程师或其他工作人员在求解发明性问题时，明确矛盾。

陈述“袖珍”问题时，需要找到技术系统中的技术矛盾，必要时可对系统做小的改动。正如前文所言，技术矛盾主要突出表现为一些改进措施可能在技术系统中产生有害或有益的影响，这两种影响都是改进措施直接导致的后果。当然，技术系统进化的目的就在于最大程度地引入或改善有利作用，同时最大程度地消除或减小有害作用。

［例 10-1］　利用同一管道输送不同的原油

为了节省建设费用和运输费用，石油公司通常采用同一条管道输送不同的原油。输送管道很长，需要在中间建造中转站。当输送的原油到达中转站时，由中转站的工作人员将原油取出、重新加压，然后再送往下一站。这里存在的一个问题是，工作人员需要在中转站判断原油的种类。例如，先输送汽油再输送柴油时，工作人员需要判断汽油在哪里结束，柴油在哪里开始，并且还需避免汽油与柴油混合。工作人员最初想到在汽油与柴油之间添加固体间隔物，如橡胶球。但后来发现用橡胶球作为间隔物不能有效隔离汽油和柴油，容易产生混合，且每到一个中间站都需要将橡胶球取出。有人又提出用水作为间隔物，但是水会与油混合在一起。于是有人提出用气体作为间隔物，气体不会与油混合，但在运输原油过程中气体会浮在管道的上方，根本起不到分隔的作用。

"袖珍"化该问题之后，可以发现这个技术系统存在两个主要的矛盾：

技术矛盾一（TC-1），当使用水作为间隔物时，间隔效果相对较好，但是运输完之后难以有效分离水与油。

技术矛盾二（TC-2），当使用气体作为间隔物时，间隔效果差，但是运输完之后可以有效分离气体与油。

2. 定义矛盾元素

矛盾元素一般指工件和工具。工件指问题中需要"加工处理"的元素，例如，需要对元素进行制造、移动、修改、改进、保护、探测、测量等。工具则是直接作用在工件上的元素。工具可以是环境中一些较为特殊的部分，也可以是装配中用的标准件。需要注意的是，工具一定是"直接"作用而非"间接"作用。例如，钻孔时，直接起作用的工具是"钻头"非"钻床"；黑暗中起照明作用的是"光"而非"手电筒"或"灯泡"等。

3. 技术矛盾图解模型的定义

阿奇舒勒总结出一些典型的矛盾冲突模型，将这些典型的矛盾冲突模型列于表 10-1 中。

在例 10-1 中，TC-1 和 TC-2 图解模型均为共轭作用 3，其图解模型见图 10-2 和图 10-3。具体的解决方案应为：在不破坏系统的条件下，消除有害作用保留有利作用。

表 10-1　典型矛盾冲突模型

序号	名称	图解	说明
1	反作用	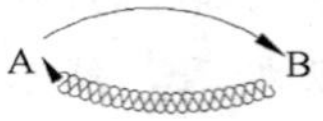	A 对 B 产生有利作用，B 对 A 反向产生有害作用。解决方法：消除有害作用保留有利作用
2	共轭作用 1	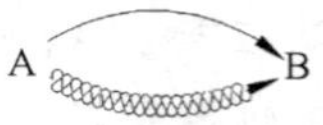	A 对 B 同时产生有利作用和有害作用。解决方法：消除有害作用保留有利作用
3	共轭作用 2	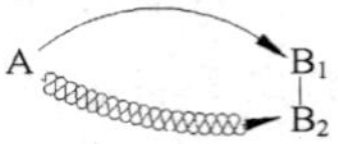	A 对 B_1 产生有利作用，同时对 B_2 产生有害作用。解决方法：消除对 B_2 的有害作用，保留对 B_1 的有利作用
4	共轭作用 3	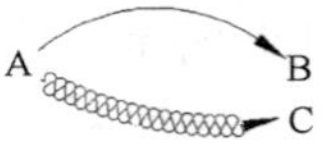	在 A、B、C 组成的系统中，A 对 B 产生有利作用，对 C 产生有害作用。解决方法：在不破坏系统条件下，消除有害作用保留有利作用
5	共轭作用 4	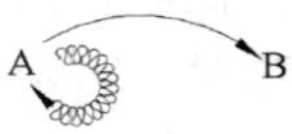	A 对 B 产生有利作用，同时对自己产生有害作用。解决方法：消除有害作用保留有利作用
6	互斥作用	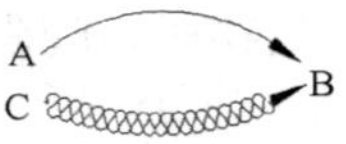	A 对 B 产生有利作用，C 与 B 互相排斥（如加工和测量之间的互斥）。解决方法：不改变有利作用，完成 C 对 B 的作用
7	不完整作用	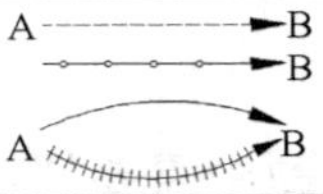	A 对 B 产生有利作用的同时，要求具备两个不同的作用，A 对 B 不能作用或 A 不存在但要求对 B 起作用。解决方法：提供与 A 兼容的对 B 的作用
8	缺少作用		缺少 A 和 B 相互作用的信息，或只给出 B。解决方法：需要获得需求的信息
9	失控作用	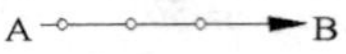	A 对 B 的作用是失控的，同时又要求是可控的。解决方法：控制 A 对 B 的作用

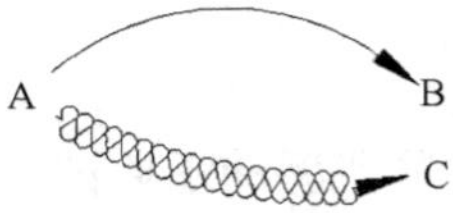

图 10-2　利用水作为分隔物的图解模型

A：水；B：隔离汽油与柴油；C：将水与油分离

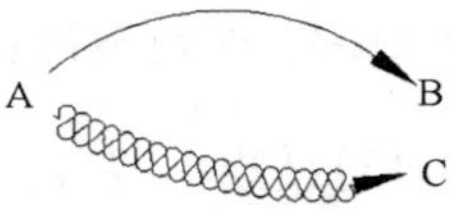

图 10-3　利用气体作为分隔物的图解模型

A：气体；B：将气体与油分离；C：隔离汽油与柴油

4. 选择并分析技术矛盾图解模型

从多个技术矛盾模型中，选择一个能够准确表达关键问题的模型。在例

10-1 中，关键问题是如何有效地隔离汽油与柴油，因此选择 TC-1，即当使用水作为间隔物时，间隔效果相对较好，但是运输完之后难以有效分离水与油。显然，不得不利用其他方法将原油有效地从隔离物（水）中分离出来。选择并分析技术矛盾图解模型最终目的在于抓住主要矛盾，适当地忽略次要矛盾。

5. 强化技术矛盾

通过找出元素的限制状态或限制作用来强化技术矛盾，从而发现技术系统中隐含的冲突或矛盾。多数问题都包含“多量元素”对“少量元素”、“强元素”对“弱元素”等类型的技术冲突。在例 10-1 中，针对 TC-1，可以利用“实质上为非液体”作为液体隔离物这一策略，代替“液体”隔离物策略。

6. 建立问题模型

可以通过陈述“冲突元素”、“冲突的强化准则”以及“将附加元素（X 元素）引入系统来解决问题的效果（保持、消除、改进等）”三部分内容来建立问题模型。

[例 10-2] 摩擦焊接钢管

利用摩擦焊接的方法焊接两根长 10m 的钢管。旋转 10m 长的钢管需要大型机器和很大的车间。该技术系统中，存在以下冲突元素：10m 长的钢管和大型机器及其工作车间。将这个问题的矛盾冲突进行强化则变为，车间较小，并且没有旋转 10m 长钢管所需要的大型机器。为了完成任务，有必要引进一个附加的元素 X，它应该具备即是新的元素，又不是新的元素的特点。那么在引入这个附加元素之后，即能实现摩擦焊接，又不需要大型的机器和车间。

7. 应用标准解系统

应用标准解系统来解决问题，如果能够获得恰当的“解”，则可直接跳到后面的步骤七（原理解评价）；否则进入下面的步骤二。

二、问题模型的分析

此步骤主要创建用来解决问题的空间、时间、物质和场等可用资源。主要包括定义操作区域（OZ）、定义操作时间（OT）和定义物-场资源（SFR）三个子步骤。其中，OT 由冲突发生的持续时间（T_1）和冲突发生前的时间（T_2）组成，瞬间的、短暂的冲突可以在 T_2 阶段进行预防或消除。SFR 是已经存在的物质和场，主要有三种类型：

(1) 内部 SFR，包括工具的 SFR 和工件的 SFR。此种类型在解决“袖珍”问题时优先考虑（因为理想的方法是以最小的资源付出来获得需求的结果）。

(2) 外部 SFR，包括特定环境中的已知 SFR 和隐含于问题中的 SFR。如观察宇宙中的星系，宇宙是特定环境中的已知 SFR；地球上的物体总受到重力场的作用，重力场就是隐含于问题中的 SFR。

(3) 超系统的 SFR，包括其他系统的废旧资源以及极低成本的“外来”因素。

三、陈述最终理想解（IFR）和物理矛盾

1. 确定初步的 IFR-1

附加元素 X 的引入，不会造成系统的复杂化，也不会带来有害作用，在一定 OZ 和 OT 内还可以帮助消除原有系统的有害作用。在例 10-1 中，间隔物在隔离原油时是液体，分离原油与隔离物时是“不存在”或是“气体”可以满足这个要求。在例 10-2 中，引入的附加元素既可以使管子旋转，又不需要较大的空间。

2. 强化 IFR-1

依据步骤二（问题模型的分析），列出系统内所有可用资源清单，选择一种资源，作为附加元素。选用的顺序为：内部 SFR、外部 SFR 和超系统的 SFR。思考如何利用附加元素达到理想解，可以先设想附加元素具有相反的两种状态或属性，然后忽略其可实现性，遍历所有资源以后，选择一个最可能实现理想解的资源作为附加元素。

在例 10-1 中，附加的元素应该不溶于石油，且化学性质稳定，而在液态时，密度与原油的密度大致相同，价格较低。显然这种新型的隔离物应该具备液态和气态的转换功能，可以考虑利用低温将其从气态转换为液态，因此，它还需要具有在低温时不会凝固的特性。

3. 描述技术系统存在的物理矛盾或技术矛盾

这里的物理矛盾表示 OZ 内物理状态的相反需求，一个简短的物理矛盾一般按照以下模式来阐述：为了执行相应的、有益的功能，元素（或其部分）应在 OZ 内；为了防止相应的、有害的功能，又不应在 OZ 内。在例 10-1 中，隔离物在隔离时是液体，能够有效地分隔不同的原油；分离原油与隔离物时，隔离物为“非液体”，从而使得间隔处的原油保持各自纯度。在例 10-2 中，引入的附加元素既可以使管子旋转，完成摩擦焊接必要的程序，又不需要较大的空间，适应工厂车间的实际情况。

4. 确定最终的 IFR-2

其阐述模式为，在指定 OZ 和 OT 内，应自己提供相反的宏观状态或微观状

态。最终可以确定在例 10-1 中，氨气具有解决问题所需要的一切特性，即它在低温时是液态（在原油运输中起到较好的间隔作用），在常温下是气态（容易从原油中分离），既不溶于石油，也不会与石油发生化学反应，它的密度与石油的密度大体一致，价格也较为便宜。在例 10-2 中，只要在两个长管间引入一段短管即可，根据相对运动，旋转短管时，相对于旋转了长管。同时，旋转短管不需要大型的设备和场地。

5. 使用标准解法解决新问题

同样的道理，如果到达此步骤时，采用标准解法能够解决新问题，可以直接跳至下面的步骤七（原理解评价）；若不能够解决新问题，则进入下一个步骤。

四、运用物-场资源

1. 运用物-场资源需要遵循的规则

（1）单一规则。呈现某种单一状态的任何物质粒子 A 只能执行一种作用，若要同时执行另外一种作用，则需引入另外一种物质粒子 B。

（2）分组规则。为了使引入或原有的物质粒子具备新的功能，可以通过一些途径或方法，使其中的一部分保持原来的状态，而其中另一部分改变状态，力图使其与存在的问题相适应。同时，因为改变了其中一部分物质粒子的状态，可能导致两部分不同状态的物质粒子相互作用，从而获得第三种附加的作用或物质粒子。

（3）回归规则。当原有的或者引入的物质粒子完成其功能，解决了相应问题之后，应当回归其原来的状态。

2. 运用物-场资源的常见方法

1）小矮人（smart little people，SLP）仿真

小矮人仿真是 ARIZ 中经常使用的一种引入物-场资源的方法。它实质上是一种思考方法，将冲突要求想像成一幅小矮人执行功能的简图，小矮人代表问题模型中的可变元件。利用小矮人仿真，需要问题解决者的观察角度从宏观向微观转变，最终再从微观转变为宏观。

［例 10-3］　卫星信号接收系统

对卫星信号接收系统进行“袖珍”化，可以认为该系统包括天线、卫星信号、避雷针以及自然中的雷电。在该技术系统中同样主要存在两种技术矛盾，一种矛盾为：当系统避雷针较多时，能有效避免天线被雷电击中，但较多的避雷针会吸收较多的卫星信号，减弱了接收卫星信号的能力。另一种矛盾为：当系统避

雷针较少时，不会吸收太多的卫星信号，但不能确保天线不被雷电击中。

为了解决技术矛盾，采用小矮人仿真方法来创建一幅小矮人执行功能的简图。在图 10-4 中，选择的空气中的小矮人（方框中具有填充色的小矮人），与未被选择的空气小矮人（方框外面设有填充色的小矮人）一样。每一个小矮人手拉手，不能捉到闪电（图 10-4 中更小的闪电中的小矮人）。这表明，选择的空气与普通的空气一样，均为中性，因而不能导电，不能实现保护天线的功能。显然，该系统只有一种物质粒子，根据分组规则，可以将这种粒子分成两组，使其中一组粒子保持原状态，而其中另一部分改变状态。应用分组规则后的空气小矮人冲突模型如图 10-5 所示。在图 10-5 中，小矮人分成两组，一组小矮人仍然保持其原来

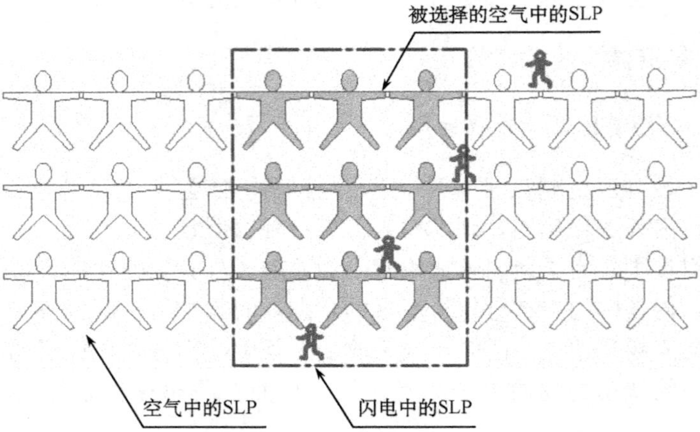

图 10-4　中性的空气小矮人

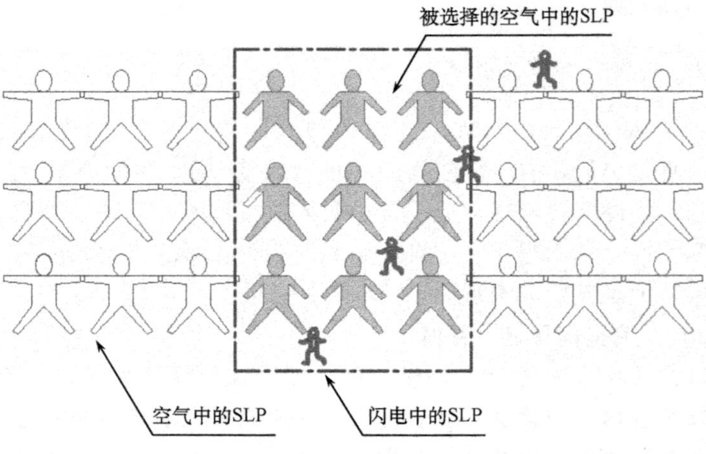

图 10-5　被选择的非中性的空气智能小矮人（SLP）可以捕捉闪电

的状态（中性），与图 10-4 中相应的小矮人相同；另一组为方框中的小矮人，改变了状态——他们没有手拉手。这一改变表明他们具备捕捉闪电粒子的能力。由此可见，转变空气分子的状态可能会解决这个问题。

剩下的问题就是如何改变选择的空气状态问题，即考虑如何使空气具备捕捉闪电的能力。根据物理的知识，可以考虑采用降低选择的空气气压，以便能够将其进行电离分解。

利用 SLP 解决问题时，相应的简图相当重要。一幅优秀的简图应该是，即使没有文字也可以清楚地表达问题求解者的意图，并且能够提供相关物理矛盾的附加信息，为解决问题指明方法和途径。

2）由 IFR 退回的策略

当我们能够想像到最终的解决方案时，寻找获得最终解决方案的路径便成为关键问题，此时从 IFR“退回”或许有助于获得最终解决方案的路径。例如要求两个连接件互相接触，从 IFR“退回”则可以认为，工件之间存在间隙，问题转变为怎样消除这些间隙。消除间隙的方法有很多种，它远比考虑怎样让工件保持接触要容易，或者远比让工件保持接触更能让问题求解者有思路。这种退回策略能够帮助我们更好地认清问题的实质，从而为解决这些问题铺平道路。在许多工程实际问题中，都有着类似的原理或途径，因此利用由 IFR 退回的策略，寻找获得最终理想解路径的策略是一种相当普遍的方法。

3）真空策略

真空是相当重要的物质资源，其优点主要在于，当真空与其他物质资源混合时，既可能改变原有物质资源的状态或性能，还不会在技术系统中引入新的有害功能或作用。利用真空这个突出的优点，可以重新审视多种物质资源。可以将固体看成固体填充物与真空区域的混合体。当然，这种固体中的真空区域很可能已经被液体或气体填充。同理，可以将液体看成液体填充物和真空区域的混合体，只是这种真空区域往往已经被气体填充——如其不然，水中就不可能存在鱼、虾等生物了。轮胎也是一个应用真空区域获得良好效果的例子：将轮胎视作橡胶与真空的混合体，向轮胎中冲入气体，可以看作是向真空中注入大量的空气。

4）混合策略

一般而言，采用当前可用物质资源已不太可能解决发明性的问题，那么在解决发明性问题时，通常需要工程师或其他的工作人员根据需要在系统中引入新的物质，来解决问题。但引入新物质可能导致技术系统复杂化，一些有害的作用或功能也会随之出现。

集成两个系统来组成一个新的系统，其实质是保留新系统的边界。若将一本书看作是多系统，那么这本书的每一页纸可被看作是单系统；要保持新系统（这本书）的边界，需要引入第二种物，边界物质。在真空策略中，将真空作为第二种边界物质引入新的系统中。当将某个单系统与真空混合，边界变得模糊，此时新的特性出现了，这种新的特性可能是设计者所需求的结果。

5）“原生”物质资源策略

“原生”物质资源包括两种情况，一种是化学分子式相同，但相状态不同；另一种情况为，由其他物质通过化学反应获得，则反应物是生成物的“原生”物质资源。例如，石墨和金刚石的化学分子式相同，但相状态不同，因此可以认为石墨和金刚石互为“原生”物质资源。通过碳与氧的化学反应得到二氧化碳，因此碳和氧是二氧化碳的“原生”物质资源。

利用“原生”物质资源可以大大拓展解决问题的视野。当需要的物质不能够得到，或者引入这种物质将会给技术系统带来不可逾越的困难时，就可以考虑运用它的“原生”物质资源。这种思路可能会带来意想不到的成果。如果能够将策略 3）、4）、5）组合在一起，则我们解决问题的能力将会得到进一步的提高。

6）引入电磁场

利用电场可以控制物质中的电子，再通过电子控制相应的物质；利用磁场可以控制铁磁材料。巧妙地利用电场或磁场，可以完成一些似乎不可能完成的任务，实现自动控制。例如，在一种新型的研磨工具中，为了控制上万颗金字塔形状的钻石，让其尖头向上，以便获得最佳的研磨效果。如果利用手工摆放这些钻石，这绝对是一件不可能完成的任务。如果利用磁场和磁粉结合，则摆放金刚石的工作将变得相当轻松。

五、知识库的应用

多数情况下，步骤四（运用物-场资源）可以直接提供给我们问题解决方案，因此我们可以直接跳至步骤七（原理解评价）。但有时我们不能得到解决办法，这时候我们可以试图进入步骤五（知识库的应用），借助 TRIZ 知识库里面积累的经验，使我们要解决的问题冲突变得更加清晰明了。

1. 应用标准解法来解决问题

前面步骤的主题思想是利用现有的 SFR（物-场资源），即尽量避免引入新的物质和场资源；当仅仅使用可用的 SFR 或“原生”物质资源无法得到解决方案时，我们需要引入新的物质和场资源。标准解法中，多数采用了引入附加物质资源的方法。

2. 应用 ARIZ 的非标准问题的解决方案来解决问题

在解决问题过程中，相互关联的矛盾冲突非常少，大多数冲突需要通过推导来说明包括相似矛盾的问题才能得到解决方案。

3. 应用分离原则来解决矛盾冲突

只有完全匹配或较接近于最终理想解（IFR）的解决方案才可以被采用。

4. 应用自然知识和现象库来解决矛盾冲突

［例 10-4］　宇宙探索装置——月球天线

我们都知道，人类往月球上发射的天线，可以按照我们的需要向地球发回比较宝贵的宇宙探索信息。那么，空间尺寸较大的天线是如何发射到月球上去的呢？这里就用到科学效应和现象知识库中的形状记忆合金。航空航天工作人员首先在高温环境下利用形状记忆合金制作好天线，然后在低温环境下将其压缩成直径较小的金属球，使其所占的体积空间缩小到原来的千分之一，从而可以很容易地利用宇宙飞船或航天飞机将其运上月球，然后在月球上因太阳辐射而引起的高温环境中，形状记忆合金可以恢复到原来的形状，从而向地球发送信息。

六、转化或替代问题

IFR 不可能一开始就能够准确地获得，我们不断解决问题的过程往往就是不断修正问题描述的过程。

（1）若问题已经得到解决，我们需要将理论的解决方案转化成实现 IFR 的原理图，并阐述其作用原理。

（2）若问题没有得到解决，我们需要检查步骤一（问题分析），若在步骤一中我们描述了多个问题的结合体，那么需要将其进行分解，并重新描述确定主要的问题，以便准确地解决主要问题。

（3）若问题仍未得到解决，则采用本章第二节步骤一（问题分析）中第（4）个子步骤（选择并分析技术矛盾图解模型），通过选择另外的矛盾冲突来完成问题的转换。

（4）若采用上述方法问题依然不能得到解决，则采用本章第二节步骤一（问题分析）中第（1）个子步骤（“袖珍”问题的确定），重新定义“袖珍”问题，必要时重复进行“袖珍”问题的定义。

七、原理解评价

本步骤的主要目的是检验我们获得 IFR 的解决方案质量。评判的标准在于，获得 IFR 耗费物质资源的多少。显然，物质资源耗费越少越好。

1. 解决方案的检验

检查是否可以利用已有资源或“原生”物质资源代替引入的物质和场。如果能够使用“原生”物质资源代替引入的物质和场，则可以不需要引入任何外来物质资源而改变系统及其状态。

2. 解决方案的初步评价

在 TRIZ 中，可以将所得到冲突的解分为离散解和连续解两类。离散解是指，彻底消除了技术冲突，或新解使得原有技术冲突已不存在；连续解是指，新解消除了一部分技术冲突，但冲突仍然存在，不断消除冲突的同时产生一系列新的冲突，这些冲突构成冲突链条。需要评价或预测解决方案是离散解还是连续解，如果是连续解，将可能引起哪些新的子问题？同时，我们还需要评价解决方案是否具备以下特征：

（1）是否较好地实现了 IFR-1 的主要目标？

（2）是否解决了一个物理冲突？

（3）解决方案是否容易实现？

（4）新系统是否含有至少一个易控元素，是哪一个元素，如何控制？

若解决方案不能满足上述初步评价，则我们需要回到步骤一重新进行“袖珍”问题的定义。

3. 通过查看相关的专利来检验解决方案的新颖性

我们可以通过搜索与所解决问题相互联系的发明专利，来检验所使用的解决方案是否在已有问题解决过程中是初次使用。

4. 预测子问题

新系统形成过程中会出现多种子问题，预测这些子问题是否需要创新、计算、设计以及怎样克服这些困难等。

八、原理解最大化

一旦某个创新概念形成，它就像一把万能钥匙，可能会适用于任何类似问题。因此，有必要评价该方法是否可以应用于其他类似的问题。

1）定义超系统的改变

子系统改变可能会影响到超系统，因此有必要重新定义超系统。重新定义的超系统应该包括已经变化了的子系统。

2）可行性分析

分析改进后的超系统和子系统是否可以按照工程师设计的方式工作。

3）拓展性分析

分析获得的解决方案是否能够应用于其他相似的问题。在拓展分析中，主要考虑以下三个因素：

（1）陈述解决方案的通用原理。

（2）考虑该解法原理对其他问题的直接应用。

（3）考虑使用相反的解法原理解决其他问题。

九、解决方案的专家分析

TRIZ 专家通过该步骤来评估改进 ARIZ。TRIZ 初学者可以忽略该步骤。如果对 TRIZ 理解已经进入较深的层次，则可以通过该步骤对问题解法过程进行透彻地分析。

（1）将解决问题的实际步骤与 ARIZ 理论进行比较，并记录偏离的地方。

（2）将解决问题的实际解法方案与 TRIZ 知识库（分离原理、标准解、效应和现象知识库等）比较，如果 TRIZ 知识库没有包含该解决方案的原理，则对该方案进行整理归纳，在修订 ARIZ 时备用。

思 考 题

1. 分析并对比 ARIZ 中的原则、方法和策略与 40 个发明原理，找出相似之处。

2. 当运用步骤四时，三种规则怎样通过六种方法得到具体的实现？

3. 使用 ARIZ 解决问题中，运用物-场资源（SFR）需要遵循哪些规则？

4. 如图 10-6 所示一种长度测量仪，在一个箱体内安装线轴和导丝器，导丝器的作用是将细钢丝均匀缠绕在线轴上。为使细钢丝在导丝器的行程内无障碍通过，需要在箱体上开一个导槽。工作人员可以根据缠绕的圈数来折算细钢丝的长度，从而得到所测尺寸。

此装置的主要缺点在于，箱体内腔通过导槽与大气连通，使得灰尘非常容易进入箱体内部，造成整个系统的污染，严重影响系统的可靠性和测量精度。试用 ARIZ 分析这个问题，并改进此装置。

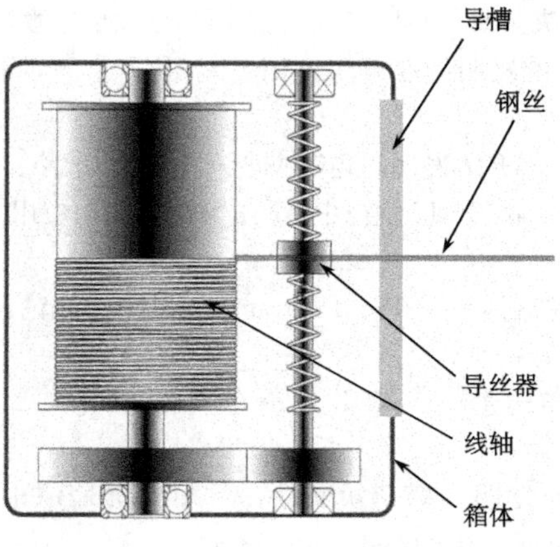

图 10-6 长度测量仪

5. 如图 10-7 所示滚筒式药粒包装机，可以自动实现计数、装瓶等一系列工序。药粒装在料仓中，当滚筒旋转时，药粒在定量板作用下，保证每瓶的粒数相同；槽轮保证定量板上所有药粒通过漏斗装入药瓶中；光电计数器检测定量板是否布满药粒。这种装置的缺点主要在于，由于定量板布置药粒孔数一定，当需要调整每瓶的药粒数时，需要更换定量板。试用 ARIZ 分析这个问题，能否解决这个缺点。

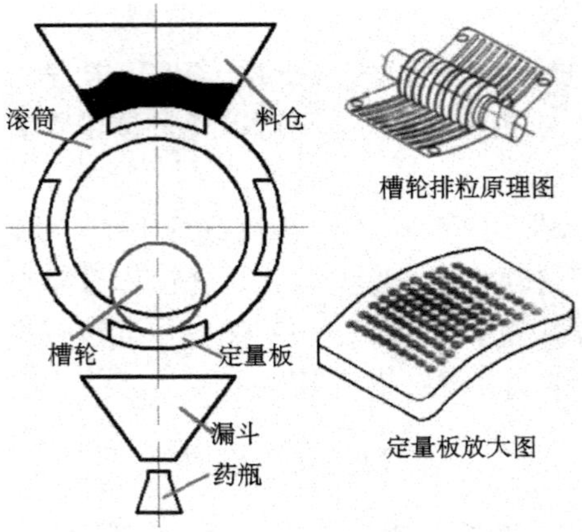

图 10-7　滚筒式药粒包装机

参 考 文 献

阿奇舒勒 G S. 2008. 创新算法［M］. 谭培波等译. 武汉：华中科技大学出版社. 152，153

百度百科-形状记忆合金 . http://baike. baidu. com/view/272703. htm

百万发明论坛 . 2009. 创造性解决问题的程序——ARIZ［EB/OL］. http：//www. triz. gov. cn/trizjs/200806/t20080613 _ 82092. htm

姜台林 . 2008. 创新问题解决实践［M］. 桂林：广西师范大学出版社 . 19～61

宋保华 . 2004. TRIZ 理论中的发明问题解决算法——ARIZ［J］. CAD/CAM 制造业信息化，89～90

檀润华 . 2002. 创新设计——TRIZ 发明问题解决理论［M］. 北京：机械工业出版社 . 76～81

韦子辉，阎会强，檀润华 . 2008. TRIZ 理论中 ARIZ 算法研究与应用［J］. 机械设计 . 25（4）：57～61

文尚 . 2007. 群贤齐聚，创新利器——Pro/Innovator 集成先进理论，完善概念设计［J］. 亿维讯创新杂志，(4)：57～61

杨清亮 . 2006. 发明是这样诞生的：TRIZ 理论全接触［M］. 北京：机械工业出版社 . 148～167

亿维讯 . 2009. TRIZ 中的发明问题解决算法——ARIZ［EB/OL］. http：//www. iwint. com. cn/ch/triz/triz-paper-20090323-170209. html

Fex V，Rivin E. 2005. Innovation on Demand [M]. New York：Cambridge University Press. 102～125

Savransky S D. 2000. Engineering of Creativity [M]. New York：RC Press. 189～211

第十一章　科学效应和现象

以往，我们是以“中性”的观点学习物理、化学、几何和生物等学科的知识，即学习它们的理论、解释和分析现象，却很少从知识应用的角度去思考问题，使得我们在实践中应用这些学科的知识时基本上都比较茫然。现在，我们重新回顾这些科学知识并加以应用，为我们解决那些在过去看来不能解决的技术难题。

科学效应和现象在 TRIZ 中是一种基于知识的解决问题工具，对发明问题的解决具有强大的帮助。迄今为止，研究人员已经总结了近万个效应，其中 4000 多个得到了有效应用。本章首先简单介绍了 TRIZ 理论中，解决发明问题时经常遇到的、需要实现的 30 种功能，以及实现这些功能经常要用到的 100 个科学效应和现象，然后对这 100 个科学效应和现象进行了详细解释，以便读者进行查阅。

第一节　TRIZ 理论中的科学效应

传统的科学效应多为按照其所属领域进行组织和划分，侧重于效应的内容、推导和属性的说明。由于发明者对自身领域之外的其他领域知识通常具有相当的局限性，造成了效应搜索的困难。

TRIZ 理论中，按照“从技术目标到实现方法”的方式组织效应库，发明者可根据 TRIZ 的分析工具决定需要实现的“技术目标”，然后选择需要的“实现方法”，即相应的科学效应。TRIZ 的效应库的组织结构，便于发明者对效应应用。

通过对 250 万份全世界高水平发明专利的分析研究，阿奇舒勒指出在工业和自然科学中的问题和解决方案是重复的、技术进化模式是重复的，只有百分之一的解决方案是真正的发明，而其余部分只是以一种新的方式来应用以前已存在的知识或概念。因此，对于一个新的技术问题，绝大多数情况下都能从已经存在的原理和方法中找到该问题的解决方案。基于对世界专利库的大量专利的分析，TRIZ 理论总结了大量的物理、化学和几何效应，每一个效应都可能用来解决某一类问题。研究表明，工程人员掌握并应用的效应是相当有限的。例如，爱迪生在他的 1023 项专利中只用了 23 个效应，Topolev 的 1001 项专利中只用了 35 个效应。这里仅介绍 TRIZ 理论总结出的解决高难度问题所需要的常见的 30 种功能，并赋予每个功能以相应的代码，如表 11-1 所示。

表 11-1　功能代码表

序号	实现的功能	功能代码	序号	实现的功能	功能代码
1	测量温度	F1	16	传递能量	F16
2	降低温度	F2	17	建立移动的物体和固定的物体之间的交互作用	F17
3	提高温度	F3	18	测量物体的尺寸	F18
4	稳定温度	F4	19	改变物体尺寸	F19
5	探测物体的位移和运动	F5	20	检查表面状态和性质	F20
6	控制物体位移	F6	21	改变表面性质	F21
7	控制液体及气体的运动	F7	22	检查物体容量的状态和特征	F22
8	控制浮质（气体中的悬浮微粒，如烟、雾等）的流动	F8	23	改变物体空间性质	F23
9	搅拌混合物，形成溶液	F9	24	形成要求的结构，稳定物体结构	F24
10	分解混合物	F10	25	探测电场和磁场	F25
11	稳定物体位置	F11	26	探测辐射	F26
12	产生控制力，形成高的压力	F12	27	产生辐射	F27
13	控制摩擦力	F13	28	控制电磁场	F28
14	解体物体	F14	29	控制光	F29
15	积蓄机械能与热能	F15	30	产生及加强化学变化	F30

注：本表摘自于仇成等《科学效应在创新设计中的应用》。

有了功能代码，可根据代码来查找 TRIZ 所推荐的此代码下的各种可用科学效应和现象，科学效应和现象清单详见表 11-2 所示。

表 11-2 列举了可以实现技术创新中的 30 种功能及其对应的 100 个物理效应和现象，我们可以利用此表解决技术创新中遇到的问题。应用科学效应解决问题的一般步骤如下：

表 11-2　科学效应和现象清单

功能代码	实现的功能	TRIZ 推荐的科学效应和现象	科学效应和现象序号
F1	测量温度	热膨胀	E75
		热双金属片	E76
		珀尔帖效应	E67
		汤姆孙效应	E80
		热电现象	E71
		热电子发射	E72
		热辐射	E73
		电阻	E33
		热敏性物质	E74
		居里效应（居里点）	E60
		巴克豪森效应	E3
		霍普金森效应	E55
F2	降低温度	一级相变	E94
		二级相变	E36
		焦耳-汤姆孙效应	E58
		珀尔帖效应	E67
		汤姆孙效应	E80
		热电现象	E71
		热电子发射	E72
F3	提高温度	电磁感应	E24
		电介质	E26
		焦耳-楞次定律	E57
		放电	E42
		电弧	E25
		吸收	E84
		发射聚焦	E39
		热辐射	E73
		珀尔帖效应	E67
		热电子发射	E72
		汤姆孙效应	E80
		热电现象	E71
F4	稳定温度	一级相变	E94
		二级相变	E36
		居里效应	E60

续表

功能代码	实现的功能	TRIZ推荐的科学效应和现象		科学效应和现象序号
F5	探测物体的位移和运动	引入易探测的标识	标记物	E6
			发光	E37
			发光体	E38
			磁性材料	E16
			永久磁铁	E95
		反射和发射线	反射	E41
			发光体	E38
			感光材料	E45
			光谱	E50
			放射现象	E43
		形变	弹性变形	E85
			塑性变形	E78
		改变电场和磁场	电场	E22
			磁场	E13
		放电	电晕放电	E31
			电弧	E25
			火花放电	E53
F6	控制物体位移	磁力		E15
		电子力	安培力	E2
			洛伦兹力	E64
		压强	液体或气体的压力	E91
			液体或气体的压强	E93
		浮力		E44
		液体动力		E92
		振动		E98
		惯性力		E49
		热膨胀		E75
		热双金属片		E76
F7	控制液体及气体的运动	毛细现象		E65
		渗透		E77
		电泳现象		E30
		汤姆孙效应		E79
		伯努利定律		E10
		惯性力		E49
		韦森堡效应		E81

续表

功能代码	实现的功能	TRIZ 推荐的科学效应和现象	科学效应和现象序号
F8	控制浮质（气体中的悬浮微粒，如烟、雾等）的流动	起电	E68
		电场	E22
		磁场	E13
F9	搅拌混合物，形成溶液	弹性波	E19
		共振	E47
		驻波	E99
		振动	E98
		气穴现象	E69
		扩散	E62
		电场	E22
		磁场	E13
		电泳现象	E30
F10	分离混合物	在电场或磁场中分离　电场	E22
		磁场	E13
		磁性液体	E17
		惯性力	E49
		吸附作用	E83
		扩散	E62
		渗透	E77
		电泳现象	E30
F11	稳定物体位置	电场	E22
		磁场	E13
		磁性液体	E17
F12	产生控制力，形成高的压力	磁力	E15
		一级相变	E94
		二级相变	E36
		热膨胀	E75
		惯性力	E49
		磁性液体	E17
		爆炸	E5
		电液压冲压，电水压振扰	E29
		渗透	E77
F13	控制摩擦力	约翰逊-拉别克效应	E96
		振动	E98
		低摩阻	E21
		金属覆层滑润剂	E59

续表

功能代码	实现的功能	TRIZ 推荐的科学效应和现象		科学效应和现象序号
F14	解体物体	放电	火花放电	E53
			电晕放电	E31
			电弧	E25
		电液压冲压，电水压振扰		E29
		弹性波		E19
		共振		E47
		驻波		E99
		振动		E98
		气穴现象		E69
F15	积蓄机械能与热能	弹性变形		E85
		惯性力		E49
		一级相变		E94
		二级相变		E36
F16	传递能量	对于机械能	形变	E85
			弹性波	E19
			共振	E47
			驻波	E99
			振动	E98
			爆炸	E5
			电液压冲压，电水压振扰	E29
		对于热能	热电子发射	E72
			对流	E34
			热传导	E70
		对于辐射	反射	E41
		对于电能	电磁感应	E24
			超导性	E12
F17	建立移动的物体和固定的物体之间的交互作用	电磁场		E23
		电磁感应		E24
F18	测量物体的尺寸	标记	起电	E68
			发光	E37
			发光体	E38
		磁性材料		E16
		永久磁铁		E95
		共振		E47

续表

功能代码	实现的功能	TRIZ 推荐的科学效应和现象	科学效应和现象序号
F19	改变物体尺寸	热膨胀	E75
		形状记忆合金	E87
		形变	E85
		压电效应	E89
		磁弹性	E14
		压磁效应	E88
F20	检查表面状态和性质	放电　电晕放电	E31
		电弧	E25
		火花放电	E53
		反射	E41
		发光体	E38
		感光材料	E45
		光谱	E50
		放射现象	E43
F21	改变表面性质	摩擦力	E66
		吸附作用	E83
		扩散	E62
		包辛格效应	E4
		放电　电晕放电	E31
		电弧	E25
		火花放电	E53
		弹性波	E19
		共振	E47
		驻波	E99
		振动	E98
		光谱	E50
F22	检查物体容量的状态和特征	引入容易探测的标志　标记物	E6
		发光	E37
		发光体	E38
		磁性材料	E16
		永久磁铁	E95
		测量电阻值　电阻	E33
		反射和放射线　反射	E41
		折射	E97
		发光体	E38
		感光材料	E45
		光谱	E50
		放射现象	E43
		X 射线	E1

续表

功能代码	实现的功能	TRIZ 推荐的科学效应和现象	科学效应和现象序号
F22	检查物体容量的状态和特征	电-磁-光现象　电-光和磁-光现象	E27
		固体(的场致、电致）发光	E48
		热磁效应（居里点）	E60
		巴克豪森效应	E3
		霍普金森效应	E55
		共振	E47
		霍耳效应	E54
F23	改变物体空间性质	磁性液体	E17
		磁性材料	E16
		永久磁铁	E95
		冷却	E63
		加热	E56
		一级相变	E94
		二级相变	E36
		电离	E28
		光谱	E50
		放射现象	E43
		X 射线	E1
		形变	E85
		扩散	E62
		电场	E22
		磁场	E13
		珀尔帖效应	E67
		热电现象	E71
		包辛格效应	E4
		汤姆孙效应	E80
		热电子发射	E72
		热磁效应（居里点）	E60
		固体（的场致、电致）发光	E48
		电-光和磁-光现象	E27
		气穴现象	E69
		光生伏打效应	E51
F24	形成要求的结构、稳定物体结构	弹性波	E19
		共振	E47
		驻波	E99
		振动	E98
		磁场	E13
		一级相变	E94
		二级相变	E36
		气穴现象	E69

续表

功能代码	实现的功能	TRIZ 推荐的科学效应和现象		科学效应和现象序号
F25	探测电场和磁场	渗透		E77
		带电放电	电晕放电	E31
			电弧	E25
			火花放电	E53
		压电效应		E89
		磁弹性		E14
		压磁效应		E88
		驻极体，电介体		E100
		固体（的场致、电致）发光		E48
		电-光和磁-光现象		E27
		巴克豪森效应		E3
		霍普金森效应		E55
		霍耳效应		E54
F26	探测辐射	热膨胀		E75
		热双金属片		E76
		发光体		E38
		感光材料		E45
		光谱		E50
		放射现象		E43
		反射		E41
		光生伏打效应		E51
F27	产生辐射	放电	电晕放电	E31
			电弧	E25
			火花放电	E53
		发光		E37
		发光体		E38
		固体（的场致、电致）发光		E48
		电-光和磁-光现象		E27
		耿氏效应		E46
F28	控制电磁场	电阻		E33
		磁性材料		E16
		反射		E41
		形状		E86
		表面		E7
		表面粗糙度		E8

续表

功能代码	实现的功能	TRIZ 推荐的科学效应和现象	科学效应和现象序号
F29	控制光	反射	E41
		折射	E97
		吸收	E84
		发射聚焦	E39
		固体（的场致、电致）发光	E48
		电-光和磁-光现象	E27
		法拉第效应	E40
		克尔现象	E61
		耿氏效应	E46
F30	产生及加强化学变化	弹性波	E19
		共振	E47
		驻波	E99
		振动	E98
		气穴现象	E69
		光谱	E50
		放射现象	E43
		X 射线	E1
		放电	E42
		电晕放电	E31
		电弧	E25
		火花放电	E53
		爆炸	E5
		电液压冲压、电水压振扰	E29

注：本表摘自于仇成等《科学效应在创新设计中的应用》。

（1）首先对问题进行分析，确定所解决的问题要实现的功能。

（2）根据功能从《功能代码表》（表 11-1）中确定与此功能相对应的功能代码，此代码是 F1～F30 中的一个。

（3）从《科学效应和现象清单》（表 11-2）中查找此功能代码下 TRIZ 所推荐的科学效应和现象。

（4）筛选所推荐的科学效应和现象，优选适合解决本问题的科学效应和现象。

（5）查找优选出来的每个科学效应和现象的详细解释，并应用于该问题的解决，形成解决方案。

[例 11-1]　电灯泡厂的厂长将厂里的工程师召集起来开了个会，他让这些工程师们看一叠顾客的批评信，顾客对灯泡质量非常不满意。

（1）问题分析：工程师们觉得灯泡里的压力有些问题。压力有时比正常的高，有时比正常的低。

（2）确定功能：准确测量灯泡内部气体的压力。

（3）TRIZ 推荐的可以测量压力的物理效应和现象：机械振动、压电效应、驻极体、电晕放电、韦森堡效应等。

（4）效应取舍：经过对以上效应逐一分析，只有“电晕”的出现依赖于气体成分和导体周围的气压，所以电晕放电能够适合测量灯泡内部气体的压力。

（5）方案验证：如果灯泡灯口加上额定高电压，气体达到额定压力就会产生电晕放电。

（6）最终解决方案：用电晕放电效应测量灯泡内部气体的压力。

应用科学效应和现象来解决技术问题是再简单不过的事情了，这就像我们到超市买东西一样，选择好要买东西的种类，衡量一下几种同类产品的性价比，我们就可以做决定了。其实 TRIZ 提供的所有工具都一样，只要我们有解决“问题”的欲望，任何“方案”都很简单地就属于自己了。

第二节　科学效应和现象详解

一、X 射线

X 射线是波长介于紫外线和 γ 射线间的电磁辐射，由德国物理学家伦琴于 1895 年发现，故又称伦琴射线。波长小于 0.1Å 的射线称超硬 X 射线，在 0.1～1Å 范围内的射线称为硬 X 射线，1～10Å 范围内的射线称为软 X 射线。

X 射线的特征是波长非常短，频率很高，其波长为（0.06～20）$\times 10^{-8}$cm。X 射线是不带电的粒子流，因此能发生干涉、衍射现象。

X 射线具有很高的穿透本领，能透过许多对可见光不透明的物质，如墨纸、木料等。这种肉眼看不见的射线可以使很多固体材料发生可见的荧光，使照相底片感光、空气电离等。波长越短的 X 射线能量越大，称为硬 X 射线；反之，波长长的 X 射线能量较低，称为软 X 射线。当在真空中，高速运动的电子轰击金属靶时，靶就放出 X 射线，这就是 X 射线管的结构原理。

X 射线具有很强的穿透力，医学上常用作透视检查，工业中用来探伤。长期受 X 射线辐射对人体有伤害。X 射线可激发荧光、使气体电离、使感光乳胶感光，故 X 射线可用作电离计、闪烁计数器和检测感光乳胶片等。晶体的点阵结构对 X 射线可产生显著的衍射效应，X 射线衍射法已成为研究晶体结构、形貌和各种缺陷的重要手段。

二、安培力

安培力是电流在磁场中受到的磁场的作用力，其本质是，在洛伦兹力的作用下，导体中做定向运动的电子与金属导体中晶格上的正离子不断地碰撞，把动量传给导体，因而使载流导体在磁场中受到磁力的作用。

电流为 I、长为 L 的直导线，在匀强磁场 B 中受到的安培力大小为 $F=BIL\sin\theta$，其中 θ 为电流方向与磁场方向间的夹角。安培力的方向由左手定则判定：伸出左手，四指指向电流方向，让磁力线穿过手心，大拇指的方向就是安培力的方向。对于任意形状的电流受非匀强磁场的作用力，可把电流分解为许多段电流元 $I\Delta L$，则每段电流元处的磁场 B 可看成匀强磁场，电流元所受的安培力为 $\Delta F=I\Delta L\cdot B\sin\theta$，把这许多安培力加起来就是整个电流受的力。

应该注意，当电流方向与磁场方向相同或相反时，即 $\theta=0°$或 180°时，电流不受磁场力作用。当电流方向与磁场方向垂直时，电流受的安培力最大为 $F=\mathrm{BIL}$。

三、巴克豪森效应

巴克豪森效应亦称巴克豪森跳变（Barkhausen jump），是指在磁化过程中畴壁发生跳跃式的不可逆位移过程，由巴克豪森首先从实验中发现这一现象。由于这种畴壁的跳跃式位移而造成试样中磁通的不连续变化，因此可以通过实验测定出来。

当铁受到逐渐增强的磁场作用时，它的磁化强度不是均匀的，而是以微小跳跃的方式增大的。发生跳跃时，有噪声伴随着出现。如果通过扩音器把它们放大，就会听到一连串的“咔嗒”声。这就是“巴克豪森效应”。后来，在人们认识到铁是由一系列小区域组成，而在每个小区域内，所有的微小原子磁体都是同向排列的之后，巴克豪森效应才最后得到说明。每个独立的小区域，都是一个很强的磁体，但由于各个磁畴的磁性彼此抵消，所以普通的铁显示不出磁性。但是当这些磁畴受到一个强磁场作用时，它们会同向排列起来，于是，铁便成为磁体。在同向排列的过程中，相邻的两个磁畴彼此振动并发生摩擦，噪声就是这样产生的。只有所谓的“铁磁物质”具有这种磁畴结构，也就是说，这些物质具有形成强磁体的能力，其中以铁表现得最为显著。如一个铁磁棒在一个线圈里，当线圈电流增加时，线圈磁场也会增大，此时铁中的磁力线会猛增，然后趋向于饱和，这种现象也称为巴克豪森效应。

四、包辛格效应

包辛格效应是塑性力学中的一个效应，是指原先经过变形，然后在反向加载时，弹性极限或屈服强度降低的现象，特别是弹性极限在反向加载时几乎下降到零，这说明在反向加载时塑性变形立即开始了。此效应是德国的包辛格于 1886 年发现的，故名包辛格效应。由于在金属单晶体材料中不出现包辛格效应，所以一般认为，它是由多晶体材料晶界间的残余应力引起的。包辛格效应使材料具有各向异性性质。若一个方向屈服极限提高的值和相反方向降低的值相等，则称为理想包辛格效应。有反向塑性变形的问题须考虑包辛格效应，而其他问题，为了简化常忽略这一效应。

包辛格效应在理论上和实际上都有其重要意义。在理论上由于它是金属变形时长程内应力的度量，包辛格效应可用来研究材料加工硬化的机制。在工程应用上，首先是材料加工成型工艺需要考虑包辛格效应。其次，包辛格效应大的材料，内应力较大。

五、爆炸

爆炸是某一物质系统在发生迅速的物理变化或化学反应时，系统本身的能量借助于气体的急剧膨胀而转化为对周围介质做的机械功，同时伴随有强烈放热、发光和声响的效应。由于急剧的化学反应在被一定限制的环境内导致气体剧烈膨胀，这能使密闭环境的外壁损坏甚至破裂、粉碎，造成爆炸的效果。

爆炸可分为物理性爆炸和化学性爆炸。物理性爆炸是由物理变化而引起的，是物质因状态或压力发生突变而形成的爆炸。例如，容器内液体过热气化引起的爆炸，锅炉的爆炸，压缩气体、液化气体超压引起的爆炸等。物理性爆炸前后物质的性质及化学成分均不改变。化学性爆炸是由于物质发生极迅速的化学反应，由产生高温、高压引起的爆炸。化学爆炸前后物质的性质和成分均发生了根本的变化。

六、标记物

在材料中引入标记物，可以简化混合物中包含成分的辨别工作，而且使有标记物的运动和过程的追踪更加容易，可当作标记物的物质类型有：铁磁物质、普通的和发光的油漆、有强烈气味的物质等。

七、表面

物体的表面：用面积和状态来描述物体的外表的性质和特性。表面状态确定了物体的大量特性及其他物体交互作用时所呈现的本性。

八、表面粗糙度

表面粗糙度是指加工表面具有的较小间距和微小峰谷不平度。其两波峰或两波谷之间的距离（波距）很小（在 1mm 以下），用肉眼是难以区别的，因此它属于微观几何形状误差。表面粗糙度越小，则表面越光滑。表面粗糙度是衡量零件表面加工精度的一项重要指标，零件表面粗糙度的高低将影响到两配合零件接触表面的摩擦、运动面的磨损、贴合面的密封、配面的工作精度、旋转件的疲劳强度、零件的美观等，甚至对零件表面的抗腐蚀性都有影响。最常见的表面粗糙度参数是“轮廓算术平均偏差”，记作 Ra。

九、波的干涉

频率相同的两列波叠加，使某些区域的振动加强，某些区域的振动减弱，而且振动加强的区域和振动减弱的区域相互间隔。这种现象叫做波的干涉。波的干涉所形成的图样叫做干涉图样。

产生干涉的一个必要条件是，两列波的频率必须有相同或者有固定的相位差。如果两列波的频率不同或者两个波源没有固定的相位差（相差），相互叠加时波上各个质点的振幅是随时间变化的，不存在振动总是加强或减弱的区域，因而不能产生稳定的干涉现象，不能形成干涉图样。两列波的相干条件是：频率相同、振动方向相同、相位相同或相位差恒定。满足上述三个条件的两波源称为相干波源。

波的干涉分为相长干涉和相消干涉。

日常生活中最常见的是水波的干涉，而利用电磁波的干涉，可作定向发射天线；利用光的干涉，可精确地进行长度测量等。

十、伯努利定律

丹尼尔·伯努利在 1726 年首先提出“伯努利定律”。这是在流体力学的连续介质理论方程建立之前，水力学所采用的基本原理，其实质是理想液体做稳定流动时能量守恒。即动能＋重力势能＋压力势能＝常数。其最为著名的推论为：等高流动时，流速大，压力就小。

由以上定律得出伯努利方程

$$\frac{P_1}{r}+\left(\frac{V^2}{2g}\right)+h=\text{恒定量}$$

式中，P_1/r 为压力能；$V^2/(2g)$ 为动能；h 为势能。

由公式

$$V=Q/A$$

式中，V 为流速；Q 为流量；A 为截面积。

当流体的速度加快时，物体与流体接触的接口上的压力会减小，反之，压力会增加。

十一、超导热开关

超导热开关是一个用于低温（接近 0K）下的装置，用于断开被冷却物体和冷源之间的连接。当工作温度远低于临界温度的时候，此装置充分发挥了超导体从常态到超导状态转化过程中热电导率显著减少的特性（高达 10000 倍）。

十二、超导性

超导性是在温度和磁场都小于一定数值的条件下，导电材料的电阻和导体内磁感应强度都突然变为零的性质。具有超导性的物质称为超导体（super conductor）。许多金属（如铟、锡、铝、铅、钽、铌等）、合金（如铌锆合金、铌钛合金）和化合物（如 Nb_3Sn 铌锡超导材料，Nb_3Al 等）都可成为超导体。从正常态过渡到超导态的温度称为该超导体的转变温度（或临界温度 T_c）。现有材料仅在很低的温度下才具有超导性。当磁场达到一定强度时，超导性将被破坏，这个磁场限值称为临界磁场。

目前发现的超导体有两类。第一类只有一个临界磁场（如电汞、纯铅等）；第二类有下临界磁场 H_{c_1} 和上临界磁场 H_{c_2}。当外磁场达到 H_{c_1} 时，第二类超导体内出现正常态和超导态的混合状态；只有磁场增大到 H_{c_2} 时，才完全转化到正常导体。

超导体已逐步用于加感器、电机、电缆、储能器和交通运输设备等方面。

十三、磁场

对放入其中的小磁针有磁力作用的物质叫做磁场。磁场是一种看不见摸不着的特殊物质，是电流、运动电荷、磁体或变化电场周围空间存在的一种特殊形态的物质。物理学中，磁场是空间中的一种闭合螺线矢量场，环绕在移动中的电荷以及磁偶极周围。所有的物质材料或多或少对磁场有反应，可能是与磁场产生斥力，或者是受到磁场的吸引。

磁场的方向可以透过磁偶极来表示，磁场中的磁偶极会沿着场线（或力线）平行排列，其中的一个显著例子就是磁铁周围的铁屑分布。与电场不同，磁场对一带电粒子所施的力垂直于磁场本身，也垂直于粒子的速度方向。磁场的能量密度与场强度的平方呈比例关系。在国际单位制中，磁场强度的单位是特斯拉。

由于磁体的磁性来源于电流，电流是电荷的运动，因而概括地说，磁场是由运动电荷或变化电场产生的。

磁场的基本特征是能对其中的运动电荷施加作用力，磁场对电流、对磁体的作用力或力矩皆源于此。而现代理论则说明，磁力是电场力的相对效应。

与电场相仿，磁场是在一定空间区域内连续分布的矢量场，描述磁场的基本物理量是磁感应强度矢量 B，也可以用磁感线形象地图示。然而，作为一个矢量场，磁场的性质与电场颇为不同。运动电荷或变化电场产生的磁场，或两者之和的总磁场，都是无源有旋的矢量场，磁力线是闭合的曲线簇，不中断，不交叉。

换言之，在磁场中不存在发出磁力线的源头，也不存在会聚磁力线的尾间，磁力线闭合表明沿磁力线的环路积分不为零，即磁场是有旋场而不是势场（保守场），不存在类似于电势那样的标量函数。

十四、磁弹性

磁弹性效应是指当弹性应力作用于铁磁性材料时，铁磁体不但会产生弹性应变，还会产生磁致伸缩性质的应变，从而引起磁畴壁的位移，改变其自发磁化的方向。

十五、磁力

磁场对放入其中的磁体、电流和运动电荷的作用力称为磁力。磁力是靠电磁场来传播的，电磁场的速度是光速，因此磁力作用的速度也是光速。电流在磁场中所受的力由安培定律确定。运动电荷在磁场中所受的力就是洛伦兹力。但实际上磁体的磁性由分子电流所引起，所以磁极所受的磁力归根结底仍是磁场对电流的作用力。这是磁力作用的本质。

十六、磁性材料

磁性材料主要是指由过渡元素铁、钴、镍及其合金等组成的能够直接或间接产生磁性的物质。

从材质和结构上讲，磁性材料分为“金属及合金磁性材料”和“铁氧体磁性材料”两大类，铁氧体磁性材料又分为多晶结构和单晶结构材料。从应用功能上讲，磁性材料分为：软磁材料、永磁材料、磁记录-矩磁材料、旋磁材料等种类。软磁材料、永磁材料、磁记录-矩磁材料中既有金属材料又有铁氧体材料，而旋磁材料和高频软磁材料就只能是铁氧体材料。因为金属在高频和微波频率下将产生巨大的涡流效应，导致金属磁性材料无法使用，而铁氧体的电阻率非常高，能有效地克服这一问题而得到广泛应用。从形态上讲，磁性材料包括粉体材料、液体材料、块体材料、薄膜材料等。

磁性材料现在主要分两大类，软磁和硬磁，软磁包括硅钢片和软磁铁心，硬磁包括铝镍钴、钐钴、铁氧体和钕铁硼。其中，最贵的是钐钴磁钢，最便宜的是铁氧体磁钢，性能最高的是钕铁硼磁钢，但是性能最稳定，温度系数最好的是铝镍钴磁钢，用户可以根据不同的需求选择不同的硬磁产品。

磁性材料的应用很广泛，可用于电声、电信、电表、电机中，还可作记忆元件、微波元件等。如记录语言、音乐、图像信息的磁带；计算机的磁性存储设备；乘客乘车的凭证和票价结算的磁性卡等。

十七、磁性液体

磁性液体又称磁液、磁流体、磁性流体或铁磁流体，是由强磁性粒子、基液以及界面活性剂三者混合而成的一种稳定的胶状溶液。该流体在静态时无磁性吸引力，当外加磁场作用时才表现出磁性，它既具有液体的流动性又具有固体磁性材料的磁性，正因如此，它才在实际中有着广泛的应用，在理论上具有很高的研究价值。

磁性液体具有以下特殊性质：超顺磁性，本征矫顽力为零，没有制磁；光通过稀释的磁性液体时，会产生光的双折射效应与双向色效应；超声波在其中传播时，其速度及衰减与外磁场有关，呈各向异性。

磁性液体在电子仪表、机械、化工、环境、医疗等方面都具有独特而广泛的应用，根据用途不同，可以选用不同的基液的产品。

十八、单相系统分离

单相系统的分离是建立在混合物中各成分的物理-化学特性不同的基础上，例如，尺寸、电荷、分子活性、挥发性等。

分离可通过热场作用（蒸馏、精馏、升华、结晶、区域熔化）来获得，也可通过电场作用（电渗、电泳）来获得，或通过与物质一起的多相系统的生成来促进分离，比如溶剂，吸附剂和其他的分离法（抽出、分割、色谱法、使用半透膜和分子筛的分离法）。

十九、弹性波

弹性介质中物质粒子间有弹性相互作用，当某处物质粒子离开平衡位置，即发生应变时，该粒子在弹性力的作用下发生振动，同时又引起周围粒子的应变和振动，这样形成的振动在弹性介质中的传播过程称为“弹性波”。在液体和气体内部只能由压缩或膨胀引起应力，所以液体和气体只能传递横波。而固体内部能产生切应力，所以固体既能传播横波也能传播纵波。

二十、弹性形变

若当外力撤消后，物体能恢复原状，则这样的形变叫做弹性形变，如弹簧的形变等。当外力撤去后，物体不能恢复原状，则称这样的形变称为塑性形变。

因物体受力情况不同，在弹性限度内，弹性形变有 4 种基本类型：拉伸、压缩形变，切变，弯曲形变和扭转形变。弹性形变是指外力去除后能够完全恢复的那部分变形，可从原子间结合力的角度来了解它的物理本质。

二十一、低摩阻

研究者发现，在高度真空状态及暴露在高能量粒子发射下，摩擦力会下降趋近于零。这种摩擦力趋近于零的性质称为低摩阻。当关掉发射时，摩擦力会逐渐地增加。当发射再一次被打开的时候，摩擦力又消失了。这个现象一直困扰着科学家们，直至找到了一种解释才结束。

这个解释是：放射能量引起了固体表面的分子更自由地运动，从而减少了摩擦力。此解释引起了另一个既不需要放发射也不需要真空而减少摩擦力的方案，这就是研究如何改变物体表面的成分以减少摩擦力。

二十二、电场

电场是存在于电荷周围能传递电荷与电荷之间相互作用的物理场。在电荷周围总有电场存在；同时电场对场中其他电荷发生力的作用。静止电荷在其周围空间产生的电场，称为静电场；随时间变化的磁场在其周围空间激发的电场称为有旋电场（也称感应电场或涡旋电场）。静电场是有源无旋场，电荷是场源；有旋电场是无源有旋场。普遍意义的电场则是静电场和有旋电场两者之和。变化的磁场引起电场，所以运动电荷或电流之间的作用要通过电磁场来传递。

电场是电荷及变化磁场周围空间里存在的一种特殊物质。电场这种物质与通常的实物不同，它不是由分子、原子所组成，但它是客观存在的。电场具有通常物质所具有的动力和能量等客观属性。电场力的性质表现为电场对放入其中的电荷有作用力，这种力称为电场力。电场的能的性质表现为：当电荷在电场中移动时，电场力对电荷做功（这说明电场具有能量）。

电场是一个矢量场，其方向为正电荷的受力方向。电场的力的性质用电场强度来描述。

二十三、电磁场

电磁场是有内在联系、相互依存的电场和磁场的统一体和总称。随时间变化的电场产生磁场，随时间变化的磁场产生电场，两者互为因果，形成电磁场。可以说电与磁是一体两面，变动的电会产生磁，变动的磁则会产生电，变化的电场和变化的磁场构成了一个不可分离的统一的场，这就是电磁场，电磁场可由变速运动的带电粒子引起，也可由强弱变化的电流引起，不论原因如何，电磁场总是以光速向四周传播，形成电磁波。电磁场是电磁作用的媒递物，具有能量和动量，是物质存在的一种形式。电磁场的性质、特征及其运动变化规律由麦克斯韦方程组确定。

二十四、电磁感应

电磁感应是指因磁通量变化产生感应电动势的现象。闭合电路的一部分导体在磁场中做切割磁感线的运动时，导体中就会产生电流，这种现象叫电磁感应现象。产生的电流称为感应电流。

1820 年奥斯特发现电流磁效应后，许多物理学家便试图寻找它的逆效应，提出了磁能否产生电，磁能否对电产生作用的问题，1822 年阿喇戈和洪堡在测量地磁强度时，偶然发现金属对附近磁针的振荡有阻尼作用。1824 年，阿喇戈根据这个现象做了铜盘实验，发现转动的铜盘会带动上方自由悬挂的磁针旋转，但磁针的旋转与铜盘不同步，稍滞后。电磁阻尼和电磁驱动是最早发现的电磁感应现象，但由于没有直接表现为感应电流，因而当时未能予以说明。

1831 年 8 月，法拉第在软铁环两侧分别绕两个线圈 ，其一为闭合回路，在导线下端附近平行放置一枚小磁针，另一个线圈与电池组相连，接开关，形成有电源的闭合回路。实验发现，合上开关，磁针偏转；切断开关，磁针反向偏转，这表明在无电池组的线圈中出现了感应电流。法拉第立即意识到，这是一种非恒定的暂态效应。紧接着他做了几十个实验，把产生感应电流的情形概括为 5 类 ：变化的电流，变化的磁场，运动的恒定电流，运动的磁铁，在磁场中运动的导体，并把这些现象正式定名为电磁感应。进而，法拉第发现，在相同条件下不同金属导体回路中产生的感应电流与导体的导电能力成正比，他由此认识到，感应电流是由与导体性质无关的感应电动势产生的，即使没有回路、没有感应电流，感应电动势依然存在。

后来，法拉第给出了确定感应电流方向的楞次定律以及描述电磁感应定量规律的法拉第电磁感应定律。并按产生原因的不同，把感应电动势分为动生电动势和感生电动势两种，前者起源于洛伦兹力，后者起源于变化磁场产生的有旋电场。

电磁感应现象的发现，是电磁学领域中最伟大的成就之一。它不仅揭示了电与磁之间的内在联系，而且为电与磁之间的相互转化奠定了实验基础，为人类获取巨大而廉价的电能开辟了道路，具有重大的实用意义。

二十五、电弧

由焊接电源供给的，在两极间产生强烈而持久的气体放电现象叫电弧。电弧是高温高电率导的游离气体，它不仅对触头有很大的破坏作用，而且使断开电路的时间延长。

二十六、电介质

电工中一般认为电阻率超过 0.1Ω·m 的物质便归于电介质。电介质的带电粒子是被原子、分子的内力或分子间的力紧密束缚着的，因此，这些粒子的电荷为束缚电荷。在外电场作用下，这些电荷也只能在微观范围内移动，产生极化。在静电场中，电介质内部可以存在电场，这是电介质与导体的基本区别。电介质包括气态、液态和固态等范围广泛的物质。固态电介质包括晶态电介质和非晶态电介质两大类，后者包括玻璃、树脂和高分子聚合物等，是良好的绝缘材料。凡在外电场作用下产生宏观上不等于零的电偶极矩，因而形成宏观束缚电荷的现象称为电极化，能产生电极化现象的物质统称为电介质。电介质的电阻率一般都很高，被称为绝缘体。有些电介质的电阻率并不很高，不能称为绝缘体，但由于能发生极化过程，也归入电介质。通常情形下电介质中的正、负电荷互相抵消，宏观上不表现出电性。

二十七、古登-波尔

实验证实，一个恒定或交流的强电场，会影响在紫外线激发下的发光物质（磷光体）的特性，这一种现象也可在随着紫外线移开后的一段衰減期中观察到。

用电场激发晶体磷而生成闪光正是古登-波尔效应的结果，也可在使用电场从金属电极进行磷光体的分解中观察到这种现象。

二十八、电离

原子是由带正电的原子核及其周围带负电的电子所组成的。由于原子核的正电荷数与电子的负电荷数相等，所以原子对外呈中性。原子最外层的电子称为价电子。所谓电离，就是原子受到外界的作用，如加速的电子或离子与原子碰撞时，使原子中的外层电子特别是价电子摆脱原子核的束缚而脱离，原子成为带一个或几个正电荷的离子，这就是正离子。如果在碰撞中原子得到了电子，则就成为负离子。

二十九、电液压冲压，电水压振扰

高压放电下液体的压力产生急剧升高的现象。

三十、电泳现象

处于物质表面的那些原子、分子或离子跟处于物质内部的原子、分子或离子不一样。处于物质表面的原子、分子或离子只受到旁侧和底下其他粒子的吸引。因此物质表面的粒子有剩余的吸附力，使物质的表面产生了吸附作用。当物质被细分到胶粒大小时，暴露在周围介质中的表面积与体积比变得十分巨大。所以，在胶体分散系中，胶粒往往能从介质中吸附离子，使分散的胶粒带上电荷。

不同的胶粒其表面的组成情况不同。它们有的能吸附正电荷，有的能吸附负电荷。因此有的胶粒带正电荷，如氢氧化铝胶体；有的胶粒带负电荷，如三硫化二砷（As_2S_3）胶体等。如果在胶体中通以直流电，它们或者向阳极迁移，或者向阴极迁移。这就是所谓的电泳现象。

影响电泳迁移的因素：

(1) 电场强度。电场强度是指单位长度的电位降，也称电势梯度。

(2) 溶液的 pH 值。它决定被分离物质的解离程度和质点的带电性质及所带净电荷量。

(3) 溶液的离子强度。电泳液中的离子增加时会引起质点迁移率的降低。

(4) 电渗。在电场作用下液体对于固体支持物的相对移动称为电渗。

三十一、电晕放电

电晕放电是气体介质在不均匀电场中的局部自持放电，是最常见的一种气体放电形式。在曲率半径很小的尖端电极附近，由于局部电场强度超过气体的电离场强，这使气体发生电离和激励，因而出现电晕放电。发生电晕放电时在电极周围可以看到光亮，并伴有咝咝声。电晕放电可以是相对稳定的放电形式，也可以是不均匀电场间隙击穿过程中的早期发展阶段。

电晕放电在工程技术领域中有多种影响。电力系统中的高压及超高压输电线路导线上发生电晕，会引起电晕功率损失、无线电干扰、电视干扰以及噪声干扰。进行线路设计时，应选择足够截面面积的导线，或采用分裂导线降低导线表面电场的方式，以避免发生电晕。对于高电压电气设备，发生电晕放电会逐渐破坏设备绝缘性能。电晕放电的空间电荷在一定条件下又有提高间隙击穿强度的作用。当线路出现雷电或操作过电压时，因电晕损失而能削弱过电压幅值。利用电晕放电可以进行静电除尘、污水处理、空气净化等。地面上的树木等尖端物体在大地电场作用下的电晕放电是参与大气静电平衡的重要环节。海洋表面溅射水滴上出现的电晕放电可促进海洋中有机物的生成，还可能是地球远古大气中生物前合成氨基酸的有效放电形式之一。针对不同应用目的研究电晕放电，电晕放电是具有重要意义的技术课题。

三十二、电子力

按照电场强度的定义，电场中任一点的场强（E）大小等于单位正电荷在该点所受的电场力的大小。那么，点电荷（q）在电场中某点所受的电场力 $F=qE$。电场力（F）的大小为 $F=|q|E$，方向取决于电荷 q 的正、负。不难判断，

正电荷所受的电场力，其方向与场强方向一致；负电荷所受的电场力，其方向与场强方向相反。

磁场对运动电荷的作用力、运动电荷在磁场中所受的洛伦兹力都属于电子力。

三十三、电阻

物理学中，用电阻来表示导体对电流阻碍作用的大小。导体的电阻越大，表示导体对电流的阻碍作用越大。不同的导体，电阻一般不同，电阻是导体本身的一种性质，取决于导体的长度、横截面面积、材料和温度，即使它两端没有电压，没有电流通过，它的阻值也是一个定值（这个定值在一般情况下，可以看做是不变的，因为对于光敏电阻和热敏电阻来说，电阻值是不定的）。电阻的单位为欧姆（Ω），简称欧。1Ω 定义为：当导体两端电势差为 1V，通过的电流是 1A 时，它的电阻为 1Ω。

电阻率是用来表示各种物质电阻特性的物理量。某种材料制成的长 1m、横截面面积是 $1mm^2$ 的导线在常温下（20℃时）的电阻，叫做这种材料的电阻率。国际单位制中，电阻率的单位是欧姆·米（Ω·m），常用单位是欧姆·平方毫米/米。电阻率 ρ 不仅和导体的材料有关，还和导体的温度有关。在温度变化不大的范围内，几乎所有金属的电阻率随温度做线性变化，即 $\rho=\rho_0(1+\alpha t)$。式中，t 是温度，单位为摄氏度，ρ_0 是 0℃时的电阻率，α 是电阻率温度系数。由于电阻率随温度改变而改变，所以对于某些电器的电阻，必须说明它们所处的物理状态。电阻率和电阻是两个不同的概念。电阻率是反映物质对电流阻碍作用的属性，电阻是反映物体对电流的阻碍作用。

三十四、对流

对流是液相或气相中各部分的相对运动，是流体（气体或液体）通过自身各部分的宏观流动实现热量传递的过程。对流是流体的主要传热方式，可分为自然对流和强迫对流。因为浓差或温差引起密度变化而产生的对流，称自然对流；由于外力推动（如搅拌）而产生的对流，称强制对流。对于电解液来说，溶质将随液相的对流而移动，是电化学中物质传递过程的一种类型。冬天室内取暖就是借助于室内空气的自然对流来传热的，大气及海洋中也存在自然对流。靠外来作用使流体循环流动，从而传热的是强迫对流。

三十五、多相系统分离

多相系统的分离是以混合成分的聚合状态的不同为基础的，最常使用连续相的聚合状态进行判定。

成分间具有不同分散度的多相固态系统通过沉积作用或筛分分离法来进行分解，具有连续液体或气体相位的系统通过沉积作用、过滤或离心分离机来进行分离。通过烘干将固态相中的易沸液体排除。

三十六、二级相变

在发生相变时，体积不变化的情况下，也不伴随热量的吸收和释放，只是比热容、热膨胀系数和等温压缩系数等的物理量发生变化，这一类变化称为二级相变。如正常液态氦（氦Ⅰ）与超流氦（氦Ⅱ）之间的转变，正常导体与超导体之间的转变，顺磁体与铁磁体之间的转变，合金的有序态与无序态之间的转变等都是典型的二级相变的例子。

二极相变大多是发生在极低温度时的相变。例如，在居里点铁磁体转变为顺磁体；在零磁场下超导体转变为正常导体；液态氦Ⅱ与液态氦Ⅰ之间的 λ 相变等。二级相变的特点是，两相的化学势和化学势的一级偏微商相等，但化学势的二级偏微商不相等。因此在相变时没有体积变化和潜热（即相变热）。在相变点，两相的体积、焓和熵的变化是连续的，故这种相变也称为连续相变（continuous phase transition）。

三十七、发光

自发光：是一种“冷光”，可以在正常温度和低温下发出这种光。在自发光中，一些能量促使原子中的电子从“基态”（低能量状态）跃进到“激发态”。在这种状态下，它会回复到“基态”并以光这种能量形式释放出来。

光学促进的自发光：指的是可见光或红外光促发的磷光。在这其中，可见光或红外光仅是先前储备能量释放的促发剂。

白热光：是指光从热能中来。当一个物体加热到足够高的温度时，它就开始发出光辉。如炼炉中的金属或灯泡中发出的光、太阳和星星发出的光都是这种光。

荧光和光致发光：当处于“基态”的分子吸收紫外线或可见光后，分子获得了能量，其价电子就会发生能级跃迁，从基态跃迁到激发单重态的各个不同振动能级，并很快以振动弛豫的方式放出小部分能量达到同一电子激发态的最低振动能级，然后以辐射形式发射光子跃迁到基态的任一振动能级上，这时发射的光子称为荧光。它们的能量是由电磁辐射提供的（如射线光）。一般光致发光是指任何由电磁辐射引起的发光；而荧光通常是指由紫外线引起的，有时也用于其他类型的光致发光。

磷光：如果受激发分子的电子在激发态发生自旋反转，当它所处单重态的较低振动能级与激发三重态的较高能级重叠时，就会发生系间窜跃，到达激发三重态，经过振动弛豫达到最低振动能级，然后以辐射形式发射光子跃迁到基态的任一振动能级上，这时发射的光子称为磷光。磷光是一种缓慢发光的光致冷发光现象。当某种常温物质经某种波长的入射光（通常是紫外线或 X 射线）照射，吸收光能后进入激发态（通常具有和基态不同的自旋多重度），然后缓慢地退激发并发出比入射光的波长长的出射光（通常波长在可见光波段内），而且当入射光停止后，发光现象持续存在。发出磷光的退激发过程是被量子力学的跃迁选择规则禁戒的，因此这个过程很缓慢。所谓的“在黑暗中发光”的材料通常都是磷光性材料，如夜明珠。

化学发光：是物质在进行化学反应过程中伴随的一种光辐射现象，可以分为直接发光和间接发光。直接发光是最简单的化学发光反应，由两个关键步骤组成，即激发和辐射。如 A、B 两种物质发生化学反应生成 C 物质，反应释放的能量被 C 物质的分子吸收并跃迁至激发态 C^*，处于激发的 C^* 在回到基态的过程中产生光辐射。这里 C^* 是发光体，此过程中由于 C 直接参与反应，故称直接化学发光。间接发光又称能量转移化学发光，它主要由三个步骤组成，首先反应物 A 和 B 反应生成激发态中间体 C^*（能量给予体）；接着，当 C^* 分解时释放出能量转移给 F（能量接受体），使 F 被激发而跃迁至激发态 F^*；最后，当 F^* 跃迁回基态时，产生光辐射。一个化学反应要产生化学发光现象，必须满足以下条件：第一是该反应必须提供足够的激发能，并由某一步骤单独提供，因为前一步反应释放的能量将因振动弛豫消失在溶液中而不能发光；第二是要有有利的反应过程，使化学反应的能量至少能被一种物质所接受并生成激发态；第三是激发态分子必须具有一定的化学发光量子效率释放出光子，或者能够转移它的能量给另一个分子使之进入激发态并释放出光子。化学发光反应的发光类型通常分为闪光型（flash type）和辉光型（glow type）两种。闪光型发光时间很短，只有零点几秒到几秒。辉光型又称持续型，发光时间从几分钟到几十分钟，或几小时至更久。闪光型的样品必须立即测量，必须配以全自动化的加样及测量仪器。辉光型样品的测量可以使用通用型仪器，也可以配以全自动化仪器。

阴极发光：电子束激发发光材料引起的发光。电子束的电子能量通常在几千至几万电子伏特，入射到发光材料中产生大量次级电子，离化和激发发光中心而产生光辐射。主要用于雷达、电视、示波器和飞点扫描等方面。

辐射发光：α、β、γ 及 X 射线激发物体引起的发光。α 射线是带正电（氦核）的粒子流，而 β 射线是电子流，虽然它们都是带电粒子，不过，它们比一般带电粒子，例如，阴极射线，能量大得多。γ 射线和 X 射线是电磁辐射，都是光子流，不过，比可见光、紫外线的光子能量大得多。因此，相对地说，辐射发光又可称为高能粒子发光。物体的辐射发光谱与其他方式激发的发光谱基本相同，但从激发过程来看，它们之间有很大的差别。

摩擦发光：指某些固体受机械研磨、振动或应力时产生的发光现象。例如，蔗糖、酒石酸等晶体受挤压时发出闪光；合成的磷光体 CaPoDy 用指甲划痕，可观察到很强的发光等。摩擦发光还包括物体在高频声波作用下产生的发光现象，称为声致发光。例如，液体受超声波作用产生类似旋涡中的空腔，使连续性的液体断裂，因此，声致发光也可看成是物体因断裂引起的一种摩擦发光。

电致发光：又称电场发光，简称 EL，是通过加在两电极的电压产生电场，被电场激发的电子撞击发光中心，而引致电子解级的跃进、变化、复合导致发光的一种物理现象。电致发光物料的例子包括掺杂了铜和银的硫化锌和蓝色钻石。目前电致发光的研究方向主要为有机材料的应用。电致发光板是以电致发光为原理工作的。电致发光板是一种发光器件，简称 EL 灯、EL 片或 EL 灯光片，它由背面电极层、绝缘层、发光层、透明电极层和表面保护膜组成，利用发光材料在电场作用下产生光的特性，将电能转换为光能。

声致发光：20 世纪 30 年代，德国科学家发现，当声波穿过液体的时候，如果声音足够强，而且频率也合适，那么会产生一种“声空化”现象——在液体中会产生细小的气泡。气泡随即坍塌到一个非常小的体积，内部的温度超过 1×10^5℃，在这一过程中会发出瞬间的闪光。这种现象被称为“声致发光”。科学家认为，如果产生的气泡越大，那么它坍塌后的温度就越高，甚至可能高达 1000 万度，这个温度足以引发核聚变反应。声致发光的物理机制可归纳为两大类，即电学机制与热学机制。电学机制的理论模型认为，在声空化过程中产生的电荷在一定条件下通过微放电而发光。热学机制主要包括黑体辐射模型及化学发光模型。

热发光：处于次稳定状态固定的能量，随着温度的上升而活化变成电子的激发能，进而再以光子的形式释放，称此物理现象为热发光。植物的叶或叶绿体在低温下用光照射后，当温度上升时便可观察到热发光。其光谱与叶绿素 a 的荧光光谱类似。

生物发光：是指生物体发出的光辐射，是生物体释放能量的一种形式，这种发光现象广泛地分散在生物界中。它不依赖于有机体对光的吸收，而是一种特殊类型的化学发光，也是氧化发光的一种。生物发光的一般机制是：由细胞合成的化学物质，在一种特殊酶的作用下，使化学能转化为光能。自然界具有发光能力的有机体种类繁多，一些细菌和高等真菌有发光现象。动物的发光，除其自身发光即一次的发光以外，由寄生或共生而产生二次发光的例子也不少。不同生物体的发光颜色也不尽相同，多数发射蓝光或绿光，少数发射黄光或红光。

三十八、发光体

发光体在物理学上指能发出一定波长范围的电磁波（包括可见光与紫外线，

红外线和 X 光线等不可见光）的物体。通常指能发出可见光的发光体，凡物体自身能发光者，称做光源，又称发光体，如太阳、灯以及燃烧着的物质等。但像月亮表面、桌面等依靠它们反射外来光才能使人们看到它们，这样的反射物体不能称为光源。在我们的日常生活中离不开可见光的光源，可见光以及不可见光的光源还被广泛地应用到工农业、医学和国防现代化等方面。

光源可分以分为 3 种：第 1 种是热效应产生的光，太阳光就是很好的例子，此外蜡烛等物品也都一样，此类光随着温度的变化会改变颜色。第 2 种是原子发光，荧光灯灯管内壁涂抹的荧光物质被电磁波能量激发而产生光，此外霓虹灯的原理也是一样。原子发光具有独自的基本色彩，所以彩色拍摄时需要进行相应的补正。第 3 种是 synchrotron 发光，这种发光过程同时携带有强大的能量，原子炉发的光就是这种，但是日常生活中几乎没有接触到这种光的机会。

三十九、发射聚焦

控制一束光或粒子流使其尽可能会聚于一点的过程称为聚焦。例如凸透镜能使平行光线聚焦于透镜的焦点；在电子显微镜中利用磁场和电场可使电子流聚焦；雷达利用凹面镜使甚高频聚焦。聚焦是成像的必要条件。聚焦方式分为发射聚焦和接收聚焦。其中，发射聚焦是接收源阵列利用目标处的探测源信息做物理时反，将信号聚焦在目标处。

四十、法拉第效应

法拉第效应于 1845 年由法拉第发现。当线偏振光在介质中传播时，若在平行于光的传播方向上加一强磁场，则光振动方向将发生偏转，偏转角度 ψ 与磁感应强度 B 和光穿越介质的长度 l 的乘积成正比，即 $\psi=VBl$，比例系数 V 称为费尔德常数，与介质性质及光波频率有关。偏转方向取决于介质性质和磁场方向。上述现象称为法拉第效应或磁致旋光效应。

法拉第效应可用于混合碳水化合物成分分析和分子结构研究。近年来在激光技术中这一效应被利用来制作光隔离器和红外调制器。

该效应可用来分析碳氢化合物，因每种碳氢化合物有各自的磁致旋光特性。在光谱研究中，可借以得到关于激发能级的有关知识。在激光技术中可用来隔离反射光，也可作为调制光波的手段。

四十一、反射

反射是一种物理现象，是指波从一种介质进入另一种介质时，在界面传播方向突然改变，而回到其来源介质的现象。波被反射时会遵从反射定律，即反射角等于其入射角。

光的反射：光遇到物体或遇到不同介质的交界面（如从空气射入水面）时，光的一部分或全部被表面反射回去，这种现象称为光的反射。由于反射面的平坦程度不同，有镜面反射和漫反射之分。人们能看到物体正是由于物体能把光“反射”到人的眼睛里，没有光照明物体，人也就无法看到它。

光的反射定律：在反射现象中，反射光线、入射光线和法线都在同一个平面内；反射光线，入射光线分居法线两侧；反射角等于入射角。可归纳为“三线共面，两线分居，两角相等”。在同一条件下，如果光沿着原来的反射线的逆方向射到界面上，这时的反射线一定沿原来的入射线的反方向射出，这就是“光的可逆性”。

四十二、放电

放电就是使带电的物体不带电。放电并不是消灭了电荷，而是引起了电荷的转移，正负电荷抵消，使物体不显电性。

放电的方法主要有接地放电、尖端放电、火花放电、中和放电等。

四十三、放射现象

1896 年法国物理学家贝克勒耳发现铀和含铀的矿物能发出某种看不见的射线，这种射线可以穿透黑纸使照相底片感光。在贝克勒耳的建议下，居里夫妇对铀和含铀的各种矿石进行了深入研究，并发现了两种放射性更强的新元素，即钋（Po）和镭（Ra）。其中，“钋”是居里夫人为了纪念她的祖国波兰而命名的。由于发现放射性现象和对放射现象的研究，1903 年贝克勒耳和居里夫妇一起获得诺贝尔物理学奖。

物质发射这种射线的性质，叫做放射性。具有放射性的元素，叫做放射性元素。许多元素都有放射性，原子序数大于 83 的所有天然存在的元素都具有放射性。这种能自发地放出射线的现象叫做天然放射现象。

α 射线是由氦核构成，速度可达光速的 1/10，穿透能力很弱，电离作用很强；β 射线是高速电子流，速度可达 0.9 倍光速，穿透能力较强，电离作用较弱；γ 射线是波长极短的电磁波，穿透能力很强，电离作用很弱。

四十四、浮力

浮力指的是漂浮于流体表面或浸没于流体之中的物体，受到各方向流体静压力产生的向上合力。其大小等于被物体排开流体的重力。在液体内，不同深度处的压强不同。物体上、下面浸没在液体中的深度不同，物体下部受到液体向上的压强较大，压力也较大，可以证明，浮力等于物体所受液体向上、向下的压力之差。

浸在液体里的物体受到向上的浮力作用，浮力的大小等于被该物体排开的液体的重力。这就是著名的“阿基米德定律”。浮力的大小可用下式计算。

$$F_{浮} = \rho_{液} gV_{排} \tag{11-1}$$

四十五、感光材料

感光材料是指一种具有光敏特性的半导体材料，因此又称之为光导材料或是光敏半导体。它的特点就是在无光的状态下呈绝缘性，在有光的状态下呈导电性。复印机的工作原理正是利用了这种特性。目前，复印机上常用的感光材料有：有机感光鼓（OPC）、无定形硅感光鼓、硫化镉感光鼓和硒感光鼓。在复印机中，感光材料被涂敷于底基之上，制成进行复印的所需要使用的印板（印鼓），所以也把印板称之为感光板（感光鼓），感光板是复印机的基础核心部件。复印机上普遍应用的感光材料有硒、氧化锌、硫化镉、有机光导体等，这些都是较理想的光电导材料。

四十六、耿氏效应

当电压高到某一值时，半导体电流便以很高频率振荡，该效应称为耿氏效应（Gunn effect），是 1963 年由耿氏（Gunn）发现的一种效应。当高于临界值的恒定直流电压加到一小块 N 型砷化镓相对面的接触电极上时，便产生微波振荡。在 N 型砷化镓薄片的两端制作良好的欧姆接触电极，并加上直流电压使产生的电场超过 3kV/cm 时，由于砷化镓的特殊性质就会产生电流振荡，其频率可达 109Hz，这就是耿氏二极管。这种在半导体本体内产生高频电流的现象称为耿氏效应。

耿氏效应的原理如下：砷化镓的能带结构中，导带有两个能谷，两能谷的能隙为 0.36eV。把砷化镓材料置于外电场中时，外电场的作用使体内电子在能谷之间跃迁，导致其电导率随电场的增加时而增加，时而减小，从而形成了体内的高频振荡现象。

四十七、共振

系统受外界激励，做强迫振动时，若外界激励的频率接近于系统频率时，强迫振动的振幅可能达到非常大的值，这种现象叫共振。自然中有许多地方有共振的现象，人类也在其技术中利用或者试图避免共振现象。一些共振的例子有乐器的音响共振、太阳系一些类木行星的卫星之间的轨道共振、动物耳中基底膜的共振、电路的共振等。

固有频率：它是系统本身所具有的一种振动性质。当系统作固有振动时，它的振动频率就是“固有频率”。一个力学体系的固有频率由系统的质量分布、内部的弹性以及其他的力学性质决定。

很多情况下要利用共振现象，例如，收音机的调谐就是利用共振来接收某一频率的电台广播，又如弦乐器的琴身和琴筒，就是用来增强声音的共鸣器。但在不少情况下要防止共振的发生，例如，机器在运转中可能会因共振而降低精密度。20 世纪中叶，法国里昂市附近一座长 102 米的桥，因一队士兵在桥上齐步走的步伐频率与桥的固有频率相近，引起桥梁共振，振幅超过桥身的安全限度，而造成桥塌人亡事故。

四十八、固体发光

固体发光是电磁波、带电粒子、电能、机械能及化学能等作用到固体上而被转化为光能的现象。外界能量可来源于电磁波（可见光、紫外线、X 射线和 γ 射线等）或带电粒子束，也可来自电场、机械作用或化学反应。当外界激发源的作用停止后，固体发光仍能维持一段时间，称为余辉。历史上曾根据发光持续时间的长短把固体发光区分为荧光和磷光两种，发光持续时间小于 10^{-8} 秒的称荧光，大于 10^{-8} 秒的称磷光，相应的发光体分别称为荧光体和磷光体。

根据激发方式的不同，固体发光主要分为以下几种。

光致发光：发光材料在可见光、紫外线或 X 射线照射下产生的发光。发光波长比所吸收的光波波长要长。这种发光材料常用来使看不见的紫外线或 X 射线转变为可见光，例如，日光灯管内壁的荧光物质把紫外线转换为可见光，对 X 射线或 γ 射线也常借助于荧光物质进行探测。另一种具有电子陷阱（由杂质或缺陷形成的类似亚稳态的能级，位于禁带上方）的发光材料在被激发后，只有在受热或红外线照射下才能发光，可利用来制造红外探测仪。

场致发光：又称电致发光，是利用直流或交流电场能量来激发发光。场致发光实际上包括几种不同类型的电子过程，一种是物质中的电子从外电场吸收能量，与晶格相碰时使晶格电离化，产生电子-空穴对，复合时产生辐射。也可以是外电场使发光中心激发，回到基态时发光，这种发光称为本征场致发光。还有一种类型是在半导体的 PN 结上加正向电压，P 区中的空穴和 N 区中的电子分别向对方区域迁移后成为少数载流子，复合时产生光辐射，称为载流子注入发光，亦称结型场致发光。用电磁辐射调制场致发光称为光控场致发光。把 ZnS、Mn、Cl 等发光材料制成薄膜，加直流或交流电场，再用紫外线或 X 射线照射时可产生显著的光放大。利用场致发光现象可提供特殊照明、制造发光管、用来实现光放大和储存影像等。

阴极射线致发光：以电子束使磷光物质激发发光，普遍用于示波管和显像管，前者用来显示交流电的波形，后者用来显示影像。

四十九、惯性力

惯性力是指当物体加速时，惯性会使物体有保持原有运动状态的倾向，若是以该物体为坐标原点，看起来就仿佛有一股方向相反的力作用在该物体上，因此，称之为惯性力。因为惯性力实际上并不存在，实际存在的只有原本将该物体加速的力，因此，惯性力又称为假想力。当系统存在一加速度 a 时，则惯性力的大小遵从公式：$F=-ma$（m 为物体质量）。牛顿定律只适用于惯性系，在非惯性系中，应用牛顿定律要引入惯性力，在处于非惯性系中的物体上人为地加上一个与该非惯性系数值相等，方向相反的加速度，因为这个“加速度”是由于惯性引起的，所以将引起这个“加速度”的力称为惯性力。这只是为了能在非惯性系里面运用牛顿运动定律研究问题，事实上惯性是物体本身的性质，而不是力。例如，当公共汽车刹车时，车上的人因为惯性而向前倾，在车上的人看来仿佛有一股力量将他们向前推，即为惯性力。然而只有作用在公交车的刹车以及轮胎上的摩擦力使车减速，实际上并不存在将乘客往前推的力，这只是惯性在不同参照系下的现象。

五十、光谱

光谱是复色光经过色散系统（如棱镜、光栅）分光后，被色散开的单色光按波长（或频率）大小而依次排列的图案，全称为光学频谱。例如，太阳光经过三棱镜后形成按红、橙、黄、绿、蓝、靛、紫次序连续分布的彩色光谱。红色到紫色，相应于波长由为 7700～3900 埃的区域，是能被人眼感觉的可见部分。红端之外为波长更长的红外光，紫端之外则为波长更短的紫外光，都不能为肉眼所觉察，但能用仪器记录。光谱中最大的一部分可见光谱是电磁波谱中人眼可见的一部分，在这个波长范围内的电磁辐射被称作可见光。按波长区域不同，光谱可分为红外光谱、可见光谱和紫外光谱；按产生的本质不同，可分为原子光谱、分子光谱；按产生的方式不同，可分为发射光谱、吸收光谱和散射光谱；按光谱表观形态不同，可分为线光谱、带光谱和连续光谱。光谱的研究已成为一门专门的学科，即光谱学。

五十一、光生伏打效应

光生伏打效应是指物体由于吸收光子而产生电动势的现象，即是当物体受光照时，物体内的电荷分布状态发生变化而产生电动势和电流的一种效应。严格来讲，包括两种类型：一类是发生在均匀半导体材料内部；一类是发生在半导体的界面。虽然它们之间有一定相似的地方，但产生这两个效应的具体机制是不相同的。通常称前一类为丹倍效应，而光生伏打效应的涵义只局限于后一类情形。

当两种不同材料所形成的结受到光辐射时，结上产生电动势。它的过程先是材料吸收光子的能量，产生数量相等的正、负电荷，随后这些电荷分别迁移到结的两侧，形成偶电层。光生伏打效应虽然不是瞬时产生的，但其响应时间是相当短的。

1839 年，法国物理学家贝克勒尔意外地发现，用两片金属浸入溶液构成的伏打电池，受到阳光照射时会产生额外的伏打电势，他把这种现象称为光生伏打效应。1883 年，有人在半导体硒和金属接触处发现了固体光伏效应。后来就把能够产生光生伏打效应的器件称为光伏器件。

当太阳光或其他光照射半导体的 PN 结时，就会产生光生伏打效应。光生伏打效应使得 PN 结两边出现电压，叫做光生电压。使 PN 结短路，就会产生电流。

光生伏打效应的应用之一是把太阳能直接转换成电能，称为太阳电池。目前，用硅单晶材料制造的太阳电池，已经广泛地应用于很多技术领域，特别是航天技术。但是单晶硅太阳电池造价比较高。此外，利用光生伏打效应制成的光电探测器件也得到广泛的应用。当前，光生伏打效应主要是应用在半导体的 PN 结上，把辐射能转换成电能。大量研究集中在太阳能的转换效率上。理论预期的效率为 24％。

五十二、混合物分离

混合物分离是指把混合物中的几种成分分开得到几种纯净物，其原则和方法与混合物的提纯（即除杂质）基本相似，不同之处是除杂质只需把杂质除去恢复所需物质原来的状态即可，而混合物分离则要求被分离的每种纯净物都要恢复原来状态。

混合物分离的常用方法有：蒸发、过滤、结晶、重结晶、分步结晶、蒸馏、分馏、萃取、分液、渗析、升华，根据氧化还原原理进行分步沉淀等。

分离混合物，往往不只是使用单独一种方法，而是几种方法交替使用，例如，粗盐的提纯就用到过滤、蒸发、结晶三种方法，这些都是物理方法，也就是说在过滤、蒸发、结晶的过程中都没有新物质生成，没有发生化学变化。有些混合物的分离则需用化学方法。

五十三、火花放电

火花放电是当高压电源的功率不太大时，高电压电极间的气体被击穿，出现闪光和爆裂声的气体放电现象。在通常气压下，当在曲率半径不太大的冷电极间加高电压时，若电源供给的功率不太大，就会出现火花放电。火花放电时，碰撞电离并不发生在电极间的整个区域内，只是沿着狭窄曲折的发光通道进行，并伴随爆裂声。由于气体被击穿后突然由绝缘体变为良导体，电流猛增，而电源功率不够，因此电压下降，放电暂时熄灭，待电压恢复再次放电。所以火花放电具有间隙性。雷电就是自然界中大规模的火花放电。火花放电可用于金属加工，钻细孔，还可用于胶接表面的处理，以提高胶接强度，多用于难粘塑料和金属等材料表面的处理。火花间隙可用来保护电器设备，使之在受雷击时不会被破坏。

五十四、霍耳效应

霍耳效应是电磁效应的一种，这一现象是美国物理学家霍耳（Hall，1855～1938）于 1879 年在研究金属的导电机构时发现的。当电流垂直于外磁场通过导体时，在导体的垂直于磁场和电流方向的两个端面之间会出现电势差，这一现象便是霍耳效应。这个电势差也被称为霍耳电势差。

下面列举霍耳效应的一些应用：

（1）根据霍耳电压的极性可判定半导体的载流子的类型，即是 N 型半导体，还是 P 型半导体。

（2）半导体内载流子的浓度受温度、杂质及其他影响较大。根据实验测得的霍耳系数 k 可计算出载流子的浓度。这为研究和测试半导体提供了有效的方法。

（3）利用半导体材料制成的霍耳元件还可测量强电流和功率。此外，还可以把直流和交流信号放大以及对它们进行调制。

五十五、霍普金森效应

霍普金森效应由霍普金森于 1889 年发现。霍普金森效应可在铁和镍的单品、多品样本中观察到，也可在很多铁磁合金中观察到，由以下 3 点组成。

（1）将铁磁物质放入弱磁场，导磁性会在居里点附近出现急剧增大。

（2）磁导率对温度的最大依赖关系，是由于处于居里点附近的铁磁物质的磁各向异性的戏剧性减少而导致的。

（3）在居里点附近，因为铁磁物质自然磁化的消失，将使导磁性减小。

五十六、加热

加热是热源将热能传给较冷物体而使其变热的过程。

根据热能的获得，可分为直接加热和间接加热两类。直接热源加热是将热能直接施加于物料，如烟道气加热、电流加热和太阳辐射能加热等。间接热源加热是将上述直接热源的热能施加于一中间载热体，然后由中间载热体将热能再传给物料，如蒸汽加热、热水加热、矿物油加热等。

五十七、焦耳-楞次定律

焦耳-楞次定律又称“焦耳定律”，用来定量确定电流热效应的定律。当电流经过导体时，导体所放出的热量 Q 跟导体的电阻 R、电流强度 I 的平方和电流在导体中所经历的时间 t 成正比。这个定律叫做焦耳-楞次定律，即 $Q=I^2Rt$。它是焦耳和楞次两人各自独立从实验中得出的结论，故称为焦耳-楞次定律。

五十八、焦耳-汤姆孙效应

当气体在管道中流动时，由于局部阻力（如遇到缩口和调节阀门时），其压力显著下降，这种现象叫做节流。工程上由于气体经过阀门等流阻元件时，流速大时间短，来不及与外界进行热交换，可近似地作为绝热过程来处理，称为绝热节流。

实验发现，实际气体节流前后的温度一般将发生变化。气体经过绝热节流过程后温度发生变化的现象称为焦耳-汤姆孙效应（简称焦-汤效应）。造成这种现象的原因是因为实际气体的焓值不仅是温度的函数，而且也是压力的函数。大多数实际气体在室温下的节流过程中都有冷却效应，即通过节流元件后温度降低，这种温度变化称为正焦耳-汤姆孙效应。少数气体在室温下节流后温度升高，这种温度变化称为负焦耳-汤姆孙效应。

五十九、金属覆层滑润剂

金属有机化合物中的金属会在高温下获得释放。金属覆层滑润剂中含有金属有机化合物，这种润滑剂是依靠零件间的摩擦力来进行加热的。然后，金属有机化合物将产生分解，释放出金属，释放的金属会填充到零件表面的不平整部位，以此来减少零件间的摩擦力。

六十、居里效应

法国物理学家比埃尔·居里（1859～1906）早期的主要贡献为确定磁性物质的转变温度（居里点），铁磁物质由于存在磁畴，在外加的交变磁场的作用下将产生磁滞现象。如果将铁磁物质加热到一定的温度，由于金属点阵的热运动的加剧，磁畴遭到破坏时，铁磁物质将转变为顺磁物质，磁滞现象消失，铁磁物质这一转变温度称为居里点温度。

不同的铁磁质，居里点不同。铁的居里点为 769℃；钴是 1131℃；镍的居里点较低，为 358℃。锰锌铁氧体的居里点只有 215℃，比较低。磁通密度、磁导率和损耗都随温度发生变化，除正常温度 25℃而外，还要给出 60℃，80℃，100℃时的各种参数数据。因此，锰锌铁氧体磁芯的工作温度一般限制在 100℃

以下。钴基非晶合金的居里点为 205℃，也低，使用温度也限制在 100℃以下。铁基非晶合金的居里点为 370℃，其可以在 150～180℃以下使用。高磁导坡莫合金的居里点为 460～480℃，其可以在 200～250℃以下使用。微晶纳米晶合金的居里点为 600℃，硅钢居里点为 730℃，它们可以在 300～400℃以下使用。

六十一、克尔效应

克尔效应指与电场二次方成正比的电感应双折射现象。放在电场中的物质，由于其分子受到电力的作用而发生取向（偏转），呈现各向异性，结果产生双折射，即沿两个不同方向物质对光的折射能力有所不同。这一现象是 1875 年克尔发现的。后人称它为克尔电光效应，或简称克尔效应。

观察克尔效应（图 11-1）：内盛某种液体（如硝基苯）的玻璃盒子称为克尔盒，盒内装有平行板电容器，加电压后产生横向电场。克尔盒放置在两正交偏振片之间。无电场时液体为各向同性，光不能通过 P_2。存在电场时液体具有单轴晶体的性质，光轴沿电场方向，此时有光通过 P_2。实验表明，在电场作用下，主折射率之差与电场强度的平方成正比。电场改变时，通过 P_2 的光强跟着变化，故克尔效应可用来对光波进行调制。液体在电场作用下产生极化，这是产生双折射的原因。电场的极化作用非常迅速，在加电场后不到 10^{-9}秒内就可完成极化过程，撤去电场后在同样短的时间内重新变为各向同性。克尔效应的这种迅速动作的性质可用来制造几乎无惯性的光的开关——光闸，它在高速摄影、光速测量和激光技术中获得了重要应用。

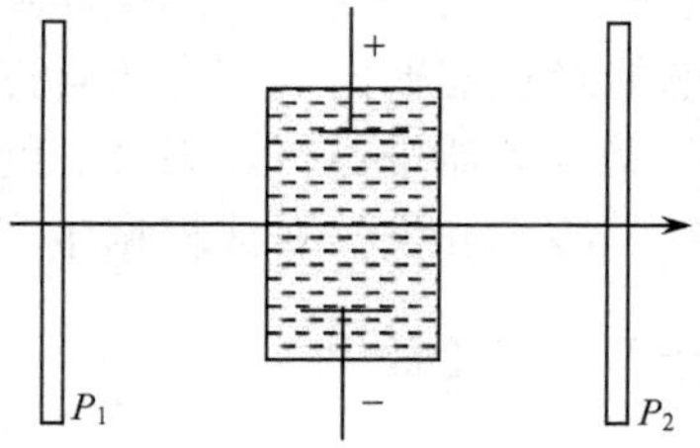

图 11-1　克尔效应

六十二、扩散

物质分子从高浓度区域向低浓度区域转移，直到均匀分布的现象，称为扩散。扩散的速率与物质的浓度梯度成正比。

由于分子（原子等）的热运动而产生的物质迁移现象。一般可发生在一种或几种物质与同一物态或不同物态之间，由不同区域之间的浓度差或温度差所引起，而前者居多。一般从浓度较高的区域向较低的区域进行扩散，直到同一物态内各部分各种物质的浓度达到均匀或两种物态间各种物质的浓度达到平衡为止。显然，由于分子的热运动，这种“均匀”、“平衡”都属于“动态平衡”，即在同一时间内，界面两侧交换的粒子数相等，如红棕色的二氧化氮气体在静止的空气中的散播，蓝色的硫酸铜溶液与静止的水相互渗入，钢制零件表面的渗碳以及使纯净半导体材料成为 N 型或 P 型半导体掺杂工艺等都是扩散现象的具体体现。

在电学中半导体 PN 结的形成过程中，自由电子和空穴的扩散运动是基本依据。扩散速度在气体中最大，在液体中其次，在固体中最小，而且浓度差越大、温度越高、参与的粒子质量越小，扩散速度也越大。

六十三、冷却

使物体温度降低的过程，称为冷却。例如，受辐照的材料长时间被摆在一边不动以便冷却。

冷却的方法通常有直接冷却法和间接冷却法两种。直接冷却法直接将冰或冷水加入被冷却的物料中。该方法最简便有效，也最迅速。但只能在不影响被冷却物料的品质或不致引起化学变化时才能使用。也可将热物料置于敞槽中或喷洒于空气中，使在表面自动蒸发而达到冷却的目的。间接冷却法将物料放在容器中，其热能经过器壁向周围介质自然散热。被冷却物料如果是液体或气体，则冷却可在间壁冷却器中进行。夹套、蛇管、套管、列管等式的热交换器都适用。冷却剂一般是冷水和空气，或根据生产实际情况来确定。

六十四、洛伦兹力

运动电荷在磁场中所受到的力称为洛伦兹力，即磁场对运动电荷的作用力。荷兰物理学家洛伦兹（1853～1928）首先提出了运动电荷产生磁场和磁场对运动电荷有作用力的观点，为纪念他，人们称这种力为洛伦兹力。在国际单位制中，洛伦兹力的单位是牛顿。洛伦兹力的公式是 $f=qvB\sin\theta$。式中，q、v 分别是点电荷的电量和速度；B 是点电荷所在处的磁感应强度。θ 是 v 和 B 的夹角。洛伦兹力的方向遵循左手定则（左手平展，使大拇指与其余四指垂直，并且都跟手掌在一个平面内；把左手放入磁场中，让磁感线垂直穿入手心（手心对准 N 极，手背对准 S 极），四指指向电流方向（即正电荷运动的方向），则拇指的方向就是导体或正电荷受力方向，垂直于 v 和 B 构成的平面（若 q 为负电荷，则反向））。由于洛伦兹力始终垂直于电荷的运动方向，所以它对电荷不作功，不改变运动电荷的速率和动能，只能改变电荷的运动方向使之偏转。

洛伦兹力既适用于宏观电荷，也适用于微观荷电粒子。电流元在磁场中所受安培力就是其中运动电荷所受洛伦兹力的宏观表现。导体回路在恒定磁场中运动，使其中磁通量变化而产生的动生电动势也是洛伦兹力的结果，洛伦兹力是产生动生电动势的非静电力。

如果电场 E 和磁场 B 并存，则运动点电荷受力为电场力和磁场力之和，为 $F=q\ (E+vB)$，公式中 E、B 为矢量，此式一般也称为洛伦兹力公式。

洛伦兹力在许多科学仪器和工业设备，例如，β 谱仪、质谱仪、粒子加速器、电子显微镜、磁镜装置、霍耳器件中都有广泛应用。

六十五、毛细现象

毛细管：凡内径很细的管子叫“毛细管”。通常指的是内径等于或小于 1 毫米的细管，管子因管径有的细如毛发故称毛细管。例如，水银温度计、钢笔尖部的狭缝、毛巾和吸墨纸纤维间的缝隙、土壤结构中的缝隙以及植物的根、茎、叶的脉络等，都可认为是毛细管。

毛细现象：插入液体中的毛细管，管内外的液面会出现高度差。当毛细管插入浸润液体中，管内液面上升，高于管外；毛细管插入不浸润液体中，管内液面下降，低于管外，这种现象称为“毛细现象”。

产生毛细现象原因之一是由于附着层中分子的附着力与内聚力的作用，造成浸润或不浸润，因而使毛细管中的液面呈现弯月形。原因之二是由于表面张力和重力的共同作用，从而使弯曲液面产生附加压强。由于弯月面的形成，这使得沿液面切面方向作用的表面张力的合力，在凸弯月面处指向液体内部，在凹弯月面处指向液体外部。由于合力的作用使弯月面下液体的压强发生了变化——对液体产生一个附加压强，凸弯月面下液体的压强大于水平液面下液体的压强，而凹弯月面下液体的压强小于水平液面下液体的压强。根据在盛着同一液体的连通器中，同一高度处各点的压强都相等的道理，当毛细管里的液面是凹弯月面时，液体不断地上升，直到上升液柱的静压强抵消了附加压强；同样，当液面呈凸月面时，毛细管里的液面也将下降。

六十六、摩擦力

两个互相接触的物体，当它们发生相对运动或有相对运动趋势时，在两个物体的接触面之间会产生阻碍它们相对运动的作用力，这个力叫摩擦力。摩擦力在本质上是由电磁力引起的。

物体之间产生摩擦力必须要具备以下四个条件：两物体相互接触；两物体相互挤压，发生形变，有弹力；两物体发生相对运动或相对运动趋势；两物体间接触面粗糙。四个条件缺一不可。由此可见：有弹力的地方不一定有摩擦力，但有摩擦力的地方一定有弹力。摩擦力是一种接触力，还是一种被动力。

摩擦力可分为静摩擦力和滑动摩擦力。

若两个相互接触，而又相对静止的物体，在外力作用下如只具有相对滑动趋势，而又未发生相对滑动，则它们接触面之间出现的阻碍发生相对滑动的力，叫做“静摩擦力”。静摩擦力很常见。例如，拿在手中的瓶子、毛笔不会滑落，就是静摩擦力作用的结果。静摩擦力在生产技术中的应用也很多。例如，皮带运输机是靠货物和传送皮带之间的静摩擦力把货物送往别处的。

两接触物体产生相对滑动时产生的摩擦力称为滑动摩擦力。大量实验表明，滑动摩擦力的大小只跟法向正压力的大小和接触面的性质（动摩擦因数）有关。接触面材料相同时，法向正压力越大，滑动摩擦力越大；法向正压力相同时，接触面越粗糙，滑动摩擦力越大。在低速情况下，摩擦力的大小与物体的表观接触面积及物体运动的快慢都无关。滑动摩擦力是阻碍相互接触物体间相对运动的力，不一定是阻碍物体运动的力。即摩擦力不一定是阻力，它也可能是使物体运动的动力，要清楚阻碍“相对运动”是以相互接触的物体作为参照物的。“物体运动”可能是以其他物体作参照物的。

六十七、珀尔帖效应

1834 年法国科学家珀尔帖发现了热电致冷和致热现象，即温差电效应。由 N、P 型材料组成一对热电偶，当热电偶通入直流电流后，因直流电通入的方向不同，将在电偶结点处产生吸热和放热现象，称这种现象为珀尔帖效应。

珀尔帖效应就是电流流过两种不同导体的界面时，将从外界吸收热量，或向外界放出热量。由珀尔帖效应产生的热流量称作珀尔帖热。对珀尔帖效应的物理解释是：电荷载体在导体中运动形成电流，由于电荷载体在不同的材料中处于不同的能级，当它从高能级向低能级运动时，便释放出多余的能量；相反，从低能级向高能级运动时，从外界吸收能量。能量在两材料的交界面处以热的形式吸收或放出。

半导体致冷器，也叫热电致冷器或温差致冷器，它采用了珀尔贴效应，即组合不同种类的两种金属，通电时一方发热而另一方吸收热量的方式。

六十八、起电

起电，就是使物体带电。起电并不是创造了电荷，而是引起了电荷的转移，使物体显电性。

起电的方法有三种：摩擦起电、感应起电、接触起电。

摩擦起电的原理是由于各种物质束缚电子的能力不一样，摩擦两个不同物体就会引起电子的转移，使得到电子的一个物体显负电，另一个显正电。两个被摩擦的物体带的是异种等量电荷。两个相同物质摩擦不能起电。

摩擦起电顺序表：空气、人手、石棉、兔毛、玻璃、云母、人发、尼龙、羊毛、铅、丝绸、铝、纸、棉花、钢铁、木、琥珀、蜡、硬橡胶、镍/铜、黄铜/银、金/铂、硫磺、人造丝、聚酯、赛璐珞、奥纶、聚氨酯、聚乙烯、聚丙烯、聚氯乙烯、二氧化硅、聚四氟乙烯。在表中列出的物体中，距离越远，起电的效果越好。

感应起电：将一个带电体靠近一个不带电的物体，这个物体靠近带电体的一端产生了与带电体相反的电荷，而远离带电体的一端产生了同种电荷，而且两端电荷量相等。感应起电的原理是电荷间的相互作用力。带电的物体能吸引不带电的物体，就是因为感应起电。

接触起电：将一个带电体与另一个不带电的物体接触，就可以使不带电的物体带电。接触后，两个物体带同种电荷。接触起电的原理是感应起电和电中和。

六十九、气穴现象

气穴来自拉丁文“cavitus”，是空虚、空处的意思。气穴现象是由于机械力，如由船用的旋转机械力产生的致使液体中突然形成低压气泡并破裂的现象。

水的气穴现象指冲击波到达水面后，使水面快速上升，并在一定的水域内产生很多空泡层，最上层空泡层最厚，向下逐渐变薄。随着静水压力的增加，超过一定的深度后，便不再产生空泡。

声波的气穴现象研究，用20～40千赫的声波进行了实验，声波在浓硫酸液体中产生高密度与低密度两个快速交替的区域，使得压力在其间振荡，液体中的气泡在高压下收缩，低压下膨胀。压力的变化非常快，致使气泡向内炸裂，有足够的能量产生热，这一过程被称为声学的气穴现象。

气穴现象在水下武器中广泛应用，比如海底子弹，当子弹由特别的物体发射出去后，在它的前部会形成一种类似于气泡状的东西，它的形成，会让子弹的阻力减小，以增加威力。

七十、热传导

热量从系统的一部分传到另一部分或由一个系统传到另一个系统的现象叫热传导。热传导是热传递3种基本方式之一。它是固体中热传递的主要方式，在不流动的液体或气体层中层层传递，在流动情况下往往与对流同时发生。热传导实质是大量物质的分子热运动互相撞击，使能量从物体的高温部分传至低温部分，或由高温物体传给低温物体的过程。在固体中，热传导的微观过程是：在温度高的部分，晶体中结点上的微粒振动动能较大。在低温部分，微粒振动动能较小。因微粒的振动互相联系，所以在晶体内部就发生微粒的振动，动能由动能大的部分向动能小的部分传递。在固体中热的传导，就是能量的迁移。在金属物质中，因存在大量的自由电子，在不停地做无规则的热运动。自由电子在金属晶体中对热的传导起主要作用。在液体中热传导表现为液体分子在温度高的区域热运动比较强，由于液体分子之间存在着相互作用，热运动的能量将逐渐向周围层层传递，引起了热传导现象。由于热传导系数小，传导得较慢，它与固体相似，因而不同于气体；气体依靠分子的无规则热运动以及分子间的碰撞，在气体内部发生能量迁移，从而形成宏观上的热量传递。

各种物质的热传导性能不同，一般金属都是热的良导体，玻璃、木材、棉毛制品、羽毛、毛皮以及液体和气体都是热的不良导体，石棉的热传导性能极差，常作为绝热材料。

七十一、热电现象

温差电动势即热电动势：用两种金属接成回路，当两接头处温度不同时，回路中会产生电动势，称热电动势。热电动势的成因是自由电子扩散（汤姆孙电动势），自由电子浓度不同（珀耳帖电动势），珀耳帖效应（塞贝克效应）。

七十二、热电子发射

热电子发射又称爱迪生效应，是爱迪生于 1883 年发现的，是指加热金属使其中的大量电子克服表面势垒而逸出的现象。与气体分子相似，金属中的自由电子做无规则的热运动，其速率有一定的分布。在金属表面存在着阻碍电子逃脱出去的作用力，电子逸出需克服阻力作功，称为逸出功。在室温下，只有极少量电子的动能超过逸出功，从金属表面逸出的电子微乎其微。一般当金属温度上升到 1000℃以上时，动能超过逸出功的电子数目急剧增多，大量电子从金属中逸出，这就是热电子发射。若无外电场，逸出的热电子在金属表面附近堆积，成为空间电荷，它将阻止热电子继续发射。通常以发射热电子的金属丝为阴极，另一金属板为阳极，其间加电压，使热电子在电场作用下从阴极到达阳极，这样不断发射，不断流动，形成电流。随着电压的升高，单位时间从阴极发射的电子全部到达阳极，于是电流饱和。

许多电真空器件的阴极是靠热电子发射工作的。由于热电子发射取决于材料的逸出功及其温度，因此应选用熔点高而逸出功低的材料来做阴极。除热电子发射外，靠电子流或离子流轰击金属表面产生的电子发射，称为二次电子发射，靠外加强电场引起的电子发射称为场效发射，靠光照射金属表面引起的电子发射称为光电发射。各种电子发射都有其特殊的应用。

七十三、热辐射

热辐射是热量传递的 3 种方式之一，是指物体由于具有温度而辐射电磁波的现象。热辐射虽然也是热传递的一种方式，但它和热传导、对流不同。它能不依靠媒质把热量直接从一个系统传给另一系统。热辐射以电磁辐射的形式发出能量，温度越高，辐射越强。辐射的波长分布情况也随温度而变，温度较低时，主要以不可见的红外光进行辐射，在 500℃以至更高的温度时，则顺次发射可见光至紫外线辐射。热辐射是远距离传热的主要方式，如太阳的热量就是以热辐射的形式，经过宇宙空间再传给地球的。

热辐射的本质如下：发射辐射能是各类物质的固有特性。当原子内部的电子受温和振动时，产生交替变化的电场和磁场，发出电磁波向空间传播，这就是辐射。由于自身温度或热运动的原因而激发产生的电磁波传播，就称热辐射。显然，热辐射是电磁波，电磁波的波长范围可从几万分之一微米到数千米。通常把$\lambda=0.1\sim100\mu m$范围的电磁波称为热射线，其中包括红外线、可见光和部分紫外线。热射线具有波动和量子特性。

一切温度高于绝对零度的物体都能产生热辐射，温度愈高，辐射出的总能量就愈大，短波成分也愈多。热辐射的光谱是连续谱，波长覆盖范围理论上可从0直至无穷，一般的热辐射主要靠波长较长的可见光和红外线。由于电磁波的传播无需任何介质，所以热辐射是在真空中唯一的传热方式。

关于热辐射，其重要规律有4个：基尔霍夫辐射定律、普朗克辐射分布定律、斯蒂藩-玻耳兹曼定律、维恩位移定律。有时将这4个定律统称为热辐射定律。

七十四、热敏性物质

热敏性物质是受热时就会发生明显状态变化的物质，这些状态变化通常是相变、一级相变或二级相变。

由于热敏性物质可以在很窄温度范围内发生急速的转化，所以常用来显示温度，用来代替温度的测量。以下是可用的热敏性物质：可改变光学性能的液晶；改变颜色的热涂料；溶解合金，比如伍德合金；有沸点、凝固点和转化的临界状态点的水；有形状记忆能力的材料；在居里点可改变磁性的铁磁材料。

七十五、热膨胀

物体因温度改变而发生的膨胀现象叫“热膨胀”。通常是指在外压强不变的情况下，大多数物质在温度升高时，其体积增大，温度降低时体积缩小。在相同条件下，气体膨胀最大，液体膨胀次之，固体膨胀最小。也有少数物质在一定的温度范围内，温度升高时，其体积反而减小，如0～4℃的水。因为物体温度升高时，分子运动的平均动能增大，分子间的距离也增大，物体的体积随之而扩大；温度降低，物体冷却时分子的平均动能变小，使分子间距离缩短，于是物体的体积就要缩小。又由于固体、液体和气体分子运动的平均动能大小不同，因而从热膨胀的宏观现象来看亦有显著的区别。

热膨胀系数：为表征物体受热时，其长度、面积、体积变化的程度，而引入的物理量。它是线膨胀系数、面膨胀系数和体膨胀系数的总称。

七十六、热双金属片

热双金属片也称双金属片，是精密合金的一种，由两层（或多层）具有不同热膨胀系数的金属或合金作为组元层牢固结合而成。热双金属中的一组元层具有低的热膨胀系数，为被动层；另一组元层具有高的热膨胀系数，为主动层。有时，为了得到性能特殊的热双金属，还可以加入第三层或第四层金属或合金。通常，被动层材料都采用含 Ni34％～50％的因瓦型合金；主动层材料则采用黄铜、镍、Fe-Ni-Cr、Fe-Ni-Mn 和 Mn-Ni-Cu 合金等。通过主动层和被动层材料的不同组合，可以得到不同类型的热双金属，如高温型、中温型、低温型、高敏感型、耐蚀型、电阻型和速动型等。

热双金属片是由两种或多种具有合适性能的金属或其他材料所组成的一种复合材料构成的片材。由于各组元层的热膨胀系数不同，当温度变化时，这种复合材料的曲率将发生变化。但是随着双金属应用领域的扩大和结合技术的进步，近代已相继出现三层、四层、五层的双金属。事实上，凡是依赖温度改变而发生形状变化的组合材料，现今在习惯上仍称为热双金属。

由于金属膨胀系数的差异，在温度发生变化时，主动层的形变要大于被动层的形变，从而双金属片的整体就会向被动层一侧弯曲，产生形变。这一热敏特性广泛用于温度测量、温度控制、温度补偿和程序控制等。电气工业中的热继电器和断路器等，仪表工业中的气象仪表和电流计等，家用电器方面的电熨斗、电灶、电冰箱和空调装置等都广泛采用热双金属元件。另外还可以利用双金属片制成温度计，用来测量较高的温度。

七十七、渗透

渗透是指水分子以及溶剂通过半透性膜的扩散。水的扩散同样是从自由能高的地方向自由能低的地方移动，如果考虑到溶质的话，水是从溶质浓度低的地方向溶质浓度高的地方流动。更准确一点说，是从蒸汽压高的地方扩散到蒸汽压低的地方。

被半透膜所隔开的两种液体，当处于相同的压强时，纯溶剂通过半透膜进入溶液的现象，称渗透。渗透作用不仅发生在纯溶剂和溶液之间，而且还可以在同种不同浓度溶液之间发生，低浓度的溶液通过半透膜进入高浓度的溶液中。砂糖、食盐等结晶体的水溶液，易通过半透膜，而糊状、胶状等非结晶体则不能通过。

七十八、塑性变形

塑性变形是金属零件在外力作用下产生不可恢复的永久变形。

通过塑性变形不仅可以把金属材料加工成所需要的各种形状和尺寸的制品，而且还可以改变金属的组织和性能。

一般使用的金属材料都是多晶体，金属的塑性变形可认为是由晶内变形和晶间变形两部分组成。

假若除去外力，金属中原子立即恢复到原来稳定平衡的位置，原子排列畸变消失和金属完全恢复了自己的原始形状和尺寸，则这样的变形称为弹性变形。增加外力，原子排列的畸变程度增加，移动距离有可能大于受力前的原子间距离，这时晶体中一部分原子相对于另一部分产生较大的错动。外力除去以后，原子间的距离虽然仍可恢复原状，但错动了的原子并不能再回到其原始位置，金属的形状和尺寸也都发生了永久改变。这种在外力作用下产生的不可恢复的永久变形称为塑性变形。

七十九、Thoms 效应

在管道中流体流动沿径向分为 3 部分：管道的中心为紊流核心，它包含了管道中的绝大部分流体；紧贴管壁的是层流底层；层流底层与紊流旋涡之间为缓冲区。层流的阻力要比紊流的阻力小。

1948 年，英国科学家 Thoms 发现，在液体中添加聚合物可以将管内流动从紊流转变成层流，从而大大降低输送管道的阻力，这就是摩擦减阻技术。

(1) 减阻剂的减阻机理。管道中的流体流态大多为紊流，而减阻剂恰恰在紊流区起作用。最新的研究成果表明，缓冲区是紊流最先形成的地方。减阻高聚物主要在缓冲区起作用。减阻高聚物分子可以在流体中伸展，吸收薄间层的能量，干扰薄间层的液体分子从缓冲区进入紊流核心，阻止其形成紊流或减弱紊流的程度。

(2) 减阻剂的生产工艺。减阻剂生产的技术关键主要包括两个方面，一是超高分子量、非结晶性、烃类溶剂可溶的减阻聚合物的合成；二是减阻聚合物的后处理。

八十、汤姆孙效应

在介绍汤姆孙效应之前，先介绍一下前人所做的工作。

1821 年，德国物理学家塞贝克发现，在两种不同的金属所组成的闭合回路中，当两接触处的温度不同时，回路中会产生一个电势，此所谓“塞贝克效应”。1834 年，法国实验科学家帕尔帖发现了它的反效应：两种不同的金属构成闭合回路，当回路中存在直流电流时，两个接头之间将产生温差，此所谓“珀尔帖效应”。1837 年，俄国物理学家楞次又发现，电流的方向决定了吸收还是产生热量，发热（制冷）量的多少与电流的大小成正比。

1856 年，汤姆孙利用他所创立的热力学原理对塞贝克效应和帕尔帖效应进行了全面分析，并将本来互不相干的塞贝克系数和帕尔帖系数建立了联系。汤姆孙认为，在绝对零度时，帕尔帖系数与塞贝克系数之间存在简单的倍数关系。在此基础上，他又从理论上预言了一种新的温差电效应，即当电流在温度不均匀的导体中流过时，导体除产生不可逆的焦耳热之外，还要吸收或放出一定的热量(称为汤姆孙热)。或者反过来，当一根金属棒的两端温度不同时，金属棒两端会形成电势差。这一现象后叫汤姆孙效应（Thomson effect），成为继塞贝克效应和帕尔帖效应之后的第三个热电效应（thermoelectric effect）。

汤姆孙效应的物理学解释是：金属中温度不均匀时，温度高处的自由电子比温度低处的自由电子动能大。像气体一样，金属当温度不均匀时会产生热扩散，因此自由电子从温度高端向温度低端扩散，在低温端堆积起来，从而在导体内形成电场，在金属棒两端便引成一个电势差。这种自由电子的扩散作用一直进行到电场力对电子的作用与电子的热扩散平衡。

汤姆孙效应是导体两端有温差时产生电势的现象，帕尔帖效应是带电导体的两端产生温差（其中的一端产生热量，另一端吸收热量）的现象，两者结合起来就构成了塞贝克效应。

八十一、韦森堡效应

当高聚物熔体或浓溶液在各种旋转黏度计中或容器中进行电动搅拌，受到旋转剪切作用，流体会沿着内筒壁或轴上升，发生包轴或爬杆现象，在锥板黏度计中则产生使锥体和板分开的力，如果在锥体或板上有与轴平行的小孔，流体会涌入小孔，并沿孔上所接的管子上升，这类现象统称为韦森堡效应。尽管韦森堡效应有很多表现形式，但它们都是法向应力效应的反映。

八十二、位移

质点从空间的一个位置运动到另一个位置，它的位置变化叫做质点在这一运动过程中的位移。位移是一个有大小和方向的物理量，是矢量。物体在某一段时间内，如果由初位置移到末位置，则连接初位置到末位置的有向线段叫做位移。它的大小是运动物体初位置到末位置的直线距离；方向是从初位置指向末位置。位移只与物体运动的始末位置有关，而与运动的轨迹无关。如果质点在运动过程中经过一段时间后回到原处，那么，路程不为零而位移为零。在国际单位制中，位移的单位为米，此外常用的位移单位还有毫米、厘米、千米等。

八十三、吸附作用

吸附作用是指各种气体以及溶液里的溶质被吸着在固体或液体物质表面上的作用。吸附作用实际是吸附剂对吸附质颗粒的吸引作用。具有吸附性的物质叫做吸附剂，被吸附的物质叫吸附质。吸附作用可分为物理吸附和化学吸附。物理吸附是以分子间作用力相吸引的，吸附热少。如活性炭对许多气体的吸附属于这一类，被吸附的气体很容易解脱出来，而不发生性质上的变化。所以物理吸附是可逆过程。化学吸附则以类似于化学键的力相互吸引，其吸附热较大。例如，许多催化剂对气体的吸附（如镍对 H_2 吸附）属于这一类。被吸附的气体往往需要在很高的温度下才能解脱，而且在性状上有变化。所以化学吸附大都是不可逆过程。同一物质，可能在低温下进行物理吸附而在高温下为化学吸附，或者两者同时进行。

常见的吸附剂有活性炭、硅胶、活性氧化铝、硅藻土等。电解质溶液中生成的许多沉淀，如氢氧化铝、氢氧化铁、氯化银等也具有吸附能力，它们能吸附电解质溶液中的许多离子。

在生产和科学研究上，常利用吸附和解吸作用来干燥某种气体或分离、提纯物质。吸附作用可以使反应物在吸附剂表面浓集，因而提高化学反应速度。同时由于吸附作用，反应物分子内部的化学键被减弱，从而降低了反应的活化能，这使化学反应速度加快。因此，吸附剂在某些化学反应中可作催化剂。

八十四、吸收

吸收是指物质吸取其他实物或能量的过程。气体被液体或固体吸取，或液体被固体所吸取。在吸收过程中，一种物质将另一种物质吸进体内与其融和或化合。例如，硫酸或石灰吸收水分；血液吸收营养；毡毯、矿物棉、软质纤维板及膨胀珍珠岩等材料可吸收噪声；用化学木浆或棉浆制成纸质粗松的吸墨纸，用来吸干墨水。吸收气体或液体的固体，往往具有多孔结构。当声波、光波、电磁波的辐射，投射到介质表面时，一部分被表面反射，一部分被吸收而转变为其他形式的能量，当能量在介质中沿某一方向传播时，随入射深度变深逐渐被介质吸收。例如，玻璃吸收紫外线，水吸收声波，金属吸收 X 射线等。

光的吸收是指光在介质中传播时部分能量被介质吸收的现象。从实验上研究光的吸收，通常用一束平行光照射在物质上，测量光强随穿透距离衰减的规律。

若介质对光的吸收程度与波长无关，则称为一般吸收；若对某些波长或一定波长范围内的光有较强吸收，而对其他波长的光吸收较少，则称为选择吸收。大多数染料和有色物体的颜色都是选择吸收的结果。多数物质对光在一定波长范围内吸收较少（表现为对光透明），而在另一些波段内则对光有强烈吸收（表现为不透明），例如，对可见光透明的普通玻璃对红外线和紫外线有强烈吸收。用具有连续谱的光照射物质，再把经物质吸收后的透射光用光谱仪展成光谱，就得该物质的吸收光谱。

波的吸收是指波在实际介质中，由于波动能量总有一部分会被介质吸收，波的机械能不断减少，波强亦对逐渐减弱。

八十五、形变

形变是物体由于外因或内在缺陷，在外力作用下物质的各部分的相对位置发生变化的过程。凡物体受到外力而发生形状变化的现象谓之“形变”。

形变的种类有：

（1）纵向形变，即物体两端受到压力或拉力时，长度发生改变。

（2）体积形变，即物体体积大小的改变。

（3）切变，即物体两相对的表面受到在表面内的（切向）力偶作用时，两表面发生相对位移。

（4）扭转，即一圆柱状物体，两端各受方向相反的力矩作用而发生的形变。

（5）弯曲，即物体因负荷而弯曲所产生的变形，称弯曲形变。

（6）微小形变，指肉眼无法看到的形变，如果一个力没有改变物体的运动状态，以及没有发生以上形变，一定是使物体发生了微小形变。

此外，还包括弹性材料的应变，塑性材料的永久形变和液体的流动。无论产生什么形变，都可归结为长变与切变。

八十六、形状

物体形状：物体的外部轮廓。

形状的几何参数：体积、表面积、尺寸等。

常用的形状：光滑表面、抛物面、球面、皱褶、螺旋、窄槽、微孔、穗、环等。

八十七、形状记忆合金

一般金属材料受到外力作用后，首先发生弹性变形，达到屈服点后，就产生塑性变形，压力消除后留下永久变形。但有些材料，在发生了塑性变形后，经过合适的热过程，能够回复到变形前的形状，这种现象叫做形状记忆效应（SME）。具有形状记忆效应的金属一般是由两种以上金属元素组成的合金，称为形状记忆合金（SMA）。

形状记忆合金可以分为 3 种：

（1）单程记忆效应。形状记忆合金在较低的温度下变形，加热后可恢复变形前的形状，这种只在加热过程中存在的形状记忆现象称为单程记忆效应。

（2）双程记忆效应。某些合金加热时恢复高温相形状，冷却时又能恢复低温相形状，这种现象称为双程记忆效应。

（3）全程记忆效应。加热时恢复高温相形状，冷却时变为形状相同而取向相反的低温相形状，称此现象为全程记忆效应。

八十八、压磁效应

铁磁性材料受到机械力的作用时，其内部产生应变，从而产生应力，导致磁导率发生变化的现象称为压磁效应。

磁材料被磁化时，如果受到限制而不能伸缩，内部会产生应力。同样在外部施加力也会产生应力。当铁磁材料因磁化而引起伸缩产生应力时，其内部必然存在磁弹性能量。分析表明，磁弹性能量与磁致伸缩系数与应力的乘积成正比，并且还与磁化方向与应力方向之间的夹角有关。由于磁弹性能量的存在，这将使磁化方向改变，对于正磁致伸缩材料，如果存在拉应力，将使磁化方向转向拉应力方向，加强拉应力方向的磁化，从而使拉应力方向的磁导率增大。压应力将使磁化方向转向垂直于应力的方向，削弱压应力方向的磁化，从而使压应力方向的磁导率减小。对于负磁致伸缩材料，情况正好相反。这种磁化的铁磁材料在应力影响下形成磁弹性能，使磁化强度矢量重新取向，从而改变应力方向的磁导率的现象称为磁弹效应或压磁效应。

八十九、压电效应

压电效应是指某些电介质在沿一定方向上受到外力的作用而发生变形时，其内部会产生极化现象，同时在它的两个相对表面上出现正负相反的电荷，而当外力去掉后，它又会恢复到不带电的状态。当作用力的方向改变时，电荷的极性也随之改变。相反，当在电介质的极化方向上施加电场时，同样会引起电介质内部正负电荷中心的相对位移而导致电介质发生变形，且其应变与外电场强度成正比，电场去掉后，电介质的变形随之消失，这种现象称为逆压电效应，或称为电致伸缩现象。依据电介质压电效应研制的一类传感器称为压电传感器。

九十、压强

物体的单位面积上受到的法向压力的大小叫做压强，是表示压力作用效果强弱的物理量。对于压强的定义，应当着重领会 4 个要点。

（1）受力面积一定时，压强随着压力的增大而增大。（此时压强与压力成正比）

（2）当压力一定时，受力面积越小，压强越大；受力面积越大，压强越小。（此时压强与受力面积成反比）

（3）压力和压强是截然不同的两个概念：压力是支持面上所受到的并垂直于支持面的作用力，跟支持面面积大小无关。

（4）压力、压强的单位是有区别的。压力的单位是牛顿，与一般力的单位相同。压强的单位是一个复合单位，由力的单位和面积的单位组成。在国际单位制中是牛顿/平方米，称“帕斯卡”，简称“帕”。

九十一、液/气体的压力

液体的压力是指液体受到重力作用，而向下流动，因受容器壁及底的阻止，故器壁及底受到液体压力的作用。液体因为重力的作用和它的流动特性，当液体静止时，液体内及其接触面上各点所受的压力，都遵守下列各条规律：

（1）静止液体的压力必定与接触面垂直。

（2）静止液体内同一水平面上各点所受的压强完全相等。

（3）静止液体内某一点的压强，对任何方向都相等。

（4）静止液体内上下两点的压强差，大小等于以两点间的垂直距离为高度，单位面积为底的液柱重量。

地球表面覆盖有一层厚厚的由空气组成的大气层。在大气层中的物体，都要受到空气分子撞击产生的压力，即大气压力。也可以认为，大气压力是大气层中的物体受大气层自身重力产生的作用于物体上的压力。

九十二、液体动力

液体动力学是研究水及其他液体的运动规律及其与边界相互作用的学科，又称水动力学。液体动力学和气体动力学组成流体动力学。人类很早就开始研究水的静止和运动的规律，这些规律也可适用于其他液体和低速运动的空气。20 世纪以来，随着航空、航天、航海、水能、采油、医学等行业的发展，与流体动力学相结合的边缘学科不断出现并充实了液体动力学的内容。液体动力学研究的方法有现场观测、实验模拟、理论分析和数值计算 4 类。

液体运动受两个主要方面的影响：一是液体本身的特性；另一是约束液体运动的边界特性。根据这些特性的改变，液体动力学的主要研究内容是理想液体运动。根据普朗特的边界层理论，在边界层以外的区域中，黏性力可以不予考虑，因此，理想液体的运动规律在特定条件下仍可应用。在普朗特以前，在这一领域曾进行过很多研究（如有环量的无旋运动，拉普拉斯无旋运动）。液体的压缩性很小，只有在几种情况下，如管道中的水击、水中声波、激波传播等，才需要考虑液体的可压缩性。

九十三、液体和气体压强

压强是指物体单位面积上受到的法向压力，反映了压力作用效果的强弱。液体由于受到重力的作用，所以对容器的底部有压强的作用。根据压强的定义式：$P=F/S$，可以得到液体压强的计算公式：$P=\rho gh$，这一公式只适用于计算液体的压强。即液体压强等于液体单位体积的质量和液体所在处的深度的乘积。

液体由于具有流动性，所以具有跟固体不同的压强特点：在液体内部向各个方向都有压强，压强随深度的增加而增大，在同种液体的相同深度的各处和各个方向的压强相等，不同液体的内部相同的深度的压强还跟液体的密度有关，密度越大，压强越大。液体的压强与受力面积无关。

在解决问题时应注意以下几点：

（1）液体内部某处的深度，应当取该处至液面的垂直距离，它与容器形状无关。

（2）深度与高度是有区别的，深度是从液面向下至某一点的垂直距离，而高度是从容器或液体的底部起向上到液面的竖直高度。

（3）液体内部某处至液面之间有几层密度不同的液体，则该处的压强等于几层液体各自产生的压强之和。在考虑大气压的情况下，该处的压强还应当加上液面上受到的大气压强。

空气能流动，也受到重力作用，所以空气内部向各个方向都有压强，大气对浸在它里面的物体产生的压强叫做大气压强。大气压强通常以水银气压计的水银柱的高度来表示。地面上标准大气压约等于 76cm 高水银柱产生的压强。由于测量地区等条件的影响，所测数值不同。

九十四、一级相变

不同相之间的相互转变，称为“相变”或称“物态变化”。自然界中存在的各种各样的物质，绝大多数都是以固、液、气 3 种聚集态存在着。为了描述物质的不同聚集态，而用“相”来表示物质的固、液、气 3 种形态的“相貌”。从广义上来说，所谓“相”，指的是物质系统中具有相同物理性质的均匀物质部分，它和其他部分之间用一定的分界面隔离开来。例如，在由水和冰组成的系统中，冰是一个相，水是另一个相。不同相之间相互转变一般包括 2 类，即一级相变和二级相变。相变总是在一定的压强和一定的温度下发生的。在物质形态的互相转换过程中必然要有热量的吸入或放出。物质 3 种状态的主要区别在于它们分子间的距离、分子间相互作用力的大小和热运动的方式不同，因此在适当的条件下，物体能从一种状态转变为另一种状态，其转换过程是从量变到质变。例如，物质从固态转变为液态的过程中，固态物质不断吸收热量，温度逐渐升高，这是量变的过程；当温度升高到一定程度，即达到熔点时，再继续供给热量，固态就开始向液态转变，这是就发生了质的变化。虽然继续供热，但温度并不升高，而是固液并存，直至完全熔化。

在发生相变时，体积的变化同时伴随热量的吸收或释放，这类相变即称为“一级相变”，即一般所说的相变。例如，在 1 个大气压和 0℃的情况下，1kg 质量的冰转变成同温度的水，要吸收 79.6kcal（1cal＝4.1868J）的热量，与此同时体积亦收缩。所以，冰与水之间的转换属一级相变。

一级相变的特点是两相的化学势相等，但有体积改变并产生相变热。也就是说，在相变点，两相的化学势的一级偏微商不相等。因此，根据热力学关系式，相变时体积改变 ΔV＝相变熵。

九十五、永久磁铁

在没有外加磁场的情况下，能够长时间保持自身磁性的物体。永久磁铁可用铁磁性的物料，如铁、镍等制成。其原子结构特殊，原子本身具有磁矩。一般这些矿物分子排列混乱，磁区互相影响就显不出磁性，但是在外力如磁场导引下分子排列方向趋向一致，就显出磁性，也就是俗称的磁铁，铁、钴、镍是最常用的磁性物质。基本上磁铁分永久磁铁与软磁铁，永久磁铁是加上强磁使磁性物质的自旋与电子角动量成固定方向排列；软磁铁则需加上电流才能显出磁性，等电流去掉，软铁会慢慢失去磁性。磁铁只是一个通称，是泛指具有磁性的东西，实际的成分不一定包含铁。较纯的金属态的铁本身没有永久磁性，只有靠近永久磁铁时才会感应产生磁性，一般的永久磁铁里面加了其他杂质元素（如碳）来使磁性稳定下来，但是这样会使电子的自由性降低而不易导电，所以电流通过的时候灯泡亮不起来。铁是常见的带磁性元素，但许多其他元素具有更强的磁性，像强力磁铁很多就是铷、铁、硼混合而成的。

九十六、约翰逊-拉别克效应

1920 年，约翰逊和拉别克发现，抛光镜面的弱导电物质（玛瑙，石板等）的平板，会被一对连接着 200V 电源的、邻接的金属板稳固地拿住。而在断电的情况下，金属板可以很轻易地移开。

对此现象的解释如下：金属和弱导电物质，两者是通过少数的几个点相互接触的，这就导致了过渡区中的大电阻系数、金属板间接触的弱导电物质与金属板自己本身的小电阻系数（由于大的横截面），所以，在金属和物质间的如此狭小的一个转换空间内，存在着电场，将会产生巨大的压降，由于金属和物质之间（大约 1nm）的微小距离，此空间就产生了很高的电位差。

九十七、折射

波在传播过程中，由一种媒质进入另一种媒质时，传播方向发生偏折的现象称为波的折射。在同类媒质中，由于媒质本身不均匀，这亦会使波的传播方向改变，此种现象也称为波的折射。

任何介质相对于真空的折射率，称为该介质的绝对折射率，简称折射率（index of refraction）。对于一般光学玻璃，可以近似地以空气的折射率来代替绝对折射率。

九十八、振动

振动是一种常见的运动形式。力学中指一个物体在某一位置附近做周期性的往复运动，常称为机械振动，也称为振荡。振动是指一个状态改变的过程。

从广义上说振动是指描述系统状态的参量（如位移、电压）在其基准值上下交替变化的过程。狭义上指机械振动，即力学系统中的振动，是物体（或物体的一部分）在平衡位置（物体静止时的位置）附近作的往复运动。可分为自由振动、受迫振动，又可分为无阻尼振动与阻尼振动。常见的简谐运动有弹簧振子模型、单摆模型等。振动在机械行业中的应用非常普遍，例如，在振动筛分行业中基本原理系借电机轴上下端所安装的重锤（不平衡重锤），将电机的旋转运动转变为水平、垂直、倾斜的三次元运动，再把这个运动传达给筛面。若改变上下部的重锤的相位角可改变原料的行进方向。

振动是自然界和工程界常见的现象。振动的消极方面是，影响仪器设备功能，降低机械设备的工作精度，加剧构件磨损，甚至引起结构疲劳破坏；振动的积极方面是，有许多需利用振动的设备和工艺（如振动传输、振动研磨、振动沉桩等）。振动分析的基本任务是讨论系统的激励（即输入，指系统的外来扰动，又称干扰）、响应（即输出，指系统受激励后的反应）和系统动态特性（或物理参数）三者之间的关系。20 世纪 60 年代以后，计算机和振动测试技术的重大进展，为综合利用分析、实验和计算方法解决振动问题开拓了广阔的前景。

九十九、驻波

驻波是指频率和振幅均相同、振动方向一致、传播方向相反的两列波叠加后形成的波。波在介质中传播时其波形不断向前推进，故称行波。上述两列波叠加后波形并不向前推进，故称驻波。振幅为零的点称为波节，振幅最大处称为波腹。波节两侧的振动相位相反。相邻两波节或波腹间的距离都是半个波长。入射波（推进波）与反射波相互干扰而形成的波形不再推进（仅波腹上、下振动，波节不移动）的波浪，称驻波。在行波中能量随波的传播而不断向前传递，其平均能流密度不为零；但驻波的平均能流密度等于零，能量只能在波节与波腹间来回运行。

由于节点静止不动，所以波形没有传播。能量以动能和位能的形式交换储存，亦传播不出去。

驻波是波的一种干涉现象，在声学和光学中都有重要的应用。例如，各种乐器，包括弦乐器、管乐器和打击乐器，都是由于产生驻波而发声。

一百、驻极体

将电介质放在电场中就会被极化。许多电介质的极化是与外电场同时存在、同时消失的。也有一些电介质，受强外电场作用后其极化现象不随外电场去除而完全消失，出现极化电荷“永久”存在于电介质表面和体内的现象。这种在强外电场等因素作用下，极化并能“永久”保持极化状态的电介质，称为驻极体，又叫永电体。

驻极体具有体电荷特性，即它的电荷不同于摩擦起电，既出现在驻极体表面，也存在于其内部。若把驻极体表面去掉一层，新表面仍有电荷存在；若把它切成两半，就成为两块驻极体。这一点可与永久磁体相类比，因此驻极体又称永电体。

驻极体不能像电池那样从中取出电流，却可以提供一个稳定的电压，因此是一个很好的直流电压源。这在制造电子器件和电工测量仪表等方面大有用处。高分子聚合物驻极体的发现和使用，是电声换能材料一次巨大变革，利用它可以制成质量很高、具有很多优点的电声器件。另外还可制成电机、高压发生器、引爆装置、空气过滤器，以及电话拨号盘、逻辑电路中的寻址选择开关、声全息照相用换能器等。随着对驻极体研究的深入和新材料的连续发现，它会像永磁体一样，被广泛应用。

能制成驻极体的有天然蜡、树脂、松香、磁化物、某些陶瓷、有机玻璃及许多高分子聚合物（例如，K-1 聚碳酸酯、聚四氟乙烯、聚全氟乙烯丙烯、聚丙烯、聚乙烯、聚酯）等。

思 考 题

1. 应用科学效应解决问题的一般步骤是什么？
2. 为什么需要建立 TRIZ 效应库？
3. 如何应用科学效应库？
4. 传统的洗衣机工作原理是应用机械搅水的方式，通过水流的冲刷带走衣服中的污物，有搅拌式、滚筒式及离心式等。请采用其他科学原理对洗衣机的工作原理进行创新。
5. 某电灯泡厂发现灯泡的质量出现了问题，初步怀疑问题来源于灯泡的内部压力不合乎要求。灯泡内的气体非常少，只有 0.1 g 甚至更少，通过称重的方式不可行，请通过科学效应库寻找测量灯泡内部压力的方案。

参 考 文 献

仇成，冯俊文，高常青等 . 2008. 科学效应在创新设计中的应用［J］. 机械设计与制造，3：71～73

杨清亮 .2006. 发明是这样诞生的——TRIZ 理论全接触［M］. 北京：机械工业出版社：168～214

佚名 . 2009. 科学效应与现象［EB/OL］. http://www.hhtriz.com/zxxx/showarticle.asp?articleid=22&page=3

占向辉，李彦，贾爱军等 .2005. 面向创新设计的科学效应库研究［J］. 工程设计学报，12（1）:1～6

第十二章　利用 TRIZ 解决发明问题的案例

利用 TRIZ 理论解决发明问题的一般过程可以分为以下几个步骤：首先是对给定问题的性质进行分析，如果发现问题存在冲突，则应用“原理”去解决；如果问题明确，但不知道该如何处理，则应用“效应”去解决；如果是对系统的进化过程进行分析，就应用“预测”去解决。然后是在解决具体问题时，针对具体问题确定了一个技术矛盾后，要用该技术领域的一般术语来描述该技术矛盾，通过这些一般术语来选择通用技术参数，再由通用技术参数在矛盾矩阵中选择可用的发明原理，当某个发明原理被选定后，必须要根据特定的问题将发明原理转化为一个特定的解。在对问题的处理结果进行评价后，如果发现新问题，则要求对问题继续分析，直到不出现新问题。最后是找出解决问题的最终方案。

利用 TRIZ 理论解决发明问题的关键是应用之前的前处理与应用之后的后处理。本章通过若干实例，阐述了 TRIZ 理论是如何帮助工程设计人员及管理人员迅速发现主要问题并提供解决问题的相应原理，从而证明了 TRIZ 理论在创新设计中的重要作用。

第一节　污水管材的创新设计

一、应用背景

随着国家对环境保护力度的加大，传统的水泥管正在逐步退出市场。20 世纪 90 年代后期，新型替代产品——各类环保排水管材开始在工程上应用。

在排污管道领域，应用较多的是塑料管，如 PVC 双壁波纹管、PE 双壁波纹管、高密度聚乙烯（HDPE）缠绕结构壁管等。近几年，采用欧洲瑞士与美国技术制作的镀锌螺旋钢管开始进入国内市场，广泛应用于通风，雨水管道系统中，由于受防腐性能的限制，还没有大量进入污水管道工程。

二、问题描述

污水管道系统要求管材具有较高的可靠性，由于管材既要承受静载荷又要承受动载荷，所以要求管材必须具有较高的环刚度。由于污水具有一定的酸碱度并拌有沙土等，所以要求管材既要耐腐蚀，又要耐磨损。

分析塑料管及镀锌螺旋钢管两类管材的性能差别，主要是由于材质不同，而造成两类管材性能上具有的优势不同。镀锌螺旋钢管的优点是环刚度较大，耗材较少，不足是防腐性能一般，并且不耐磨损；塑料管的优点是耐腐蚀、耐磨损，但是环刚度的提高受到限制，耗材较多。

三、问题分析

根据以上对问题的描述，从承受载荷、提高刚度的角度讲，镀锌螺旋钢管本身强度好，使用镀锌螺旋钢管有明显的优势，但其本身不耐腐蚀、不耐磨损，可靠性下降，致使其使用寿命降低。因此，若要改善镀锌螺旋钢管的耐腐蚀、耐磨损性能，提高其可靠性，就要增加镀锌层和钢板厚度，使运动物体重量增加，提高刚度与消耗钢材之间形成一对突出矛盾；从耐腐蚀、耐磨损角度讲，使用塑料管有一定的优势，但当管道直径超过一定值时，塑料管承受载荷加大，其工作可靠性降低，提高刚度与消耗管材之间也形成一对突出矛盾。

在提高管材可靠性的同时，应降低材料消耗，减轻介质对管道内壁的流动磨损和减少有害介质的浓度。从材料力学的角度考虑，当通过提高材料弹性模量受限时，只能另辟新径采用增强设计，但增强设计只是一个实现理想化的命题，究竟应采取怎样的设计方案能够解决提高刚度与减少材料消耗之间的矛盾，从而设计生产出一种新型管材，使其既具有钢管的高刚度性能，又具有塑料管的耐腐蚀、耐磨损性能。

四、问题解决

1. 将一般领域问题描述转换成 39 项工程参数中的 2 项，即转换为 TRIZ 标准问题

无论是塑料管还是镀锌螺旋钢管，若要提高其环刚度，就要增加耗材，技术矛盾是既要提高管材强度，同时管材的单位重量还要下降。根据对技术矛盾的描述，将该技术矛盾转换为 39 项工程参数中的 2 项。

工程参数 14 号强度：强度指物体受到外力作用时，抵制使其发生变化的能力；或者在外部影响下的抵抗破坏（分裂）和不发生形变的性质。在此问题中，管材强度要提高，为改善的参数。

工程参数 1 号运动物体的重量：运动物体的重量指重力场中的运动物体作用在阻止其自由下落的支撑物上的力，重量也常常表示物体的质量。在此问题中，管材的单位重量要提高，为恶化的参数。

2. 根据得到的工程参数，确定解决问题需要的发明原理

根据得到的两个工程参数，改善参数 14 为强度，恶化参数 1 为运动物体的重量，查阅阿奇舒勒的技术矛盾矩阵得到 4 个创新原理：1 号、8 号、15 号、40 号。

(1) 1 号分割原理的基本内容是：①将物体分成独立的部分。②使物体成为可拆卸的。③增加物体的分割程度。

(2) 8 号反重量原理的基本内容是：①将物体与具有上升力的另一物体结合以抵消其重量。②将物体与介质（最好是气动力和液动力）相互作用以抵消其重量。

(3) 15 号动态原理的基本内容是：①物体（或外部介质）的特性的变化应当在每一工作阶段都是最佳的。②将物体分成彼此相对移动的几个部分。③使不动的物体成为动的。

(4) 40 号复合材料原理的基本内容是：用复合材料替代单一材料。

综合分析以上 4 条发明原理，其中 1 号分割原理、8 号反重量原理、15 号动态原理对该问题的彻底解决指导意义不大，而 40 号复合材料原理是解决该问题最有价值的发明原理。

3. TRIZ 解的类比应用得到问题的最终解

高密度聚乙烯（HDPE）的物理性能：密度为 0.941～0.970g/cm^3，熔点为 131℃，有较好的耐磨性、耐寒性、透气性、不透水性、耐化学药品性、电气绝缘性、耐应力开裂性、硬度和机械强度，较高的结晶度、软化点和使用强度，在室温下几乎不溶于任何有机溶剂。在空气中加热或在日光照射易老化作用。

HDPE 具有很好的抗冲击性、耐腐蚀性，在埋地应用上倍受欢迎，然而由于它较低的弹性模量值，这使其在用于大口径管道时，遇到一个不可克服的瓶颈——管的环刚度无法提升到符合要求。

按照 ISO 的定义，环刚度由下式表述：$SN=EI/D^3$。当直径 D 增加 1 倍，环刚度 SN 则相应地降低 8 倍。因而做 2000mm 口径的管与做 500mm 口径的管，在技术上的难度不可同日而语。因为直径 D 增加了 4 倍使得环刚度减少了 64 倍。若要保持环刚度 SN 不变，必须通过增加截面惯性矩 I 或材料弹性模量 E 至相当倍数，以抵消直径增加对环刚度产生的影响。而单靠增加 I 值是不现实的，因为几十倍 I 值的增加，意味着材料成本成数十倍的增加，同时当 I 值增加到一定程度时，工艺技术必遭遇难以实现的问题。故必须同时在提升 E 值方面做文章，才能实现 SN 值的保持。钢材的高弹性模量刚好使它能够担此重任。表 12-1 是钢与 HDPE 的弹性模量比较。

表 12-1　钢与 HDPE 的弹性模量比较表

材料	短期弹性模量 E_b	长期弹性模量 E_{bl}
HDPE（PE63）	758MPa	110MPa
钢	20700MPa	20700MPa

可见长期条件下，钢的弹性模量是 HDPE 的近 200 倍。钢的这一卓越性能是钢塑复合的理论基础。

以 TRIZ 理论中 40 号复合材料原理用复合材料替代单一材料为指导，采用二层共挤技术复合压延工艺，制成塑料（PVC、PE、PP）膜，再与镀锌钢板采用熔融粘贴的工艺制成塑钢复合板材，再以塑钢复合板材为原材料，在专用成管设备上制成塑钢复合螺旋波纹管材，如图 12-1 所示。

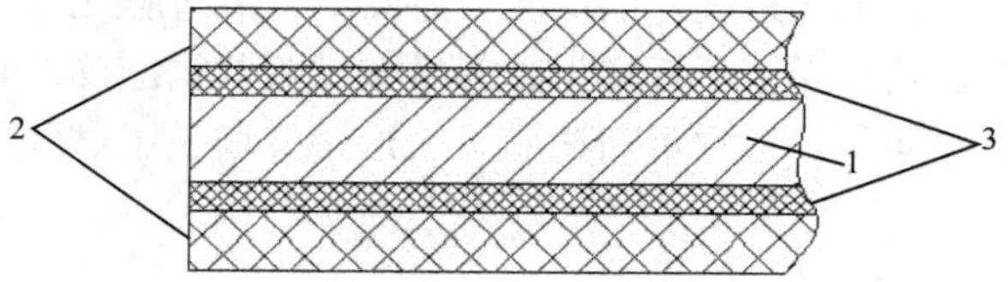

图 12-1　塑钢复合螺旋波纹管材

1. 镀锌铝合金钢板；2. 塑料片层；3. 黏结层

五、结论

将研究对象理想化是自然科学的基本方法之一。理想化是对客观世界中存在物体的一种抽象，这种抽象客观世界既不存在，又不能通过实验验证。理想化的物体是真实物体存在的一种极限状态，对于某些研究起着重要作用，如物理学中的理想气体、理想液体、几何学中的点与线等。在 TRIZ 中理想化是一种强有力的工具，在创新过程中起着重要作用。

塑钢复合螺旋波纹钢管与塑料管材相比，管材刚度大幅度提高；与镀锌螺旋钢管相比抗腐蚀性、耐磨损性能提高。以镀锌钢板作基体材料连续成型为骨架内管，以塑料片层为防腐抗磨材料，使管材的抗压强度指标得到保证，耐腐蚀性、耐磨损性得到保证。以 TRIZ 理论为基础研发的污水管材既具备钢管的高刚度性又有塑料管的高防腐性，产品填补了国内空白。

第二节　汽车振动模拟试验系统

一、应用背景

四通道整车道路模拟系统主要应用于整车的振动模拟试验，该系统可完成对整车和各总成及零部件强化模拟耐久试验、整车可靠性和耐久性评估、整车疲劳分析、使用寿命估算、整车和各子系统的噪声振动评估等可靠性及舒适性方面的研究。

其数据采集系统主要用于采集实际数据，如车辆某些部位的振动和应力数据；在进行整车振动模拟试验时，前端的各传感器安装于车架与车身悬置安装的各个位置，对多个采集对象进行实时测量。

二、问题描述

试验测量现状：需要对试验车辆拆解，对测试位置进行打磨、擦拭，贴应变片，然后用胶带固定、涂 AB 胶，接线标定，把车辆复原，最后进行试验数据采集。

整个试验测量数据采集过程，前端各传感器的安装过程比较复杂，导致试验周期较长，同时存在贴片误差、标定误差等导致试验数据准确性较低，而且现场作业应变片容易发生问题，导致重新试验，无形中又增长了试验周期。

三、问题分析

根据以上对问题的描述，发现试验现状是试验周期较长，如果缩短试验周期，试验精度就很难保证，造成较大误差。分析得出此试验测量数据采集过程存在着一对技术冲突，即试验时间与试验精度的冲突。既要压缩试验时间，又要保证试验精度高。

四、问题解决

1. 将一般领域问题描述转换成 39 项工程参数中的 2 项，即转换为 TRIZ 标准问题

“既需要试验时间短，又要保证试验数据的准确性”，从待解决问题的文字叙述中，试着找出问题是由哪些相互矛盾冲突的属性所引起，将文字叙述转换成 39 项工程参数中的 2 项。

工程参数 25 号时间损失：指一项活动持续时间、改进时间的损失，一般指减少活动内容时所浪费的时间。在此问题中，“试验时间短”表示时间损失要小，此为要达到的属性，属于改善参数。

工程参数 28 号测试精度：测试精度指对系统特征的实测值与实际值之间的误差。减少误差将提高测试精度。在此问题中，“试验数据的准确性”表示测试精度不能变差，此为不想要的属性，属于造成的恶化参数。

2. 根据得到的工程参数，确定解决问题需要的发明原理

阿奇舒勒通过多年的研究、分析、比较提出了冲突矩阵，该矩阵将描述技术冲突的 39 个工程参数与 40 条发明原理建立了对应关系，很好地解决了冲突问题解决过程中选择发明原理的难题。

根据步骤 1 得到的两个参数：改善参数 25 为时间损失；恶化参数 28 为测试

精度。

查阅阿奇舒勒的技术矛盾矩阵，找第 25 列和第 28 行对应的方格，得到方格中推荐的发明原理序号共 4 个，分别是：24 号、34 号、28 号、32 号。

（1）24 号中介物原理：①使用中介物传递或完成所需动作。②使一物体与另一容易去除物暂时结合。

（2）34 号抛弃与修复原理：①采用溶解、蒸发等手段废弃已完成功能的零部件或在工作过程中直接变化。②在工作过程中迅速补充消耗或减少的部分。

（3）28 号机械系统的替代原理：①用视觉、听觉、嗅觉系统代替机械系统。②使用与物体相互作用电场、磁场及电磁场。③用动态场替代静态场，确定场替代随机场。④将场和铁磁粒子组合使用。

（4）32 号改变颜色原理：①改变物体或环境的颜色。②改变一个物体的透明度或改变某一过程的可视性。③采用有颜色的添加物，使不易被观察到的物体或过程被观察到。④如果已添加了颜色添加物，则用发光迹线追踪物质。

综合分析以上 4 条发明原理的解释，其中 34 号抛弃与修复原理、28 号机械系统的替代原理、32 号改变颜色原理方案对问题的彻底解决无贡献或类比参考价值。而 24 号中介物原理是最具有价值的发明原理，即找到了 TRIZ 解。

3. TRIZ 解的类比应用得到问题的最终解

由 24 号中介物原理的解释“使用中介物传递或完成所需动作”，类比想到设计一个中介物装置，将应变片固定在其上面，进行好精确标定，避免了每次的贴片误差和标定可能存在的误差，保证了试验数据的准确性；将此装置安装于测试部位，可方便地进行试验测试，避免了每次试验测试都必须进行的打磨、擦拭、贴片、固定、涂 AB 胶、接线标定等作业过程时间。

五、结论

汽车振动模拟试验中测试时间与精度矛盾问题的解决过程表明，利用 TRIZ 的矛盾解决原理，将矛盾标准化，使用阿奇舒勒的技术矛盾矩阵，选择 TRIZ 中的发明原理解决矛盾，从而形成了确定矛盾问题及解决矛盾问题的系统化方法与过程。

第三节 薄板玻璃的加工

一、应用背景

某企业需要生产大量的、各种形状的玻璃板。在玻璃板的加工过程中，首先工人们需要将玻璃板切成长方形，然后根据客户要求，加工成一定的形状。然而，在加工过程中，因为薄板玻璃受力时很容易断裂，容易出现玻璃破碎现象，而且玻璃的厚度是客户订单上要求的，不能通过增加玻璃厚度达到防止玻璃破碎的目的。

二、问题描述

为了加工出各种形状的玻璃板，薄板玻璃在加工过程中必然会受到力的作用，由于薄板玻璃无法承受该力的作用而发生破碎，这增加了加工过程的难度。

为了避免发生玻璃破碎的现象，工人们在加工过程中必须要非常小心。因此，在加工过程中，对薄板玻璃的加工操作就要进行严格的控制，保证玻璃受力不超过极限，以达到加工成型玻璃板的目的。

三、问题分析

根据以上对问题的描述，发现加工过程的现状是：要生产出满足客户要求的玻璃板，在制造过程中极容易出现玻璃破碎的情况；而要防止玻璃破碎，需要增加玻璃厚度，又无法满足客户要求。分析得出玻璃板加工过程中存在着一对技术矛盾，即玻璃板的可制造性与制造流程的方便性之间的矛盾。

四、问题解决

1. 将一般领域问题描述转换成39项工程参数中的2项，即转换为TRIZ标准问题

“既要保证玻璃板能加工成型又要避免玻璃的破碎”，从待解决问题的文字叙述中，试着找出问题是由哪些相互矛盾冲突的属性所引起，将文字叙述转换成39项工程参数中的2项。

工程参数32号可制造性：可制造性指物体或系统制造过程中简单、方便的程度。这是欲改善的特性，以此作为改善的参数。

工程参数33号操作流程的方便性：操作流程的方便性指在操作过程中，如果需要的人数越少，操作步骤越少，以及所需的工具越少，同时又有较高的产出，则代表方便性越高。这是被恶化的特性，以此作为被恶化的参数。

2. 根据得到的工程参数，确定解决问题需要的发明原理

查找阿奇舒勒的技术矛盾矩阵，从矩阵表查找第32列和第33行对应的方格，得到方格中推荐的发明原理序号共4个，分别是2号、5号、13号、16号。

与前面发明原理序号对应，得到这4条发明原理及其解释如下。

（1）2号抽取原理：①将物体中“负面”的部分或特性抽取出来。②只从物

体中抽取必要的部分或特性。

（2）5 号组合合并原理：①合并空间上的同类或相邻的物体或操作。②合并时间上的同类或相邻的物体或操作。

（3）13 号反向作用原理：①颠倒过去解决问题的方法。②使物体的活动部分改变为固定的，让固定的部分变为活动的。③翻转物体（或过程）。

（4）16 号未达到或过度的作用原理：主要体现在现有的方法难以完成对象的 100%，可用同样的方法完成“稍少”或“稍多”一点，使问题简化。

综合分析以上 4 条发明原理的解释，其中 2 号抽取原理、13 号反向作用原理、16 号未达到或过度的作用原理对问题的彻底解决的贡献有限，而 5 号组合合并原理对问题的彻底解决贡献最大，是最具有价值的发明原理。

3. TRIZ 解的类比应用得到问题的最终解

由 5 号组合合并原理的解释“合并空间上的同类或相邻的物体或操作”，想到将多层薄板玻璃叠放在一起，从而形成一叠玻璃，而且事先在每层玻璃面上洒一层水或涂一层油，以保证堆叠后的玻璃间可以形成足够强的黏附力。一叠玻璃的强度会远大于单层玻璃的强度，在加工中就可以承受较大的力的作用，从而改善了薄板玻璃的可制造性。当加工完成后，再分开每层玻璃，从而获得了客户要求的产品。

五、结论

通过薄板玻璃加工过程中“可制造性与操作流程的方便性”问题的解决，说明了利用 TRIZ 的冲突解决原理，将冲突标准化，使用冲突矩阵，选择 TRIZ 中的发明原理解决冲突，从而形成了确定冲突问题及解决冲突问题的系统化方法与过程。

第四节 新型建筑用电线的研制开发

一、应用背景

我国是铜资源匮乏国家，20 世纪五六十年代我国提倡以铝代铜，建筑用电线多采用铝导体作为导体材料，该材料具有价格低、比重轻等优点；但铝导体使用过程中因易被腐蚀、碰伤或因紧压不良且无法锡焊连接引起导体与接线端子接触不良、发热导致电缆端部烧毁的隐患，引发火灾事故，造成了重大经济损失。现在建设部明确规定，建筑用电线全部采用铜作为导体材料。

建筑用电线主要用于电源进户线、室内照明回路、电源插座回路、家用电器、日用电器、电气开关等用电回路。随着人们生活水平的提高，人均用电量明显提高，为确保住宅的电气安全，满足住宅的实际用电量急剧增长的需求，选用电线宁大毋小，超前考虑，以免后患。这造成建筑用电线显著增加，建筑用电线的成本占整体建筑物成本的比例明显增高。

二、问题描述

当前国际商品交易市场上有色金属的价格暴涨，铜价格近年来上涨了 3 倍多，价格居高不下，铜导体成本占电缆原材料总成本的 90%以上。造成了建筑用电线价格增长 3 倍多，建筑用电线成本明显增高。如何既能保证满足电缆铜导体的技术指标，又可以大幅度降低电缆成本，是当前电缆电线行业急需解决的难题。

目前市场上常用的是耐温等级为 70℃的铜芯聚氯乙烯绝缘电线。随着用电量的增加，绝缘材料的耐温只有 70℃，承载能力有限，目前只有增加导体材料的用量，才能保证绝缘材料的正常工作，这就进一步增加了建筑用电线的总体成本。

三、问题分析

根据上述问题描述，系统要素有导体和绝缘材料；系统存在的物理矛盾有：对铜和铝导体材料的选择，PVC 绝缘材料与新型绝缘材料的选择的矛盾。

目前市场上铜导体价格过高造成建筑用电线价格提高 3 倍以上，如果采用铝导体产品价格可明显降低，但铝导体的各项性能指标和使用性能达不到要求。

人均用电量增加，需要增加建筑用电线的载流量，现有聚氯乙烯绝缘材料的耐温等级一般为 70℃，如果电线输送电流过大，产生的热量使绝缘材料的温度长期超过 70℃时，聚氯乙烯材料会分解产生气孔，失去绝缘性能，电线击穿，引起漏电等。

电线输送电流的过程同时产生热量，载流量增加，需提高绝缘材料的耐温等级和降低导体材料的电阻，降低导体电阻需要增加铜导体的用量，存在提高电能的输送量和建筑用电线的成本提高的矛盾。

四、问题解决

1. 将一般领域问题描述转换成 39 项工程参数中的 3 项，即转换为 TRIZ 标准问题

“既要保证满足电缆铜导体的技术指标，又可以大幅度降低电缆成本，”，从待解决问题的文字叙述中，试着找出问题是由哪些相互矛盾冲突的属性所引起，将文字叙述转换成 39 项工程参数中的 3 项。

工程参数2号静止物体的质量：静止物体的质量指在重力场中静止物体作用在阻止其自由下落的支撑物上的力，重量也常表示物体的质量，此例中代表导体的质量。

工程参数17号温度：温度表示物体所处的热状态，反映在宏观上系统热动力平衡的状态特征，也包括其他的热学参数，比如影响到温度变化速率的热容量，此例中代表绝缘材料的耐温等级。

工程参数27号可靠性：可靠性指物体（或系统）在规定的方法和状态下完成指定功能的能力。可靠性常常可以被理解为无故障操作概率或无故障运行时间。

工程参数2号静止物体的质量和17号温度是使系统性能提高的参数，而27号可靠性是使系统性能降低的参数。

2. 根据得到的工程参数，确定解决问题需要的发明原理

（1）对“降低导体材料成本，铜导体材料采用铝导体等价格低的金属材料取代（静止物体的重量），电线的安全性降低（可靠性）”这一组技术矛盾查找TRIZ矛盾矩阵，从矩阵表查找第2列和第27行对应的方格，得到方格中推荐的发明原理序号共4个，分别是3号，8号，10号，28号。

综合分析以上4条发明原理，其中8号重量补偿原理、10号预先作用原理、28号机械系统替代原理对问题的彻底解决无帮助，而3号局部质量原理对该问题的解决最有价值。3号局部质量原理的内容是：①将物体或外部环境的同类结构转换为异类结构。②使物体的不同部分实现不同的功能。③使物体的每一部分处于最有利于其运行的条件下。

（2）对“提高载流量，绝缘材料表面温度提高（温度），但电线工作的可靠性降低（可靠性）”这一组技术矛盾查找TRIZ矛盾矩阵，从矩阵表查找第17列和第27行对应的方格，得到方格中推荐的发明原理序号共4个，分别是19号，35号，3号，10号。

综合分析以上4条发明原理，其中19号离散原理、10号预先作用原理、3号局部质量改善原理对问题的彻底解决无帮助，而35号物理/化学状态变化原理对该问题的解决最有价值。35号物理/化学状态变化原理的内容是：①改变物体的物理/化学状态。②改变物体的浓度/密度。③改变物体的柔性。④改变物体的温度。

3. TRIZ解的类比应用得到问题的最终解

在问题解决过程中应用3号及35号创新原理。

应用3号局部质量原理，导体材料采用铜包铝结构。铜包铝线的电阻率比纯

铜线大，约为纯铜线的 1.5 倍，在阻值相同时，铜包铝线重量约为纯铜线的1/2；铝比铜易腐蚀，但由于铜包铝材料已经完全冶金化，铝完全被铜所覆盖，不会与水、空气接触，完全达到与铜一样具有良好的耐腐蚀性能；与相同技术指标的铜芯电缆相比，铜包铝导体电缆可节约成本 20%以上，铜包铝线的比重仅为纯铜线的 37%～40%，在线径、重量相等的情况下，其长度是纯铜线的 2.5 倍。

应用 35 号物理/化学状态变化原理，改变温度，采用耐温等级高的材料，由于耐温等级由 70℃提高到 90℃，相同截面的导体电缆的截流量可增加 15%～30%，可有效降低导体材料的用量。

五、结论

应用 TRIZ 理论创新发明的由耐温等级 90℃的交联聚乙烯绝缘材料制造的新型建筑用电线，不仅能保证满足电缆铜导体的技术指标，还可满足目前持续多年的电线电缆在产品选型、设计、使用、安装等方面的习惯的要求，又可以大幅度降低电缆成本，具有较大经济效益和社会效益。

第五节　宝马汽车的外形设计

一、应用背景

在欧洲那些最初为行人和马车修建的城市道路上，由于汽车保有量的增加，交通变得十分拥挤，虽然政府采用了提高燃料费用的方法，但交通拥挤的状况并没有得到明显改善。为改变这种状况，市政府通过增加税收以进一步提高大型汽车在城市里的使用费用，目的在于鼓励小型汽车的生产。然而由于市场上没有非常有特色的小型汽车，在某种意义上小型汽车还不能成为有钱人身份、地位的象征。因此，以生产大型豪华私人轿车为主的德国宝马（BMW）和奔驰公司，准备联合开发出一种名牌智能化的小型汽车，使其在汽车市场上能独领风骚，满足有钱人的需要。

宝马和奔驰公司决定开发出的系列新款迷你型汽车，不仅在城市中使用非常方便，可以增加道路的使用空间，减轻空气污染，缓解交通拥挤，容易停车，而且价格更为经济、性能更为有效。

二、问题描述

汽车的车身较长，在碰撞过程中会有一个较大的变形空间，可以吸收碰撞过程中的能量，缓解交通事故对人的冲击力，减轻对乘车者的人身伤害。但此种汽车重量与体积较大，转弯半径大，机动性差，非常笨拙，在一定程度上造成交通拥挤。而迷你型汽车体积小、重量轻，转弯半径小，机动灵活性好，可以减轻交通拥堵问题，但因为车身较短，不具备变形缓冲功能，因此在碰撞事故发生时容易造成人员的伤亡。

三、问题分析

根据以上对问题的描述，发现汽车在制造过程中，如果缩短车身长度，则汽车的安全性降低，碰撞事故发生时容易造成人员的伤亡，而增加车身长度，在一定程度上造成交通拥挤。分析得出在汽车制造过程中存在着一组物理矛盾：交通拥堵与防撞性能的冲突。既要减轻交通拥堵、提高其机动灵活性又要避免因缩短车身造成的在交通事故中防撞性能降低的矛盾。

四、问题解决

1. 将一般领域问题描述转换成 39 项工程参数中的 2 项，即转换为 TRIZ 标准问题

“既要减轻交通拥堵、提高其机动灵活性又要避免因缩短车身造成的在交通事故中防撞性能降低”，从待解决问题的文字叙述中，试着找出问题是由哪些相互矛盾冲突的属性所引起，将文字叙述转换成 39 项工程参数中的 2 项。

工程参数 5 号运动物体的面积参数：运动物体的面积指运动物体被线条封闭的一部分或者表面的几何度量，或者运动物体内部或者外部表面的几何度量。面积是以填充平面图形的正方形个数来度量的，如面积不仅可以是平面轮廓的面积，也可以是三维表面的面积，或一个三维物体所有平面、凸面或凹面的面积之和，此例中为物体的长度，属于改善的参数。

工程参数 22 号能量损失：能量损失指做无用功消耗的能量。为了减少能量损失，有时需要应用不同的技术手段，来提高能量利用率。

2. 根据得到的工程参数，确定解决问题需要的发明原理

根据上述两个工程参数，查阅阿奇舒勒的技术矛盾矩阵，可以得到对该问题的解决有指导意义的两条创新原理：

（1）15 号动态特性原理：①使一个物体或其环境在操作的每一个阶段自动调整，以达到优化的性能。②划分一个物体成具有相互关系的元件，元件之间可以改变相对位置。③如果一个物体是静止的，使之变为运动的或可改变的。

（2）17 号一维变多维原理：①将一维空间中运动或静止的物体变成在二维空间中运动或静止的物体，将二维空间中运动或静止的物体变成在三维空间中运动或静止的物体。②将物体用多层排列代替单层排列。③使物体倾斜或改变其方向。④使用给定表面的反面。

3. TRIZ 解的类比应用得到问题的最终解

应用 15 号动态特性创新原理可以得到如下解决方案：

15 号创新原理为动态特性原理，提高运动物体的面积参数。

迷你型汽车的发动机被安装在车身下面，以增加发动机与乘客分隔空间的大小。与客车相比，碰撞影响区域位于车身的下面、发动机的位置，因此可提升位于碰撞影响区域上面的乘客空间。其动力装置采用完全电控的发动机系统，是一台 600cc 涡轮控制的 3 气缸发动机，没有机械连杆与油门或变速杆连接。这种装置激活 6 速自动变速箱，变速箱可以在若干模式下运作，从完全自动到手工触摸转移，不必使用离合器。

应用 17 号一维变多维创新原理可以得到如下解决方案：

17 号创新原理为“一维变多维”，将物体一维直线运动变为二维平面运动。迷你型汽车的动力机车安装在滑翔架上，碰撞时车身沿斜面运动，减轻碰撞时的冲击力，并增强了其抵抗外力变形的能力。

与其他类似的概念车做比较发现，这种迷你型智能汽车虽然微小，但空间似乎极其宽敞。乘车者坐在前、后纵向排列的两个座位里，前面两个车轮由铰链连接，车身坐落在此悬浮臂上，像摩托车一样，经由一种倾角控制系统控制转向端活动，并且车身前部可以斜靠进入边角。

五、结论

迷你型汽车本身并没有使用特殊材料来吸收能量，仅仅做了结构上的创新，其抵抗外力变形的能力便可堪与一辆普通轿车相媲美。本实例遵循了 TRIZ 理论的基本原则：没有增加新的材料而实现了其预定功能。

第六节　解决油价问题的新思路

一、应用背景

油价问题一直是困扰我国经济社会发展的一个基本问题。2008 年 6 月 19 日国家发改委发文（发改电［2008］205 号）大幅度提高油品价格，以解决石油企业经营困难、市场供应稳定性差等问题。按照传统的政策模式，此次调价为必然和合理的，但是传统政策模式的折中方法并没有从根本上解决油价的矛盾。

二、问题描述

由于国内市场石油资源有限，国际市场石油资源价格较高，在进口资源占相当比例的情况下，这造成购销价格严重倒挂、石油经营企业严重亏损、市场供应稳定性差等问题。国家发改委采用传统政策模式的折中方法大幅度提高油品价格，并没有从根本上解决油价的矛盾，基本消费者从国内的资源成本和收入水平出发认为此次调价后价格仍然太高；生产经营者从国际石油资源市场价格出发又认为价格太低。同时，从系统论观点出发，此次调价措施有以下负面因素：①加剧行政系统复杂化，如控制有关行业和产品价格上涨需要消耗大量政府行政资源。②增加国家财政负担，对有关行业和阶层的补贴将使国家财政付出大量资金。③有可能引发有害因素发生，如社会其他行业和放开商品搭车涨价，对国家稳定经济和抑制通胀造成影响。更为重要的是此种政策模式还会对未来产生重大负面影响：①使政府在油价问题上越陷越深，这既背离了市场化取向的社会主义经济体制改革方向，也背离了政府合理归位的行政改革方向，引起政府系统工作日益复杂化。②国家财政负担日益加重，从目前看国际油价高位运行，上涨趋势并未扭转，若国内油价随国际油价不断上涨，势必导致国家财政补贴日益加重，使财政背上沉重的包袱。③油价上调后要控制其他商品价格稳定势必要政府系统投入巨大资源，给政府系统造成工作压力，给社会稳定带来负面影响。

三、问题分析

根据上述问题描述，系统存在的技术矛盾为一个典型的物理矛盾，即对一个系统参数有相反的、矛盾的要求，具体表现在：①一方（石油企业）要求它价格高，另一方（油品消费者）又要求它价格低。②油价上调后引起系统复杂性急剧增加（调价后一系列补贴措施）。③系统资源消耗增加（上调油价国家要拿出大量财政资金）。④有可能导致由于系统参数的改变而出现有害作用（调价后可能出现的其他行业搭车涨价）。

四、问题解决

按照传统理论，解决此类问题只能采取折中的办法，即（高＋低）÷2，这种办法并未从根本上解决矛盾。解决此类问题即物理矛盾，TRIZ 理论给出了全新的解决思路：采用 1 号分离原理。

1 号分离原理的内容是：以虚拟方式或实物方式将一个系统分成若干部分，以便抽取或合并一种有益的或有害的系统属性。在多数情况下，可对各部分进行重组（合并），以执行某些新的功能，并消除某一问题。

根据 1 号分离原理的提示，建议按照系统内不同子系统的不同要求，分别对待，差别政策，以求问题彻底解决。按照这一思路，我们对油价问题的解决提出以下三层分离方案：第一层，基本需求和非基本需求分离；第二层，国内资源和国际资源分离；第三层，政府与市场分离。具体模式如下：第一层基本需求和非基本需求分离，根据油品消费与国计民生的关系将油品消费分为 A 和 B 两级、四档，并假设数量、价格见表 12-2。

表 12-2　油品消费等级表

消费层级	消费性质	额定数量	价格
A1 级	必要消费	200 公升/（辆·月）	a1
A2 级	公共消费	201～500 公升/（辆·月）	a2
B1 级	高级消费	501～700 公升/（辆·月）	a2
B2 级	奢侈消费	700 公升以上/（辆·月）	a3

其中 A 级为基本消费，此类消费价格基本上保持稳定，原则上不涨价或涨价幅度较小。B 级消费为非基本消费，随行就市，由市场调节。第二层是国内资源和国际资源分离，即国内资源供应基本需求，国际资源供应非基本需求。如此，基本消费价格 a1 的构成应为：国内资源成本加上石油企业合理利润；非基本消费价格 a2、a3 构成应为：进口资源成本加石油企业合理利润加调节基金。在非基本消费价格中，进口资源成本是该类消费必需支出的必要成本，而调节基金是该类消费必须承担的社会责任。第三层是政府与市场分离。政府与市场分离的基本条件是石油供销市场具有自我调节功能。在第二层分离中给非基本消费价格中所设立的调节基金使石油供销市场具有自我调节功能。这也是 TRIZ 理论中著名的“自服务原理”，“自服务原理”是指当系统中某一参数发生变化影响系统稳定运行时，可提前设置一个专用参数以抵消这种变化，保证系统稳定运行。国内石油市场涨价的基本原因是进口资源涨价，在一、二层分离的基础上，当国内资源不足以供应基本需求，需要进口国际资源造成价格倒挂时，由非基本消费价格中的调节基金予以弥补，该基金的水平可根据进口资源量大小随时调节。这样，石油市场供应完全由石油企业根据国内外资源价格自我平衡，不再需要动用国家财政资源和国家政策资源，以减少政府系统资源支出并避免行政系统复杂性提高，同时有效地降低了可能的有害作用的发生。

按此思路，事关国计民生的基本石油消费需求由国内资源供应，价格原则上不变（或变幅较小），以保障国民经济平稳运行和反通胀。社会的非基本消费部分由进口资源供应，随行就市，高进高供，自求平衡。同时在非基本消费价格中设置的调节基金以保证国内基本需求的价格稳定。如此，不该涨的不涨，该涨的就涨。此项措施的实施需要耗费的资源是一车一张加油卡，加油站结合加油设备升级换代，增设读卡器，以反映一定时间内加油的累计量，便于加油站确定该车此次加油的价格。总的来说，增加的资源并不多，系统的复杂性没有太大提高，重要的是国家并不增加资源消耗，而且还实现了该保的保，该限的限，作为消费者，则将根据自己的经济能力和事情的轻重缓急确定石油消费行为，有利于节约资源，同时减少排放。在此情况下，国家将责成国有石油企业保证国内油品资源基本消费供应稳定，石油企业也将通过增加国内石油资源产量和提高管理水平创造利润，增加收入；同时国家授权石油企业根据国内基本消费需求量和国内资源供应量之间的差额而进口的国际资源量的大小决定非基本消费价格中的调节基金量的大小，以保证国内基本消费需求量的稳定。这样国有石油企业有责任，也有手段保证整个国内油品市场的供应。

五、结论

运用 TRIZ 理论的分离原理解决油价问题，深刻地反映了这样一个基本事实：在当今这个收入多元化、资源来源多元化、消费行为多元化的时代里，在一个基本经济系统里，用一个统一的参数，是难以反映各方需求，也难以解决基本矛盾的。必须按照唯物辩证法和矛盾论的思想，科学拆解矛盾，对矛盾的不同方面采取不同的对策，才能实现矛盾的对立统一，使系统稳定运行。表现在油价上的不同需求，同样是由矛盾的不同方面构成的。运用 TRIZ 理论分而治之，就能彻底解决问题。

思　考　题

1. 如何提高计算机的利用率？

背景技术简介：人们希望计算机在一段时间内只执行一个任务以提高执行效率，但是由于只运行一个任务有时需要等待其他一些慢速设备的信号，这使得计算机的利用率下降。

请利用 TRIZ 理论分析如何提高计算机的利用率。

2. 如何消除非接触印刷中的墨粉分散问题？

背景技术简介：在全新的非接触法印刷工艺中，人们使用了具有正负电位的高电压脉冲。这些脉冲将负电荷墨粉颗粒从显影辐（DR）移动到有机光导（OPC）鼓，然后有部分颗粒返回。其中一些颗粒（占很小的百分比）错误地得到正电荷，这些颗粒被称为“错误带电的墨粉”（WST）。

在印刷过程中，墨粉在 OPC 鼓、DR 和机壳之间的封闭空间内发生分散。由于这一现象，墨粉颗粒通过 OPC 鼓与机壳之间的间隙被携带出去，并落在纸张上。因此，印刷工艺的总体质量恶化。

请利用 TRIZ 理论分析如何对印刷机粉盒进行最小的改动，就能防止墨粉颗粒被驱出到机壳外面并落在纸张上，同时维持粉盒的初始设计和工作原理，进而提高印刷工艺的质量。

3. 如何开发适合于家庭和室内使用的多功能座椅？

背景技术简介：目前人们使用的座椅多年来没有太大的变化，对座椅的研究大多局限于外观造型和舒适性上，而在座椅的使用功能上，尤其是功能的多样性上，尚缺乏大胆的创新。

请利用 TRIZ 理论，对传统座椅的结构和功能进行创新，在分析其设计原理和设计方法的基础上，开发一种适合于家庭和室内使用，可随意变形、组合并具有台架功能的异形座椅。

4. 如何运用创新原理解决汽车安全气囊的自由张开问题?

背景技术简介：目前，在正面碰撞事故中保护乘员安全的前部正面安全气囊技术已经相当成熟，但为了有效地保护侧面碰撞中乘员的安全，有必要开发并安装相应的侧面安全气囊。大多数汽车制造商都打算把气囊安装在座椅皮里面，这种安装方式的优点是显而易见的（安装方便并能最有效地保护车内人员），但由此也产生了一个难题，发生侧面碰撞时，气囊必须穿破座椅皮，才能张开而保护乘员的安全；但在平时，要求座椅皮有很好的强度，不易开裂。各大汽车生产商虽然进行了多次试验和尝试，仍然没有很好地解决这一对矛盾。

请利用 TRIZ 理论分析如何解决这一矛盾。

5. 如何降低汽车有害气体的排放污染?

背景技术简介：地球上的汽车越来越多，它们排放的废气也越来越多，地球的生态环境变得也越来越差。这就需要在汽车的发动机上安装一种专门降低排放气体毒性的装置，但在执行的过程中一定会提高汽车的生产成本。

请利用 TRIZ 理论分析如何在降低汽车有害气体排放的同时保持汽车的生产成本不变。

参 考 文 献

阿奇舒勒 G S. 2008. 创新算法［M］. 谭培波等译. 武汉：华中科技大学出版社

阿奇舒勒 G S. 2008. 实现技术创新的 TRIZ 诀窍［M］. 林岳等译. 哈尔滨：黑龙江科学技术出版社

鲍文波 . 2008. TRIZ 应用实例——新型建筑用电线的研制开发［EB/OL］. http：//www.triz.gov.cn/alfx/200806/t20080613_82045.htm

黑龙江省科学技术厅 . 2008. TRIZ 理论应用与实践［M］. 哈尔滨：黑龙江省科学技术出版社

李静 . 2008. 用 TRIZ 创新方法初探油价问题解决的新思路［EB/OL］. http：//www.triz.gov.cn/alfx/200810/t20081006_86442.htm

檀润华 . 2002. 创新设计——TRIZ 发明问题解决理论［M］. 北京：机械工业出版社

檀润华 . 2004. 发明问题解决理论［M］. 北京：科学出版社

王学军，杨剑虹，张会彦 . 2009. TRIZ 冲突解决原理在汽车振动模拟试验中的应用［J］. 中国新技术新产品，8：5，6

杨清亮 . 2006. 发明是这样诞生的——TRIZ 理论全接触［M］. 北京：机械工业出版社

亿维讯 . 2009. 应用 TRIZ 理论矛盾矩阵解决薄板玻璃加工问题［EB/OL］. http：//www.iwint.com.cn/ch/triz/triz-paper-20091218-161912.html

赵敏，史晓凌，段海波 . 2009. TRIZ 入门及实践［M］. 北京：科学出版社

赵新军 . 2004. 技术创新理论（TRIZ）及应用［M］. 北京：化学工业出版社

朱力 . 2008. 应用 TRIZ 理论矛盾矩阵解决薄板玻璃加工问题［J］. 新技术新工艺，12：57～59

附表　阿奇舒勒矛盾矩阵表

	恶化参数 改进参数	运动物体的重量	静止物体的重量	运动物体的长度	静止物体的长度	运动物体的面积	静止物体的面积	运动物体的体积	静止物体的体积	速度	力
		1	2	3	4	5	6	7	8	9	10
1	运动物体的重量	+	—	15,8,29,34	—	29,17,38,34	—	29,2,40,28	—	2,8,15,38	8,10,18,37
2	静止物体的重量	—	+	—	10,1, 29,35	—	35,30,13,2	—	5,35,14,2	—	8,10,19,35
3	运动物体的长度	8,15, 29,34	—	+	—	15,17,4	—	7,17, 4,35	—	13,4,8	17,10,4
4	静止物体的长度		35,28,40,29	—	+	—	17,7,10, 40	—	35,8,2,14	—	28,10
5	运动物体的面积	2,17,29,4	—	14,15,18,4	—	+	—	7,14,17,4		29,30, 4,34	19,30,35,2
6	静止物体的面积	—	30,2,14,18	—	26,7,9,39	—	+	—		—	1,18,35,36
7	运动物体的体积	2,26,29,40	—	1,7, 4,35	—	1,7,4,17	—	+	—	29,4,38,34	15,35,36,37
8	静止物体的体积	—	35,10,19,14	19,14	35,8,2,14	—		—	+	—	2,18,37
9	速度	2,28,13,38	—	13,14,8	—	29,30,34	—	7,29,34	—	+	13,28,15,19
10	力	8,1,37,18	18,13,1,28	17,19,9,36	28,10	19,10,15	1,18,36,37	15,9,12,37	2, 36,18, 37	13,28,15,12	+
11	应力或压力	10,36,37,40	13,29,10,18	35, 10,36	35,1,14,16	10,15,36,28	10,15,36,37	6,35,10	35,24	6,35,36	36,35,21
12	形状	8,10,29,40	15,10,26,3	29,34,5,4	13,14,10,7	5,34,4,10		4,14,15,22	7,2,35	35,15,34,18	35,10,37,40
13	结构稳定性	21,35, 2,39	26,39, 1,40	13,15,1,28	37	2,11,13	39	28,10,19,39	34,28,35,40	33,15,28,18	10,35,21,16
14	强度	1,8,40,15	40,26,27,1	1,15,8,35	15,14,28,26	3,34,40,29	9,40,28	10,15,14,7	9,14,17,15	8,13,26,14	10,18,3,14
15	运动物体作用时间	19,5,34,31	—	2,19,9	—	3,17,19	—	10,2,19,30	—	3,35,5	19,2,16
16	静止物体作用时间	—	6,27,19,16	—	1,40,35	—		—	35,34, 38	—	
17	温度	36,22,6,38	22,35,32	15,19,9	15,19,9	3,35,39,18	35,38	34,39,40,18	35,6,4	2,28,36,30	35,10,3,21
18	光照度	19,1,32	2,35,32	19,32,16		19,32,26		2,13,10		10,13,19	26,19,6
19	运动物体的能量	12,18,28,31	—	12,28	—	15,19,25	—	35,13,18	—	8,15,35	16,26,21,2
20	静止物体的能量	—	19,9,6,27	—		—		—		—	36,37
21	功率	8,36,38,31	19,26,17,27	1,10,35,37		19,38	17,32,13,38	35, 6,38	30,6,25	15,35,2	26,2,36,35

续表

	恶化参数 / 改进参数	应力或压力	形状	结构稳定性	强度	运动物体作用时间	静止物体作用时间	温度	光照度	运动物体的能量	静止物体的能量
		11	12	13	14	15	16	17	18	19	20
1	运动物体的重量	10,36,37,40	10,14,35,40	1,35,19,39	28,27,18,40	5,34,31,35	—	6,29,4,38	19,1, 32	35,12,34,31	—
2	静止物体的重量	13,29,10,18	13,10,29,14	26,39,1,40	28,2,10,27	—	2,27,19,6	28,19,32,22	19,32,35	—	18,19,28,1
3	运动物体的长度	1,8,35	1,8,10,29	1,8,15,34	8,35,29,34	19	—	10,15,19	32	8,35,24	—
4	静止物体的长度	1,14,35	13,14,15,7	39,37,35	15,14,28,26	—	1,10,35	3,35,38,18	3,25	—	
5	运动物体的面积	10,15,36,28	5,34,29,4	11,2,13,39	3,15,40,14	6,3	—	2,15,16	15,32,19,13	19,32	—
6	静止物体的面积	10,15,36,37		2,38	40	—	2,10,19,30	35,39,38		—	
7	运动物体的体积	6,35,36,37	1,15,29,4	28,10,1,39	9,14,15,7	6,35,4	—	34,39,10,18	2,13,10	35	—
8	静止物体的体积	24,35	7,2,35	34,28,35,40	9,14,17,15	—	35,34, 38	35,6,4		—	
9	速度	6,18,38,40	35,15,18,34	28,33,1,18	8,3, 26,14	3,19,35,5	—	28,30,36,2	10,13,19	8,15,35,38	—
10	力	18,21,11	10,35,40,34	35,10,21	35,10,14,27	19,2		35,10,21	—	19,17,10	1,16,36,37
11	应力或压力	+	35,4,15,10	35,33,2,40	9,18,3,40	19,3,27		35,39,19,2	—	14,24,10,37	
12	形状	34,15,10,14	+	33,1,18,4	30,14,10,40	14,26,9,25		22,14,19,32	13,15,32	2,6,34,14	
13	结构稳定性	2,35,40	22,1,18,4	+	17,9,15	13,27,10,35	39,3,35,23	35,1,32	32,3,27,16	13,19	27,4,29,18
14	强度	10,3,18,40	10,30,35,40	13,17,35	+	27,3,26		30,10,40	35,19	19,35,10	35
15	运动物体作用时间	19,3, 27	14,26,28,25	13,3, 35	27,3,10	+	—	19,35,39	2, 19,4,35	28,6,35,18	
16	静止物体作用时间			39,3,35,23		—	+	19,18,36,40		—	
17	温度	35,39,19,2	14,22,19,32	1,35,32	10,30,22,40	19,13, 39	19,18,36,40	+	32,30,21,16	19,15,3,17	
18	光照度		32,30	32,3,27	35,19	2,19,6		32,35,19	+	32,1,19	32,35,1,15
19	运动物体的能量	23,14,25	12,2, 29	19,13,17,24	5,19,9, 35	28,35,6,18	—	19,24,3,14	2,15,19	+	—
20	静止物体的能量			27,4,29,18	35				19,2,35, 32	—	+
21	功率	22,10,35	29,14,2, 40	35,32,15,31	26,10, 28	19,35,10,38	16	2,14,17,25	16,6, 19	16,6, 19,37	

续表

	恶化参数 / 改进参数	功率	能量损失	物质损失	信息损失	时间损失	物质数量	可靠性	测试精度	制造精度	物体外部有害因素作用的敏感性
		21	22	23	24	25	26	27	28	29	30
1	运动物体的重量	12,36,18,31	6,2,34,19	5,35,3,31	10,24,35	10,35,20,28	3,26,18,31	1,3,11, 27	28,27,35,26	28,35,26,18	22,21,18,27
2	静止物体的重量	15,19,18,22	18,19,28,15	5,8,13,30	10,15,35	10,20,35,26	19,6,18,26	10,28,8,3	18,26,28	10,1,35,17	2,19,22,37
3	运动物体的长度	1,35	7,2, 35,39	4,29,23,10	1,24	15,2,29	29,35	10,14,29,40	28,32,4	10,28,29,37	1,15,17,24
4	静止物体的长度	12,8	6,28	10,28,24,35	24,26	30,29,14		15,29,28	32,28,3	2,32,10	1,18
5	运动物体的面积	19,10,32,18	15,17,30,26	10,35,2,39	30,26	26,4	29,30,6,13	29,9	26,28,32,3	2,32	22,33,28, 1
6	静止物体的面积	17,32	17,7, 30	10,14,18,39	30,16	10,35,4,18	2,18,40,4	32,35,40,4	26,28,32,3	2,29,18,36	27,2,39,35
7	运动物体的体积	35,6,13,18	7,15,13, 16	36,39,34,10	2,22	2,6,34,10	29,30,7	14,1,40,11	25,26,28	25,28,2,16	22,21,27,35
8	静止物体的体积	30,6		10,39,35,34		35,16,32,18	35,3	2,35,16		35,10,25	34,39,19,27
9	速度	19,35,38,2	14,20,19,35	10,13,28,38	13,26		10,19,29,38	11,35,27,28	28,32,1,24	10,28,32,25	1,28,35,23
10	力	19,35,18,37	14,15	8,35,40,5		10,37,36	14,29,18,36	3,35,13,21	35,10,23,24	28,29,37,36	1,35,40,18
11	应力或压力	10,35,14	2,36,25	10,36,3,37		37,36,4	10,14,36	10,13,19,35	6,28,25	3,35	22,2, 37
12	形状	4,6,2	14	35,29,3,5		14,10,34,17	36,22	10,40,16	28,32,1	32,30, 40	22,1,2, 35
13	结构稳定性	32,35,27,31	14,2,39,6	2,14,30,40		35,27	15,32,35		13	18	35,24,30,18
14	强度	10,26,35,28	35	35,28,31,40		29,3,28,10	29,10,27	11,3	3,27,16	3,27	18,35,37,1
15	运动物体作用时间	19,10,35,38		28,27,3,18	10	20,10,28,18	3,35,10,40	11,2,13	3	3,27,16,40	22,15,33,28
16	静止物体作用时间	16		27,16,18,38	10	28,20,10,16	3,35,31	34,27,6,40	10,26,24		17,1,40,33
17	温度	2,14,17,25	21,17,35,38	21,36,29,31		35,28,21,18	3,17,30,39	19,35,3,10	32,19,24	24	22,33,35,2
18	光照度	32	13,16,1,6	13,1	1,6	19,1,26,17	1,19		11,15,32	3,32	15,19
19	运动物体的能量	6,19,37,18	12,22,15,24	35,24,18,5		35,38,19,18	34,23,16,18	19,21,11,27	3,1,32		1,35,6,27
20	静止物体的能量			28,27,18,31			3,35,31	10,36,23			10,2,22,37
21	功率	+	10,35,38	28,27,18,38	10,19	35,20,10,6	4,34,19	19,24,26,31	32,15,2	32,2	19,22,31,2

续表

	恶化参数 / 改进参数	物体产生的有害因素	可制造性	可操作性	可维修性	适应性及多用性	装置的复杂性	监控与测试的困难程度	自动化程度	生产率
		31	32	33	34	35	36	37	38	39
1	运动物体的重量	22,35,31,39	27,28,1,36	35,3,2,24	2,27,28,11	29,5,15, 8	26,30,36,34	28,29,26,32	26,35,18,19	35,3,24, 37
2	静止物体的重量	35,22,1,39	28,1,9	6,13,1,32	2,27,28,11	19,15,29	1,10,26,39	25,28,17,15	2,26,35	1,28,15,35
3	运动物体的长度	17,15	1,29,17	15,29,35,4	1,28,10	14,15,1,16	1,19,24,26	35,1,26,24	17,24,26,16	14,4, 28,29
4	静止物体的长度		15,17,27	2,25	3	1,35	1,26	26		30,14,7,26
5	运动物体的面积	17,2,18,39	13,1,26,24	15,17,13,16	15,13,10,1	15,30	14, 1, 13	2,36,26,18	14,30,28,23	10,26,34,2
6	静止物体的面积	22,1, 40	40,16	16,4	16	15,16	1,18,36	2,35,30,18	23	10,15,17,7
7	运动物体的体积	17,2,40,1	29,1, 40	15,13,30,12	10	15,29	26,1	29,26,4	35,34,16,24	10,6,2,34
8	静止物体的体积	30,18,35,4	35		1		1,31	2,17,26		35,37,10,2
9	速度	2,24,35,21	35,13,8,1	32,28,13,12	34,2,28,27	15,10,26	10,28,4,34	3,34,27,16	10,18	
10	力	13,3,36,24	15,37,18,1	1,28,3,25	15,1,11	15,17,18,20	26,35,10,18	36,37,10,19	2,35	3,28,35,37
11	应力或压力	2,33,27,18	1,35,16	11	2	35	19,1,35	2,36,37	35,24	10,14,35,37
12	形状	35,1	1,32,17,28	32,15,26	2, 13,1	1,15,29	16,29,1,28	15,13,39	15,1, 32	17,26,34,10
13	结构稳定性	35,40,27,39	35,19	32,35,30	2,35,10,16	35,30,34,2	2,35,22,26	35,22,39,23	1,8,35	23,35,40,3
14	强度	15,35,22,2	11,3,10,32	32,40,25,2	27,11,3	15,3,32	2,13,25,28	27,3,15, 40	15	29,35,10,14
15	运动物体作用时间	21,39,16,22	27,1,4	12,27	29,10,27	1,35,13	10,4,29,15	19,29,39,35	6,10	35,17,14,19
16	静止物体作用时间	22	35,10	1	1	2		25,34,6,35	1	20,10,16,38
17	温度	22,35,2,24	26,27	26,27	4,10,16	2,18,27	2,17,16	3,27,35,31	26,2,19,16	15,28,35
18	光照度	35,19,32,39	19,35,28,26	28,26,19	15,17,13,16	15,1,19	6,32,13	32,15	2,26,10	2,25,16
19	运动物体的能量	2,35,6	28,26,30	19,35	1,15,17,28	15,17,13,16	2,29,27,28	35,38	32,2	12,28,35
20	静止物体的能量	19,22,18	1,4					19,35,16,25		1,6
21	功率	2,35,18	26,10,34	26,35,10	35,2,10,34	19,17, 34	20,19,30,34	19,35,16	28,2,17	28,35,34

续表

	恶化参数 / 改进参数	运动物体的重量	静止物体的重量	运动物体的长度	静止物体的长度	运动物体的面积	静止物体的面积	运动物体的体积	静止物体的体积	速度	力
		1	2	3	4	5	6	7	8	9	10
21	能量损失	15,6,19,28	19,6,18,9	7,2,6,13	6,38,7	15,26,17,30	17,7,30,18	7,18,23	7	16,35,38	36,38
22	物质损失	35,6,23,40	35,6,22,32	14,29,10,39	10,28,24	35,2,10,31	10,18,39,31	1,29,30,36	3,39,18,31	10,13,28,38	14,15,18,40
23	信息损失	10,24,35	10,35,5	1,26	26	30,26	30,16		2,22	26,32	
24	时间损失	10,20,37,35	10,20,26,5	15,2, 29	30,24,14,5	26,4,5,16	10,35,17,4	2,5,34,10	35,16,32,18		10,37,36,5
25	物质数量	35,6,18,31	27,26,18,35	29,14,35,18		15,14, 29	2,18,40,4	15,20,29		35,29,34,28	35,14,3
26	可靠性	3,8,10,40	3, 10, 8,28	15,9,14,4	15,29,28,11	17,10,14,16	32,35,40,4	3,10,14,24	2,35,24	21,35,11,28	8,28,10,3
27	测试精度	32,35,26,28	28,35,25,26	28,26,5,16	32,28,3,16	26,28,32,3	26,28,32,3	32,13,6		28,13,32,24	32,2
28	制造精度	28,32,13,18	28,35,27,9	10,28,29,37	2,32,10	28,33,29,32	2,29,18,36	32,23,2	25,10, 35	10,28,32	28,19,34,36
29	物体外部有害因素作用的敏感性	22,21,27,39	2,22,13,24	17,1,39,4	1,18	22,1,33,28	27,2,39,35	22,23,37,35	34,39,19,27	21,22,35,28	13,35,39,18
30	物体产生的有害因素	19,22,15,39	35,22,1,39	17,15,16,22		17,2, 18,39	22,1, 40	17,2, 40	30,18,35,4	35,28,3,23	35,28,1,40
31	可制造性	28,29,15,16	1,27,36,13	1,29,13,17	15,17,27	13,1,26,12	16,40	13,29,1, 40	35	35,13,8,1	35,12
32	可操作性	25,2,13,15	6,13,1,25	1,17,13,12		1,17,13,16	18,16,15,39	1,16,35,15	4,18, 39, 31	18,13, 34	28,13, 35
33	可维修性	2,27,35,11	2,27,35,11	1,28,10,25	3,18,31	15, 13, 32	16,25	25,2,35,11	1	34,9	1,11,10
34	适应性及多用性	1,6,15,8	19,15,29,16	35,1,29,2	1,35,16	35,30,29,7	15,26	15,35,29		35,10,14	15,17,20
35	装置的复杂性	26,30,34,36	2,26,35,29	1,19,26,24	26	14,1,13,16	6,36	34,26,6	1,16	34,10,28	26,16
36	监控与测试的困难程度	27,26,28,13	6,13,28,1	16,17,26,24	26	2,13,18,17	2,39,30,16	29,1,4,16	2,18,26,31	3,4,16,35	36,28,40,19
37	自动化程度	28,26,18,35	28,26,35,10	14,13,17,28	23	17,14,13		35,13,16		28,10	2,35
38	生产率	35,26,24,37	28,27,15,3	18,4,28,38	30,7,14,26	10,26,34,31	10,35,17,7	2,6,34,10	35,37,10,2		28,15,10,36

续表

	恶化参数 / 改进参数	应力或压力	形状	结构稳定性	强度	运动物体作用时间	静止物体作用时间	温度	光照度	运动物体的能量	静止物体的能量
		11	12	13	14	15	16	17	18	19	20
21	能量损失			14,2,39,6	26			19,38,7	1,13,32,15		
22	物质损失	3,36,37,10	29, 35,3,5	2,14,30,40	35,28,31,40	28, 27,3,18	27,16,18,38	21,36,39,31	1,6,13	35,18,24,5	28,27,12,31
23	信息损失					10	10		19		
24	时间损失	37,36,4	4,10,34,17	35,3,22, 5	29,3, 28,18	20,10,28,18	28,20,10,16	35,29,21,18	1,19,26,17	35,38,19,18	1
25	物质数量	10,36,14,3	35,14	15,2, 17,40	14,35,34,10	3,35,10,40	3,35,31	3,17,39		34,29,16,18	3,35,31
26	可靠性	10,24,35,19	35,1,16,11		11,28	2,35,3,25,	34,27,6,40	3,35,10	11,32,13	21,11,27,19	36,23
27	测试精度	6,28,32	6,28,32	32,35,13	28,6,32	28,6,32	10,26,24	6,19,28,24	6,1, 32	3,6,32	
28	制造精度	3,35	32,30,40	30,18	3,27	3,27,40		19,26	3,32	32,2	
29	物体外部有害因素作用的敏感性	22,2,37	22,1,3,35	35,24,30,18	18,35,37,1	22,15,33,28	17,1,40,33	22,33,35,2	1,19,32,13	1,24,6,27	10,2,22,37
30	物体产生的有害因素	2,33,27,18	35,1	35,40,27,39	15,35,22,2	15,22,33,31	21,39,16,22	22,35,2,24	19,24,39,32	2,35,6	19,22,18
31	可制造性	35,19,1,37	1, 28,13,27	11,13,1	1,3,10,32	27,1,4	35,16	27,26,18	28,24,27,1	28,26,27,1	1,4
32	可操作性	2,32,12	15,34,29,28	32,35,30	32,40,3,28	29,3,8,25	1,16,25	26,27,13	13,17,1,24	1,13,24	
33	可维修性	13	1,13,2,4	2,35	11,1,2,9	11,29,28,27	1	4,10	15,1,13	15,1,28,16	
34	适应性及多用性	35,16	15,37,1,8	35,30,14	35,3,32,6	13,1, 35	2,16	27,2,3,35	6,22,26,1	19,35,29,13	
35	装置的复杂性	19,1, 35	29,13,28,15	2,22,17,19	2,13,28	10,4,28,15		2,17,13	24,17,13	27,2,29,28	
36	监控与测试的困难程度	35,36,37,32	27,13,1,39	11,22,39,30	27,3,15,28	19,29,39,25	25,34,6,35	3, 27,35,16	2,24,26	35,38	19,35,16
37	自动化程度	13,35	15,32,1,13	18,1	25,13	6,9		26,2,19	8,32,19	2,32,13	
38	生产率	10,37,14	14,10,34,40	35,3,22,39	29,28,10,18	35,10,2,18	20,10,16,38	35,21,28,10	26,17,19,1	35,10,38,19	1

续表

	恶化参数 / 改进参数	功率	能量损失	物质损失	信息损失	时间损失	物质数量	可靠性	测试精度	制造精度	物体外部有害因素作用的敏感性
		21	22	23	24	25	26	27	28	29	30
21	能量损失	3,38	+	35,27,2,37	19,10	10,18,32,7	7,18,25	11,10,35	32		21,22,35,2
22	物质损失	28,27,18,38	35, 27,2, 31	+		15,18,35,10	6,3,10,24	10,29,39,35	16,34,31,28	35,10,24,31	33,22,30,40
23	信息损失	10,19	19,10		+	24,26,28,32	24,28,35	10,28,23			22,10,1
24	时间损失	35, 20, 10,6	10,5,18,32	35,18,10,39	24,26,28,32	+	35,38,18,16	10,30,4	24,34,28,32	24,26,28,18	35,18,34
25	物质数量	35	7,18,25	6,3,10,24	24,28,35	35,38,18,16	+	18,3,28,40	13,2,28	33,30	35,33,29,31
26	可靠性	21,11,26,31	10,11,35	10,35,29,39	10,28	10,30,4	21,28,40,3	+	32,3,11,23	11,32,1	27,35,2,40
27	测试精度	3,6,32	26,32,27	10,16,31,28		24,34,28,32	2,6,32	5,11,1,23	+		28,24,22,26
28	制造精度	32,2	13,32,2	35,31,10,24		32,26,28,18	32,30	11,32,1		+	26,28,10,36
29	物体外部有害因素作用的敏感性	19,22,31,2	21,22,35,2	33,22,19,40	22,10,2	35,18,34	35,33,29,31	27,24,2,40	28,33,23,26	26,28,10,18	+
30	物体产生的有害因素	2,35,18	21,35,2,22	10,1,34	10,21,29	1,22	3,24,39,1	24,2,40,39	3,33,26	4,17,34,26	
31	可制造性	27,1,12,24	19,35	15,34,33	32,24,18,16	35,28,34,4	35,23,1,24		1,35,12,18		24,2
32	可操作性	35,34,2,10	2,19,13	28,32,2,24	4,10,27,22	4,28,10,34	12,35	17,27,8,40	25,13,2,34	1,32,35,23	2,25,28,39
33	可维修性	15,10,32,2	15,1,32,19	2,35,34,27		32,1,10,25	2,28,10,25	11,10,1,16	10,2,13	25,10	35,10,2,16
34	适应性及多用性	19,1,29	18,15,1	15,10,2,13		35,28	3,35,15	35,13,8,24	35,5,1,10		35,11,32,31
35	装置的复杂性	20,19,30,34	10,35,13,2	35,10,28,29		6,29	13,3,27,10	13,35,1	2,26,10,34	26,24,32	22,19,29,40
36	监控与测试的困难程度	18,1,16,10	35,3,15,19	1,18,10,24	35,33,27,22	18,28,32,9	3,27,29,18	27,40,28,8	26,24,32,28		22,19,29,28
37	自动化程度	28,2,27	23,28	35,10,18,5	35,33	24,28,35,30	35,13	11,27,32	28,26,10,34	28,26,18,23	2,33
38	生产率	35,20,10	28,10,29,35	28,10,35,23	13,15,23		35,38	1,35,10,38	1,10,34,28	18,10,32,1	22,35,13,24

续表

	恶化参数 / 改进参数	物体产生的有害因素	可制造性	可操作性	可维修性	适应性及多用性	装置的复杂性	监控与测试的困难程度	自动化程度	生产率
		31	32	33	34	35	36	37	38	39
21	能量损失	21,35,2,22		35,32,1	2,19		7,23	35,3,15,23	2	28,10,29,35
22	物质损失	10,1,34,29	15,34,33	32,28,2,24	2,35,34,27	15,10,2	35,10,28,24	35,18,10,13	35,10,18	28,35,10,23
23	信息损失	10,21,22	32	27,22				35,33	35	13,23,15
24	时间损失	35,22,18,39	35,28,34,4	4,28,10,34	32,1,10	35,28	6,29	18,28,32,10	24,28,35,30	
25	物质数量	3,35,40,39	29,1,35,27	35,29,25,10	2,32,10,35	15,3,29	3,13,27,10	3,27,29,18	8,35	13,29,3,27
26	可靠性	35,2,40,26		27,17,40	1,11	13,35,8,24	13,35,1	27,40,28	11,13,27	1,35,29,38
27	测试精度	3,33,39,10	6,35,25,18	1,13,17,34	1,32,13,11	13,35,2	27,35,10,34	26,24,32,28	28,2,10,34	10,34,28,32
28	制造精度	4,17,34,26		1,32,35,23	25,10		26,2,18		26,28,18,23	10,18,32,39
29	物体外部有害因素作用的敏感性		24,35,2	2,25,28,39	35,10,2	35,11,22,31	22,19,29,40	22,19,29,40	33,3,34	22,35,13,24
30	物体产生的有害因素	+					19,1,31	2,21,27,1	2	22,35,18,39
31	可制造性		+	2,5,13,16	35,1,11,9	2,1 3,15	27,26,1	6,28,11,1	8,28,1	35,1,10,28
32	可操作性		2,5,12	+	12,26,1,32	15,34,1,16	32,26,12,17		1,34,12,3	15,1,28
33	可维修性		1,35,11,10	1,12,26,15	+	7,1,4,16	35,1,13,11		34,35,7,13	1,32,10
34	适应性及多用性		1,13,31	15,34,1,16	1,16,7,4	+	15,29,37,28	1	27,34,35	35,28,6,37
35	装置的复杂性	19,1	27,26,1,13	27,9,26,24	1,13	29,15,28,37	+	15,10,37,28	15,1,24	12,17,28
36	监控与测试的困难程度	2,21	5,28,11,29	2,5	12,26	1,15	15,10,37,28	+	34,21	35,18
37	自动化程度	2	1,26,13	1,12,34,3	1,35,13	27,4,1,35	15,24,10	34,27,25	+	5,12,35,26
38	生产率	35,22,18,39	35,28,2,24	1,28,7,10	1,32,10,25	1,35,28,37	12,17,28,24	35,18,27,2	5,12,35,26	+